Python极客编程

用代码探索世界

REAL WORLD PYTHON

A HACKER'S GUIDE TO SOLVING PROBLEMS WITH CODE

[美]李·沃恩（Lee Vaughan）◎著　　王海鹏◎译

U0127880

人民邮电出版社

北京

图书在版编目（CIP）数据

Python极客编程：用代码探索世界 ／（美）李·沃
恩（Lee Vaughan）著；王海鹏译. -- 北京：人民邮电
出版社，2022.8（2022.11重印）
书名原文：Real-World Python: A Hacker's Guide
to Solving Problems with Code
ISBN 978-7-115-58711-4

Ⅰ．①P… Ⅱ．①李… ②王… Ⅲ．①软件工具—程序
设计 Ⅳ．①TP311.561

中国版本图书馆CIP数据核字(2022)第029714号

版权声明

◆ 著　　　　［美］李·沃恩（Lee Vaughan）
　　译　　　　王海鹏
　　责任编辑　刘雅思
　　责任印制　王　郁　胡　南
◆ 人民邮电出版社出版发行　　北京市丰台区成寿寺路11号
　　邮编　100164　电子邮件　315@ptpress.com.cn
　　网址　https://www.ptpress.com.cn
　　北京九州迅驰传媒文化有限公司印刷
◆ 开本：800×1000　1/16
　　印张：17.75　　　　　　　2022年8月第1版
　　字数：397千字　　　　　　2022年11月北京第2次印刷
　　著作权合同登记号　图字：01-2020-7263号

定价：79.90元
读者服务热线：(010)81055410　印装质量热线：(010)81055316
反盗版热线：(010)81055315
广告经营许可证：京东市监广登字20170147号

内容提要

  本书包含 16 个有趣的编程项目，共分为 12 章。每章从一个明确的项目目标开始，引导读者像程序员一样思考解决问题的方法并完成任务。本书介绍用贝叶斯法则确定事件概率，用自然语言处理技术分析语料库，用 collections 和 random 等模块加密字符，用 OpenCV 和 NumPy 等库实现图像差异检测、图像属性测量、人脸检测、人脸识别等计算机视觉应用，用 turtle 模块模拟图像移动轨迹，用 pandas 库分析数据，用 bokeh 等库进行数据可视化。通过对本书的学习，读者将学会使用 Python 创建完整、实用的 Python 程序。

  本书能帮助 Python 初学者理解编程思想并培养 Python 编程技能，也能帮助有一定编程基础的 Python 程序员从项目实战中获得解决实际问题的启发。

关于作者

李·沃恩（Lee Vaughan）是一位程序员、流行文化爱好者、教育工作者。作为埃克森美孚公司的前主管级科学家，他负责构建并审查计算机模型，开发和测试软件，并培训地球科学家和工程师。他撰写了《Python 编程实战——妙趣横生的项目之旅》和本书，帮助自学者磨炼 Python 技能，并从中获得乐趣！

关于技术审稿人

克里斯·克伦（Chris Kren）毕业于南阿拉巴马大学，获得信息系统硕士学位。他目前在网络安全领域工作，经常使用 Python 进行报告、数据分析和自动化。

埃里克·莫滕松（Eric Mortenson）毕业于威斯康星大学麦迪逊分校，获得数学博士学位。他曾在宾夕法尼亚州立大学、昆士兰大学和马克斯-普朗克数学研究所担任研究和教学职务。他是圣彼得堡州立大学的数学副教授。

前言

如果你已经学会了 Python 编程的基础知识，就已经准备好编写执行现实世界任务的完整程序了。

在本书中，我们将使用 Python 编程语言编写程序以拯救失事船只的船员、向朋友发送超级秘密信息、帮助克莱德·汤博（Clyde Tombaugh）发现冥王星、模拟阿波罗 8 号的自由返回轨迹、选择火星着陆点、定位系外行星、与怪异的"变种人"战斗及逃离僵尸等。在这个过程中，你将应用强大的计算机视觉、自然语言处理和科学模块，如 OpenCV、NLTK、NumPy、pandas 和 matplotlib，以及其他一系列旨在让你的计算工作更轻松的软件包。

谁应该读这本书

你可以将本书看作一本为大学二年级学生准备的 Python 图书。它不是一本学习编程基础的教程，而是一种让你基于项目继续提升 Python 技能的方式。这样一来，你就不必浪费金钱和书架空间来重学已经学过的概念了。我仍然会解释项目的每一步，你会看到关于如何使用库和模块的详细说明，包括如何安装它们。

本书的这些项目将吸引所有想要利用 Python 编程来进行实验、测试理论、模拟大自然或者只是想玩一玩儿的人。当你完成这些项目时，会增加对 Python 库和模块的了解，学会快捷方法、有用的函数和实用的技术。这些项目并不专注于孤立的模块代码片段，而致力于教会你如何构建完整的、可工作的程序，这些程序涉及现实世界的应用、数据集和问题。

为什么选择 Python

Python 是一种高级的、解释型的、通用的编程语言。它是免费的、高度交互的，并且可以向所有主要的平台和微控制器（如树莓派）移植。Python 支持函数式编程和面向对象编程，并且可以与许多用其他编程语言（如 C++）编写的代码进行交互。

由于 Python 对初学者来说很容易上手，对专家来说也很有用，因此它已经渗透到了学校、公司、金融机构，以及大多数科学领域。Python 现在是机器学习、数据科学和人工智能应用中最流行的语言之一。

本书包含哪些内容

以下是对本书各章内容的概述。读者不必按顺序学习，但我会在首次介绍新模块和新技术时，对它们进行更为详尽的解释。

第 1 章：用贝叶斯法则营救失事船只的船员

利用贝叶斯概率有效地指导海岸警卫队在蟒蛇角附近进行搜救工作。读者将从本章获得使用 OpenCV、NumPy 和 itertools 模块的经验。

第 2 章：用计量文体学来确定作者的身份

使用自然语言处理来确定是阿瑟·柯南·道尔爵士（Sir Arthur Conan Doyle）还是 H.G.威尔斯（H.G.Wells）写了小说《失落的世界》（*The Lost World*）。读者将从本章获得使用 NLTK、matplotlib 和风格测量技术（如停顿词、词性、词汇丰富度和雅卡尔相似度）的经验。

第 3 章：用自然语言处理总结演讲

从互联网上抓取著名的演讲稿，自动生成要点摘要，然后将小说的文本变成酷炫的广告或宣传材料进行展示。读者将从本章获得使用 requests、Beautiful Soup、regex、NLTK、collections、wordcloud 和 matplotlib 的经验。

第 4 章：使用书籍密码发送超级秘密消息

通过数字方式重现肯·福莱特（Ken Follett）的畅销间谍小说《燃烧的密码》（*The Key to Rebecca*）中使用的一次性密码本方法，与你的朋友分享无法破解的密码。读者将从本章获得使用 collections 模块的经验。

第 5 章：发现冥王星

重现 1930 年克莱德·汤博（Clyde Tombaugh）发现冥王星时使用的闪烁比较器装置，然后使用现代计算机视觉技术来自动寻找和跟踪微小的瞬变天体（如彗星和小行星）相对于星域的移动。读者将从本章获得使用 OpenCV 和 NumPy 的经验。

第 6 章：模拟阿波罗 8 号的自由返回轨迹

策划并执行巧妙的自由返回飞行路线，说服 NASA 提前一年登月。读者将从本章获得使用 turtle 模块的经验。

第 7 章：选择火星着陆点

根据现实的任务目标，确定火星着陆器的潜在着陆点；在火星地图上显示候选地点以及地点的统计摘要。读者将从本章获得使用 OpenCV、Python 图像库、NumPy 和 tkinter 的经验。

第 8 章：探测遥远的系外行星

模拟一个系外行星在其太阳前经过，绘制相对亮度的变化，并估计该行星的直径；最后模拟新的詹姆斯·韦伯太空望远镜对一颗系外行星的直接观测，包括估计该行星上一天的时长。读者将从本章获得使用 OpenCV、NumPy 和 matplotlib 的经验。

第 9 章：识别朋友或敌人

对机器人哨兵炮进行编程，从视觉上区分人类和邪恶的变种人。读者将从本章获得使用 OpenCV、NumPy、playsound、pyttsx3 和 datetime 的经验。

第 10 章：用人脸识别限制访问

利用人脸识别来保护访问安全实验室的通道。读者将从本章获得使用 OpenCV、NumPy、

playsound、pyttsx3 和 datetime 的经验。

第 11 章：创建交互式僵尸逃离地图

构建一个人口密度地图，帮助电视剧《行尸走肉》（*The Walking Dead*）中的幸存者逃离亚特兰大，前往美国西部的安全地带。读者将从本章获得使用 pandas、bokeh、holoviews 和 webbrowser 的经验。

第 12 章：我们生活在计算机模拟中吗

找出一种方法，让模拟生物（也许是我们）找到他们生活在计算机模拟中的证据。读者将从本章获得使用 turtle、statistics 和 perf_counter 的经验。

每章最后都有至少一个实践项目或挑战项目。读者可以在附录或本书网站上找到实践项目的解决方案。这些解决方案并不是唯一的，也不一定是最好的，你可能会想出更好的解决方案。

然而，涉及挑战项目时，你就要靠自己了。要么沉下去，要么浮起来，这是一种很好的学习方式！我希望这本书能激励你创造新的项目，所以请将挑战项目当成自己想象力沃土中的种子。

读者可以从本书网站下载本书的所有代码，包括实践项目的解决方案，网址是 https://nostarch.com/real-world-python/；你还可以在这里找到勘误表，以及其他更新内容。

编写这样一本书，几乎不可能不出现一些错误。如果你发现了问题，请将它提交给出版商：errata@nostarch.com。我们将在勘误表中添加所有必要的更正，并在本书未来的印次中进行修正。

Python 版本、平台和 IDE

我在 Microsoft Windows 10 环境下使用 Python 3.7.2 构建了本书中的所有项目。如果你使用的是其他操作系统，也没有问题：我在适当的时候，为其他平台提出了建议使用的兼容模块。

本书中的代码示例来自 Python IDLE 文本编辑器或交互式 shell。IDLE 是 Integrated Development and Learning Environment（集成开发和学习环境）的缩写。它是在一个集成开发环境（Integrated Development Environment，IDE）中加了一个 L，这样这个首字母缩写暗指了 Monty Python 的 Eric Idle。交互式的 shell（也称"解释器"）是一个窗口，它可以让你在不需要创建文件的情况下立即执行命令或运行测试代码。

IDLE 有许多缺点（如没有行号列），但它是免费的，并且与 Python 捆绑在一起，所以每个人都可以使用它。你可以使用任何你喜欢的 IDE，流行的选择包括 Visual Studio Code、Atom、Geany、PyCharm 和 Sublime Text。这些都可以在各种操作系统上工作，包括 Linux、macOS 和 Windows。另一个 IDE——PyScripter，只适用于 Windows 操作系统。关于可用的 Python 编辑器和兼容平台的列表，可在网上搜索"PythonEditors"查看。

安装 Python

你可以选择在计算机上直接安装 Python，也可以通过发行版安装。要直接安装，请在 Python 官方网站的下载页面找到针对你的操作系统的安装说明。配置了 Linux 和 macOS 操作系统的计算机通常预装了 Python，但你可能希望升级这个安装版本。每一个新的 Python 发行版都会增加一些特性，也会有一些特性被废弃，所以如果你的版本早于 Python 3.6，我建议升级。

点击 Python 站点上的下载按钮（图 1），可以下载默认的 32 位 Python。

图 1　Python 官方网站的下载页面，带有 Windows 平台的快捷按钮

如果你想安装 64 位版本，则可在具体版本的列表（图 2）中点击相应的链接。

Looking for a specific release?

Python releases by version number:

Release version	Release date		Click for more
Python 3.7.7	March 10, 2020	Download	Release Notes
Python 3.8.2	Feb. 24, 2020	Download	Release Notes
Python 3.8.1	Dec. 18, 2019	Download	Release Notes
Python 3.7.6	Dec. 18, 2019	Download	Release Notes
Python 3.6.10	Dec. 18, 2019	Download	Release Notes
Python 3.5.9	Nov. 2, 2019	Download	Release Notes
Python 3.5.8	Oct. 29, 2019	Download	Release Notes

图 2　Python 官方网站下载页面中的具体版本列表

点击特定的版本，将进入图 3 所示的页面。在这里，点击 64 位可执行安装程序，将启动一个安装向导。按照向导的指示，采用默认的建议。

本书中的一些项目要求使用非标准包，需要单独安装。这并不困难，但是你可以安装一个 Python 发行版，从而让事情变得更简单。发行版可以有效地加载和管理数百个 Python 包。你可以将它看作一站式购物。这些发行版中的包管理器会自动找到并下载包的最新版本，包括它的所有依赖关系。

Files

Version	Operating System	Description	MD5 Sum	File Size	GPG
Gzipped source tarball	Source release		2ee10f25e3d1b14215d56c3882486fcf	22973527	SIG
XZ compressed source tarball	Source release		93df27aec0cd18d6d42173e601ffbbfd	17108364	SIG
macOS 64-bit/32-bit installer	Mac OS X	for Mac OS X 10.6 and later	5a95572715e0d600de28d6232c656954	34479513	SIG
macOS 64-bit installer	Mac OS X	for OS X 10.9 and later	4ca0e30f48be690bfe80111daee9509a	27839889	SIG
Windows help file	Windows		7740b11d249bca16364f4a45b40c5676	8090273	SIG
Windows x86-64 embeddable zip file	Windows	for AMD64/EM64T/x64	854ac011983b4c799379a3baa3a040ec	7018568	SIG
Windows x86-64 executable installer	Windows	for AMD64/EM64T/x64	a2b79563476e9aa47f11899a53349383	26190920	SIG
Windows x86-64 web-based installer	Windows	for AMD64/EM64T/x64	047d19d2569c963b8253a9b2e52395ef	1362888	SIG
Windows x86 embeddable zip file	Windows		70df01e7b0c1b7042aabb5a3c1e2fbd5	6526486	SIG
Windows x86 executable installer	Windows		ebf1644cdc1eeeebacc92afa949cfc01	25424128	SIG
Windows x86 web-based installer	Windows		d3944e218a45d982f0abcd93b151273a	1324632	SIG

图 3　Python 3.8.2 版本在 Python 官方网站上的文件列表

　　Anaconda 是 Continuum Analytics 提供的一个流行的免费 Python 发行版。可以从 Anaconda 官方网站下载它。另一个 Python 发行版是 Enthought Canopy，不过只有基本版是免费的，可以在 Enthought Canopy 官方网站找到它。无论你是单独安装 Python 和它的包，还是通过发行版安装，完成本书中的项目都没有任何问题。

运行 Python

　　安装后，Python 应该已经出现在操作系统的应用程序列表中了。当你启动它时，应该会出现 shell 窗口，如图 4（背景）所示。你可以使用这个交互式环境来运行和测试代码片段。但如果要编写较大的程序，会用到文本编辑器，它能够保存代码，如图 4（前景）所示。

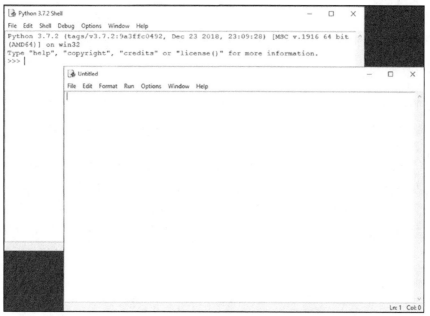

图 4　本地 Python shell 窗口（背景）和文本编辑器（前景）

要在 IDLE 文本编辑器中创建一个新文件，请点击 File▸New File。要打开一个现有的文件，请点击 File▸Open 或 File▸Recent Files。在这里，你可以通过点击 Run▸Run Module 或在编辑器窗口中点击某处后按 F5 键来运行你的代码。注意，如果你选择使用像 Anaconda 这样的包管理器，或选择使用像 PyCharm 这样的 IDE，你的环境可能看起来与图 4 不同。

也可以通过在 PowerShell 或终端中输入程序名来启动 Python 程序。你需要在 Python 程序所在的目录下启动 Python 程序。例如，如果你没有从正确的目录下启动 Windows PowerShell，就需要使用 cd 命令更改目录路径（图 5）。

图 5　在 Windows PowerShell 中更改目录和运行 Python 程序

要了解更多信息，可参见 Python Tutorial 网站的 "Execute Python scripts" 页面。

使用虚拟环境

最后，你可能希望将每一章的依赖安装在一个单独的虚拟环境中。在 Python 中，虚拟环境是一个自足的目录树，它包括一个 Python 安装和一些附加包。当你安装多个版本的 Python 时，它们是很有用的，因为一些包可能在某个版本中工作，但在其他版本中不能工作。此外，可能有一些项目需要用到同一个包的不同版本。将这些安装分开，可以防止兼容性问题。

本书中的项目不需要使用虚拟环境，按照我的说明，你将在整个操作系统中安装所需的包。但是，如果你确实需要将软件包与操作系统隔离开来，可以考虑为本书的每一章安装不同的虚拟环境（参见 Python 官方网站的 "venv—Creation of virtual environments" 页面和 "12. Virtual Environments and Packages" 页面）。

继续前进

本书中的许多项目涉及一些统计和科学概念，它们有几百年的历史，但通过手工来应用它们是不切实际的。不过，随着 1975 年个人计算机的问世，我们存储、处理和共享信息的能力已经提高了许多数量级。

在现代人类 20 万年的历史中，只有生活在最近 47 年的我们才有幸使用这种神奇的设备，实现遥不可及的梦想。引用莎士比亚的一句话："我们是少数。我们是少数幸运儿。"

让我们充分利用这个机会。在本书接下来的部分中，你将轻松完成那些让过去的天才们感到沮丧的任务。你将会对我们最近取得的一些惊人成就刮目相看。你甚至会开始想象未来的新发现。

致谢

No Starch 出版社的团队在本书的制作上又交出了一份出色的答卷。他们是非常出色的专业人员，没有他们就不会有这本书。我对他们深表感谢和尊敬。

还要感谢 Chris Kren 和 Eric Evenchick 为本书所做的代码审核工作，感谢 Joseph B.Paul、Sarah 和 Lora Vaughan 为本书的人脸识别项目进行的角色扮演，感谢 Hannah Vaughan 提供的非常有用的照片。

特别感谢 Eric T. Mortenson 细致的技术审查以及许多有益的建议和补充。Eric 为第 1 章提出了建议，并提供了大量的挑战和实践项目，包括将蒙特卡洛模拟应用于贝叶斯法则、按章节来总结小说、建立月球和阿波罗 8 号之间的相互作用模型、以 3D 方式观察火星及计算有轨道卫星的系外行星的光照曲线等。这本书因为他的努力而变得无比精彩。

最后，感谢 Stack Overflow 的所有贡献者。Python 最棒的地方之一就是它广泛而包容的用户社区。无论你有什么问题，都有人可以回答；无论你想做什么奇怪的事情，都可能有人曾经做过，你可以在 Stack Overflow 上找到他们。

资源与支持

本书由异步社区出品，社区（https://www.epubit.com/）为您提供相关资源和后续服务。

配套资源

本书提供配套源代码下载。要获得配套资源，请在异步社区本书页面中点击"配套资源"，跳转到下载界面，按提示进行操作即可。注意：为保证购书读者的权益，该操作会给出相关提示，要求输入提取码进行验证。

提交勘误

作者和编辑尽最大努力来确保书中内容的准确性，但难免会存在疏漏。欢迎您将发现的问题反馈给我们，帮助我们提升图书的质量。

当您发现错误时，请登录异步社区，按书名搜索，进入本书页面，点击"提交勘误"，输入勘误信息，点击"提交"按钮即可。本书的作者和编辑会对您提交的勘误信息进行审核，确认并接受您的建议后，您将获赠异步社区的100积分。积分可用于在异步社区兑换优惠券、样书或奖品。

扫码关注本书

扫描下方二维码，您将会在异步社区微信服务号中看到本书信息及相关的服务提示。

与我们联系

我们的联系邮箱是 contact@epubit.com.cn。

如果您对本书有任何疑问或建议，请您发邮件给我们，并请在邮件标题中注明本书书名，以便我们更高效地做出反馈。

如果您有兴趣出版图书、录制教学视频，或者参与图书审校等工作，可以发邮件给本书的责任编辑（liuyasi@ptpress.com.cn）。

如果您来自学校、培训机构或企业，想批量购买本书或异步社区出版的其他图书，也可以发邮件给我们。

如果您在网上发现有针对异步社区出品图书的各种形式的盗版行为，包括对图书全部或部分内容的非授权传播，请您将怀疑有侵权行为的链接通过邮件发给我们。您的这一举动是对作者权益的保护，也是我们持续为您提供有价值的内容的动力之源。

关于异步社区和异步图书

"异步社区"是人民邮电出版社旗下 IT 专业图书社区，致力于出版精品 IT 图书和相关学习产品，为作译者提供优质出版服务。异步社区创办于 2015 年 8 月，提供大量精品 IT 图书和电子书，以及高品质技术文章和视频课程。更多详情请访问异步社区官网 https://www.epubit.com。

"异步图书"是由异步社区编辑团队策划出版的精品 IT 专业图书的品牌，依托于人民邮电出版社的计算机图书出版积累和专业编辑团队，相关图书在封面上印有异步图书的 LOGO。异步图书的出版领域包括软件开发、大数据、AI、测试、前端和网络技术等。

异步社区

微信服务号

目录

## 第 1 章

用贝叶斯法则营救失事船只的船员

　　在 1740 年左右，托马斯·贝叶斯（Thomas Bayes）创造了贝叶斯法则，后来该法则成为有史以来最成功的统计概念之一。但 200 多年来，它一直被束之高阁，基本上被人们忽视了，因为它的烦琐数学运算用手工完成是不切实际的。现代计算机的发明才让贝叶斯法则发挥了它的全部潜力。如今，得益于快速计算机处理器，它已经成为数据科学和机器学习的一个关键组成部分。

　　贝叶斯法则向我们展示了用于接受新的数据和重新计算概率估计的数学上的正确方法。从破解密码到证明高胆固醇会导致心脏病发作，它几乎渗透到了所有人类的工作中。贝叶斯法则的应用清单可以很容易地填满这一章。但是，因为没有什么比拯救生命更重要，所以我们将重点讨论如何利用贝叶斯法则来帮助营救在海上遇难的船员。

　　在本章中，我们将为海岸警卫队的搜救工作创建一个模拟游戏。玩家将使用贝叶斯法则来指导他们决策，以便能够尽快地找到船员。在这个过程中，我们将开始使用流行的计算机视觉和数据科学工具，如开源计算机视觉库（Open Source Computer Vision Library，OpenCV）和 NumPy。

1.1　贝叶斯法则

　　贝叶斯法则帮助研究者确定在新的证据下某件事情为真的概率。正如伟大的法国数学家拉普拉斯所说："给定果时因的概率，正比于给定因时果的概率。"贝叶斯法则的基本公式是：

$$P(A/B) = \frac{P(B/A)P(A)}{P(B)}$$

其中，A 是假设，B 是数据。$P(A/B)$ 表示给定 B 时 A 的概率，$P(B/A)$ 表示给定 A 时 B 的概率。例如，假设我们知道某种癌症的检测方法并不总是准确的，可能会给出假阳性的结果（显示被测者患癌症，而实际却没有）。贝叶斯的表达式为：

$$给定阳性检测时患癌症的概率 = 癌症患者中阳性检测的概率 \times \frac{患癌症的概率}{阳性检测的概率}$$

最初的概率是根据临床研究得出的。例如，在 1000 名癌症患者中，有 800 人可能得到阳性检测结果，并且 1000 人中有 100 人可能被误诊。根据疾病发生率，一个人患癌症的总概率可能只有万分之五十。因此，如果患癌症的总概率较低，而阳性检测的总概率相对较高，那么给定阳性检测而患癌症的概率就会下降。如果研究记录了不准确的测试结果的频率，贝叶斯法则就可以纠正测量误差！

现在你已经看到了一个应用示例，请看图 1-1，它展示了贝叶斯法则中各种术语的名称，以及它们与癌症检测示例的关系。

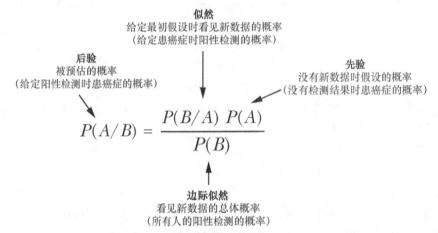

图 1-1   贝叶斯法则的术语定义及其与癌症检测示例的关系

为了进一步说明问题，让我们考虑一位女士，她在家里丢了她的阅读眼镜。她记得最后一次戴眼镜是在书房里。她走到那里，四处查看。她没有看到眼镜，但看到了一个茶杯，并且记起她曾去过厨房。此时，她必须做出选择：更彻底地搜索书房，或者离开书房并查看厨房。她决定去厨房。她在不知不觉中做了一个贝叶斯决策。

她先去了书房，因为她觉得在那里找到眼镜的概率最大。在贝叶斯术语中，这个在书房找到眼镜的初始概率被称为先验概率。经过粗略的搜索，她根据两个新的信息改变了她的决定：她不容易找到眼镜，而且她看到了茶杯。这代表了贝叶斯更新，即当有更多的证据可用时，一个新的后验估计（图 1-1 中的 $P(A/B)$）就会被计算出来。

让我们想象一下，这位女士决定使用贝叶斯法则进行搜索。对于眼镜是在书房还是厨房，以及在这两个房间搜索的有效性，她会指定实际的概率。现在，她的决定不再是直觉，而是建立在数学的基础上，如果未来的搜索失败，数学可以不断给出更新。

图 1-2 展示了这位女士在指定这些概率后寻找眼镜的过程。

如图 1-2 所示，左图代表初始情况，右图代表利用贝叶斯法则更新后的情况。最初，假设眼镜在书房被找到的概率为 85%，在厨房被找到的概率为 10%。在其他可能的房间被找到的概率为 1%，因为贝叶斯法则无法更新目标概率为 0 的情况（另外总有较小的概率是女士将眼镜放在了其他房间）。

图 1-2 眼镜位置和搜索有效性的初始情况（左）与更新后的眼镜目标情况（右）

图 1-2 左图中斜线（/）后的数字代表搜索有效性概率（Search Effectiveness Probability，SEP）。SEP 是对搜索一个区域的有效程度的估计。因为此时该女士只在书房内搜索过，所以对其他所有房间来说，这个值为 0。在贝叶斯更新后（发现茶杯），她可以根据搜索结果重新计算概率，如图 1-2 右图所示。现在厨房是最有可能要找的地方，但其他房间的概率也会增加。

人类的直觉告诉我们，如果某个东西不在我们认为的地方，那么它在其他地方的概率就会增加。贝叶斯法则考虑到了这一点，因此眼镜在其他房间的概率也会增加。然而这只有在它们一开始就有可能在其他房间的情况下才会发生。

在给定搜索有效性的情况下，用于计算眼镜在某个房间的概率的公式是

$$P(G/E) = \frac{P(E/G)P_{\text{prior}}(G)}{SP(E/G9)P_{\text{prior}}(G9)}$$

其中，G 是眼镜在一个房间里的概率，E 是搜索有效性，P_{prior} 是接收新证据前的先验（或初始）概率估计。

可以将目标概率和搜索有效性概率插入如下公式中，从而获得眼镜在书房中的最新概率。

$$\frac{0.85 \times (1 - 0.95)}{0.85 \times (1-0.95) + 0.1 \times (1-0) + 0.01 \times (1-0) + 0.01 \times (1-0) + 0.01 \times (1-0) + 0.01 \times (1-0) + 0.01 \times (1-0)}$$

如你所见，贝叶斯法则背后的简单数学，如果手工来做，很快就会变得枯燥乏味。幸运的是，我们生活在神奇的计算机时代，所以我们可以让 Python 来处理这些枯燥的工作！

1.2　项目 1：搜索和救援

在这个项目中，我们将编写一个 Python 程序，利用贝叶斯法则来寻找一名在蟒蛇角（Cape Python）失踪的孤独渔民。作为海岸警卫队在该地区搜救行动的主管，你已经与他的妻子谈过话，并确定了他最后的已知位置，现在已经超过了 6 小时。他在无线电中说他要弃船，但没有人知道他是在救生筏上还是在海中漂浮。蟒蛇角周围的海水是温暖的，但如果他泡在水中，12 小时左右就会出现体温过低的情况。如果他戴着个人漂浮装置，运气好的话，也许能撑 3 天。

蟒蛇角附近的洋流很复杂（图 1-3），目前风从西南方向吹来。海面能见度不错，但海浪波涛汹涌，人头很难被发现。

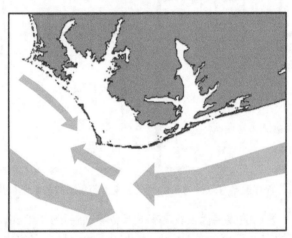

图 1-3　蟒蛇角附近的洋流

在现实生活中，我们的下一步行动就是将掌握的所有信息输入海岸警卫队的搜救最佳规划系统（Search and Rescue Optimal Planning System，SAROPS）。这个软件会考虑风向、潮汐、水流、身体是在水中还是在船上等因素。然后，它生成矩形搜索区域，计算在每个区域找到船员的初始概率，并绘制最有效的飞行模式。

在这个项目中，假设 SAROPS 已经确定了 3 个搜索区域。我们需要做的就是编写应用贝叶斯法则的程序。我们也有足够的资源，可以在一天内搜索 3 个区域中的 2 个。我们要决定如何分配这些资源。这个压力很大，但我们有一个强大的帮手：贝叶斯法则。

目标

创建一个搜救游戏，利用贝叶斯法则来告知玩家应选择如何进行搜索。

1.2.1　策略

搜索船员就像之前的例子中寻找丢失的眼镜一样。我们会从船员位置的初始目标概率开始，并根据搜索结果进行更新。如果我们实现了对一个区域的有效搜索，但什么也没找到，那么船员在另一个区域的概率就会增加。

然而，就像在现实生活中一样，有两种情况可能会导致出错：我们彻底搜索了一个区域，但还是错过了船员，或者搜索进行得不顺，浪费了一天的努力。将它对应为搜索有效性分数，在第一种情况下，我们可能得到 0.85 的 SEP，但在剩下 15%的区域没有搜索到船员。在第二种情况下，SEP 是 0.2，而我们留下了 80%的区域没有搜索到！

我们可以看到现实中指挥官所面临的困境。要不要凭着直觉，无视贝叶斯？是否坚持贝叶斯的纯粹、冷酷的逻辑，因为我们相信这是最好的答案？或者我们是否会便宜行事，即使在怀疑的时候也要用贝叶斯来保护自己的事业和声誉？

为了方便玩家，我们将使用 OpenCV 库来建立一个使用该程序的界面。虽然界面中可能只有一些简单的东西，如在命令行环境中建立的菜单，但我们也希望有一张海角和搜索区域的地图。我们将使用这张地图来显示船员最后已知的位置，以及他被找到时的位置。OpenCV 库是这个游戏的很好的选择，因为它可以用于显示图像、添加图形和文字。

1.2.2　安装 Python 库

OpenCV 是主流的计算机视觉库。计算机视觉是深度学习的一个领域，它能让计算机像人类一样看到、识别和处理图像。OpenCV 始于 1999 年的英特尔研究计划，现在由 OpenCV 基金会维护，这是一个非营利性基金会，免费提供软件。

OpenCV 是用 C++编写的，但也提供其他语言的接口，如 Python 和 Java。OpenCV 虽然主要针对实时计算机视觉应用，但也包括常见的图像处理工具，如 Python Imaging Library 中的那些工具。截至本书撰写时，最新的版本是 OpenCV 4.1。

OpenCV 需要 Numerical Python（NumPy）和 SciPy 软件包，以便在 Python 中执行数值和科学计算。OpenCV 将图像视为三维 NumPy 数组（图 1-4）。这为其他 Python 科学库提供了最大限度的互操作性。

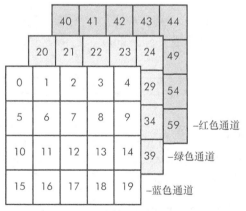

图 1-4　三通道彩色图像数组的可视化表示

OpenCV 将属性存储为行、列和通道。对于图 1-4 所示的图像，它的"形状"将是一个三元素元组(4,5,3)。每一组数字（如 0-20-40 或 19-39-59）代表 1 像素。显示的数字是该像素的每个颜色通道的强度值。

因为本书中的许多项目都需要像 NumPy 和 matplotlib 这样的科学计算 Python 库，所以最好现在安装它们。

安装这些软件包有许多方法。一种方法是使用 SciPy，它是一个用于科学和技术计算的开源 Python 库。

或者，如果你打算做大量的数据分析和绘图，你可能希望下载并使用一个免费的 Python 发行版，如 Anaconda 或 Enthought Canopy，它们可以在 Windows、Linux 和 macOS 下工作。这些发行版让你不必去寻找和安装所有需要数据科学库的正确版本，如 NumPy、SciPy 等。

1. 使用 pip 安装 NumPy 和其他科学软件包

如果你想直接安装产品，则可以使用 pip（Preferred Installer Program）。pip 是一个包管理系统，可以轻松安装基于 Python 的软件（参见 Python 官方网站）。在 Windows 和 macOS 中，Python 3.4 和更新的版本都预装了 pip。Linux 用户可能需要单独安装 pip。要安装或升级 pip，可参考 pip 官方的安装说明，或在网上搜索关于在特定操作系统上安装 pip 的说明。

利用 SciPy 官方网站上的说明，我用 pip 安装了科学包。因为 matplotlib 需要多个依赖程序，所以你也需要安装这些程序。对于 Windows，利用 PowerShell 执行下面的 Python 3 特有的命令，从包含当前 Python 安装文件的文件夹中启动（按住 Shift 键的同时单击鼠标右键）。

```
$ python -m pip install --user numpy scipy matplotlib ipython jupyter pandas sympy nose
```

如果你同时安装了 Python 2 和 Python 3，则可使用 `python3` 代替 `python`。

要验证 NumPy 是否已经安装并且可以用于 OpenCV，可打开 Python shell 并输入以下内容。

```
>>> import numpy
```

如果没有看到错误，你就可以安装 OpenCV 了。

2. 用 pip 安装 OpenCV

可以在 PyPI 官方网站的"opencv_python"页面中找到 OpenCV 的安装说明。要为标准桌面环境（Windows、macOS 和几乎所有 GNU/Linux 发行版）安装 OpenCV，可在 PowerShell 或终端窗口中输入：

```
pip install opencv-contrib-python
```

或者：

```
python -m pip install opencv-contrib-python
```

如果安装了多个 Python 版本（如 Python 2.7 和 Python 3.7），则需要指定要使用的 Python 版本：

```
py -3.7 -m pip install --user opencv-contrib-python
```

如果使用 Anaconda 作为分发媒质，则可以执行以下命令：

```
conda install opencv
```

要检查一切是否正确加载，可在 shell 中输入以下内容：

```
>>> import cv2
```

如果程序没有报错，就说明 OpenCV 安装成功。如果程序报错，则可查阅 PyPI 官方网站的"opencv_python"页面提供的故障排除列表。

1.2.3　贝叶斯代码

本节涉及的 bayes.py 程序将模拟在 3 个连续的搜索区域内搜索一个失踪船员。程序结果将显示一个地图，为用户输出一个搜索选项菜单，为船员随机选择一个位置，要么在搜索到失踪船员时显示他的位置，要么对每个搜索区域找到失踪船员的概率进行贝叶斯更新。用户可以从本书网站下载相关代码和地图图片（cape_python.png）。

1. 导入模块

代码清单 1-1 通过导入所需的模块和赋值一些常量来启动 bayes.py 程序。用户在代码中使用这些模块时会看到它们的作用。

代码清单 1-1　导入模块，并为 bayes.py 程序中使用的常量赋值

bayes.py, part 1
```
import sys
import random
import itertools
import numpy as np
import cv2 as cv

MAP_FILE = 'cape_python.png'

SA1_CORNERS = (130, 265, 180, 315) # (UL-X, UL-Y, LR-X, LR-Y)
SA2_CORNERS = (80, 255, 130, 305) # (UL-X, UL-Y, LR-X, LR-Y)
SA3_CORNERS = (105, 205, 155, 255) # (UL-X, UL-Y, LR-X, LR-Y)
```

将模块导入程序时，最好依次导入 Python 标准库模块、第三方模块、用户定义模块。sys 模块包括操作系统的命令，如退出。random 模块允许用户生成伪随机数。itertools 模块支持用户进行循环操作。最后，numpy 和 cv2 分别导入 NumPy 和 OpenCV。用户也可以指定速记名（np,cv），以减少以后的击键次数。

接下来指定一些常量。根据 PEP8 Python 风格指南（参见 Python 官网的"PEP 8 -- Style Guide for Python Code"页面），常量名应该是全大写的。这并不能使变量真正成为不可改变的，但它确实提醒了其他开发者，他们不应该改变这些变量。

用于虚构的蟒蛇角地区的地图是一个名为 cape_python.png 的图像文件（图 1-5）。将这个图像文件赋给一个名为 MAP_FILE 的常量变量。

在该图像上，我们将搜索区域绘制为矩形。OpenCV 会通过角点的像素数来定义每个矩形，因此我们要分配一个变量来存放这 4 个点，作为一个元组。要求的顺序是左上角 x、左上角 y、右下角 x、右下角 y。变量名为 SA，表示搜索区域（search area）。

2. 定义 Search 类

类是面向对象编程（Object-Oriented Programming, OOP）中的一种数据类型。OOP 是一种替代函数式/过程式编程的方法，它对大型复杂的程序特别有用，因为它产生的代码更容易更新、维护和复用，同时减少代码重复。OOP 是围绕名为对象的数据结构而建立的。对象由数据、方法及其交互组成。因此，OOP 能很好地适用于游戏程序，因为游戏程序通常使用交互对象，如宇宙飞船和小行星。

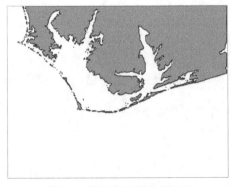

图 1-5   蟒蛇角灰度基本地图
（cape_python.png）

类是一个模板。用户利用这个模板可以创建多个对象。例如，你可以创建一个类，用于在游戏中建造战舰。每艘战舰都会继承某些一致的特性，如吨位、巡航速度、燃料水平、伤害水平、武器装备等。你也可以为每个战舰对象赋予独特的特性，如不同的名字。一旦创建或实例化，每艘战舰的个体特征就会根据舰船燃烧的燃料量、受到的伤害、使用的弹药量等开始分化。

在 bayes.py 中，我们将使用一个类作为模板来创建一个搜救任务，允许有 3 个搜索区域。代码清单 1-2 定义了 Search 类，它将作为游戏的蓝本。

代码清单 1-2   定义 Search 类和__init__()方法

bayes.py, part 2

```python
class Search():
    """Bayesian Search &  Rescue game  with 3 search areas."""

    def __init__(self, name):
        self.name = name
      ❶ self.img = cv.imread(MAP_FILE, cv.IMREAD_COLOR)
        if self.img is None:
            print('Could not load map file {}'.format(MAP_FILE),
                  file=sys.stderr)
            sys.exit(1)

      ❷ self.area_actual = 0
        self.sailor_actual = [0, 0] # As "local" coords within search area

      ❸ self.sa1 = self.img[SA1_CORNERS[1] : SA1_CORNERS[3],
                             SA1_CORNERS[0] : SA1_CORNERS[2]]

        self.sa2 = self.img[SA2_CORNERS[1] : SA2_CORNERS[3],
                             SA2_CORNERS[0] : SA2_CORNERS[2]]

        self.sa3 = self.img[SA3_CORNERS[1] : SA3_CORNERS[3],
                             SA3_CORNERS[0] : SA3_CORNERS[2]]

      ❹ self.p1 = 0.2
        self.p2 = 0.5
        self.p3 = 0.3

        self.sep1 = 0
        self.sep2 = 0
        self.sep3 = 0
```

1

首先定义一个名为 Search 的类。根据 PEP8 风格指南，类名的第一个字母应该大写。

接下来，定义一个方法，为对象设置初始属性值。在 OOP 中，属性是一个与对象相关联的命名的值。如果对象是一个人，则属性可能是人的体重或眼睛的颜色。方法也是属性，只是碰巧是一个函数，当它们运行时，它们会传入一个对其实例的引用。__init__()方法是 Python 在创建新对象时自动调用的特殊内置方法。它绑定了每个新创建的类的实例的属性。在这个例子中，我们向它传入两个参数：self 和希望让该对象使用的名字。

self 参数是对正在创建的类的实例的引用，或者说是方法调用时作用的实例，技术上，被称为上下文实例。例如，如果你创建了一艘名为 Missouri 的战舰，那么对这个对象来说，self 就变成了 Missouri，你可以为这个对象调用一个方法，如大炮开火的方法，用点符号表示：Missouri.fire_big_guns()。通过在实例化对象时赋予其唯一的名称，每个对象的属性作用域就会与其他所有对象分开。这样一来，一艘战舰所受到的伤害就不会影响舰队的其他战舰。

在__init__()方法下列出一个对象的所有初始属性值是一个好的做法。这样，用户可以看到对象的所有关键属性。这些属性将在以后的各种方法中使用，代码的可读性和可维护性会更好。在代码清单 1-2 中，这些都是 self 属性，如 self.name。

指定给 self 的属性也会表现得像程序化编程中的全局变量。类中的方法将能够直接访问它们，而不需要参数。因为这些属性"躲"在类的保护伞下，所以它们并不像真正的全局变量那样不被鼓励使用。不鼓励使用全局变量是因为全局变量是在全局作用域内指定的，并且在各个函数的局部作用域内修改。

使用 OpenCV 的 imread()方法将 MAP_FILE 变量赋给 self.img 属性❶。MAP_FILE 图像是灰度的，但我们希望在搜索过程中给它添加一些颜色。因此，使用 ImreadFlag，即 cv.IMREAD_COLOR，以彩色模式加载图像。这将设置 3 个颜色通道（B，G，R），供以后使用。

如果图像文件不存在（或者用户输入了错误的文件名），则 OpenCV 会抛出一个令人困惑的错误：NoneType object is not subscriptable。要处理这个问题，需要使用一个条件语句来检查 self.img 是否为 None。如果是，则输出一条错误信息，然后使用 sys 模块退出程序。向它传入一个退出代码 1，表示程序以错误方式终止。设置 file=stderr 将导致在 Python 解释器窗口中使用标准的"错误红"文本颜色，尽管在其他窗口中不会（如在 PowerShell 中）。

接下来，为找到船员时他的实际位置指定两个属性。第一个属性将保存搜索区域的编号❷，第二个属性是预先设定的 (x,y) 位置，现在所赋值是占位符。稍后，我们会定义一个方法来随机选择最终的值。注意，这里使用一个列表来表示位置坐标，因为需要一个可改变的容器。

地图图像是以数组的形式加载的。数组是相同类型的对象的固定大小的集合。数组是内存效率高的容器，可以提供快速的数值运算，并有效地使用计算机的寻址逻辑。一个使 NumPy 特别强大的概念是向量化，它用更有效的数组表达式代替了显式循环。基本上，操作发生在整个数组上，而不是单个元素上。使用 NumPy，内部循环会转到高效的 C 和 Fortran 函数上，这些函数比标准的 Python 技术更快。

为了能够在搜索区域内使用局部坐标，我们可以从数组中创建一个子数组❸。注意，这是用索引来完成的。我们首先提供从左上角的 y 到右下角的 y 的范围，然后提供从左上角的 x 到右下角的 x 的范围。这是一个 NumPy 的特性，我们需要一些时间来适应，尤其是我们大多数人习惯在笛卡儿坐标中将 x 放在 y 之前。

对接下来的两个搜索区域重复这个过程，然后设置在每个搜索区域找到船员的预搜索概率❹。在现实生活中，这些将来自 SAROPS 程序。当然，p1 代表区域 1，p2 代表区域 2，以此类推。最后是一些占位符属性，用于搜索有效性概率。

3. 绘制地图

在 Search 类中，我们使用 OpenCV 中的功能来创建一个显示基本地图的方法。这个地图包括搜索区域、一个比例尺和船员的最后已知位置（图 1-6）。

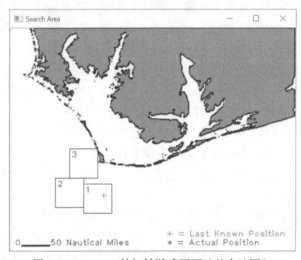

图 1-6　Bayes.py 的初始游戏画面（基本地图）

代码清单 1-3 定义了显示初始地图的 draw_map() 方法。

代码清单 1-3　定义显示基本地图的方法

bayes.py, part 3

```
    def draw_map(self, last_known):
        """Display basemap with scale, last known xy location, search areas."""
        cv.line(self.img, (20, 370), (70, 370), (0, 0, 0), 2)
        cv.putText(self.img, '0', (8, 370), cv.FONT_HERSHEY_PLAIN, 1, (0, 0, 0))
        cv.putText(self.img, '50 Nautical Miles', (71, 370),
                   cv.FONT_HERSHEY_PLAIN, 1, (0, 0, 0))

❶      cv.rectangle(self.img, (SA1_CORNERS[0], SA1_CORNERS[1]),
                     (SA1_CORNERS[2], SA1_CORNERS[3]), (0, 0, 0), 1)
        cv.putText(self.img, '1',
                   (SA1_CORNERS[0] + 3, SA1_CORNERS[1] + 15),
                   cv.FONT_HERSHEY_PLAIN, 1, 0)
        cv.rectangle(self.img, (SA2_CORNERS[0], SA2_CORNERS[1]),
                     (SA2_CORNERS[2], SA2_CORNERS[3]), (0, 0, 0), 1)
        cv.putText(self.img, '2',
                   (SA2_CORNERS[0] + 3, SA2_CORNERS[1] + 15),
                   cv.FONT_HERSHEY_PLAIN, 1, 0)
        cv.rectangle(self.img, (SA3_CORNERS[0], SA3_CORNERS[1]),
                     (SA3_CORNERS[2], SA3_CORNERS[3]), (0, 0, 0), 1)
```

```
      cv.putText(self.img, '3',
                 (SA3_CORNERS[0] + 3, SA3_CORNERS[1] + 15),
                 cv.FONT_HERSHEY_PLAIN, 1, 0)

❷ cv.putText(self.img, '+', (last_known),
             cv.FONT_HERSHEY_PLAIN, 1, (0, 0, 255))
      cv.putText(self.img, '+ = Last Known Position', (274, 355),
                 cv.FONT_HERSHEY_PLAIN, 1, (0, 0, 255))
      cv.putText(self.img, '* = Actual Position', (275, 370),
                 cv.FONT_HERSHEY_PLAIN, 1, (255, 0, 0))

❸ cv.imshow('Search Area', self.img)
      cv.moveWindow('Search Area', 750, 10)
      cv.waitKey(500)
```

1

定义 draw_map() 方法，以 self 和船员最后的已知坐标 last_known 作为其两个参数。然后用 OpenCV 的 line() 方法来绘制一个比例尺。向它传入的参数包括基本地图的图像，左、右坐标（x, y）的两个元组，线条颜色元组和线条宽度。

现在为第一个搜索区域绘制一个矩形❶。像往常一样，传入基本地图图像，然后传入代表框的 4 个角的变量，最后传入颜色元组和线条宽度。再次使用 putText()，将搜索区域编号放在左上角。针对搜索区域 2 和 3，重复这些步骤。

使用 putText()，在船员最后已知的位置绘制一个 "+" ❷。注意，这个符号是红色的，但是颜色元组是(0, 0, 255)，而不是(255, 0, 0)。这是因为 OpenCV 使用的是蓝-绿-红（BGR）颜色格式，而不是更常见的红-绿-蓝（RGB）格式。

继续为图例放置文字，描述最后已知位置和实际位置的符号，当玩家搜索找到船员时，显示器应该显示这些符号。实际位置使用蓝色标记。

通过显示基本地图来完成该方法，使用 OpenCV 的 imshow() 方法❸，向它传入窗口的标题和图像。

为了尽量避免基本地图和解释器窗口相互干扰，强制基本地图显示在显示器的右上角（可能需要根据你的计算机调整坐标）。使用 OpenCV 的 moveWindow() 方法，并向它传入窗口的名称、'Search Area' 和左上角的坐标。

最后使用 waitKey() 方法，在图像渲染到 Windows 时，该方法引入 n ms 的延时。向它传入 500，即延时 500 ms。这将导致游戏菜单在基本地图后半秒出现。

4. 选择船员的最终位置

代码清单 1-4 定义了一种随机选择船员实际位置的方法。方便起见，坐标最初是在搜索区域子数组内找到的，然后相对于整个基本地图图像转换为全局坐标。这种方法之所以有效，是因为所有搜索区域的大小和形状都相同，所以可以使用相同的内部坐标。

代码清单 1-4　定义一种随机选择船员实际位置的方法

bayes.py, part 4

```
def sailor_final_location(self, num_search_areas):
    """Return the actual x,y location of the missing sailor."""
    # Find sailor coordinates with respect to any Search Area subarray.
    self.sailor_actual[0] = np.random.choice(self.sa1.shape[1], 1)
    self.sailor_actual[1] = np.random.choice(self.sa1.shape[0], 1)
```

```
❶ area = int(random.triangular(1, num_search_areas + 1))

  if area == 1:
      x = self.sailor_actual[0] + SA1_CORNERS[0]
      y = self.sailor_actual[1] + SA1_CORNERS[1]
   ❷ self.area_actual = 1
  elif area == 2:
      x = self.sailor_actual[0] + SA2_CORNERS[0]
      y = self.sailor_actual[1] + SA2_CORNERS[1]
      self.area_actual = 2
  elif area == 3:
      x = self.sailor_actual[0] + SA3_CORNERS[0]
      y = self.sailor_actual[1] + SA3_CORNERS[1]
      self.area_actual = 3
  return x, y
```

定义 sailor_final_location() 方法，它有两个参数：self 和正在使用的搜索区域编号。对于 self.sailor_actual 列表中的第一个(*x*)坐标，使用 NumPy 的 random.choice() 方法从区域 1 子数组中选择一个值。请记住，搜索区域是从大图像数组中复制出来的 NumPy 数组。因为搜索区域/子数组的大小都是一样的，所以从其中一个区域选择的坐标将适用于所有区域。

可以用 shape 得到一个数组的坐标，如下所示：

```
>>> print(np.shape(self.SA1))
(50, 50, 3)
```

NumPy 数组的 shape 属性必定是一个元组，其元素数与数组中的维数一样多。而且要记住，对于 OpenCV 中的数组，元组中元素的顺序是行、列，然后是通道。

现有的每个搜索区域都是大小为 50 像素×50 像素的三维数组。因此，*x* 和 *y* 的内部坐标范围都是 0～49。针对 [0] 使用 random.choice() 意味着从行中选择，最后一个参数 1 表示选择单个元素。[1] 意味着从列中选择。

random.choice() 产生的坐标范围是 0～49。要在完整的基本地图图像中使用这些坐标，首先需要选择一个搜索区域❶。用 random 模块来做这件事，它在程序开始时导入。根据 SAROPS 的输出，船员最有可能在区域 2，其次是区域 3。因为这些初始目标概率是猜测的，不会直接对应于现实，所以使用 triangular（三角）分布来选择包含船员的区域，参数是低的端点和高的端点。如果没有提供最终的模式参数，则模式默认为端点之间的中点。这将与 SAROPS 的结果一致，区域 2 最常被选中。

注意，我们在方法中使用局部变量 area，而不是 self.area 属性，因为没有必要与其他方法共享这个变量。

要在基本地图上绘制船员的位置，我们需要添加相应的搜索区域角点坐标。这将"局部"搜索区域坐标转换为完整基本地图图像的"全局"坐标。我们还想跟踪搜索区域，所以更新 self.area_actual 属性❷。

搜索区域 2 和区域 3 时重复这些步骤，然后返回(*x*,*y*)坐标。

提示：在现实生活中，船员会漂流，他移动到区域 3 的概率会随着每次搜索而增加。然而，我选择使用静态位置，以使贝叶斯法则背后的逻辑尽可能清晰。因此，这个场景的表现更像是搜索一艘沉没的潜艇。

5. 计算搜索有效性并进行搜索

在现实生活中，天气和机械问题会导致搜索有效性得分较低。因此，每次搜索的策略将是生成一个搜索区域内所有可能的位置的列表，对该列表进行乱序，然后根据搜索有效性的值进行采样。因为 SEP 永远不会是 1.0，所以如果我们只从列表的开头或结尾取样（不进行乱序），就永远无法访问藏在其"尾部"的坐标。

代码清单 1-5 还是在 Search 类中定义一个方法来随机计算给定搜索的有效性，并定义另一个方法来进行搜索。

代码清单 1-5　定义随机选择搜索有效性和进行搜索的方法

bayes.py, part 5

```
    def calc_search_effectiveness(self):
        """Set decimal search effectiveness value per search area."""
        self.sep1 = random.uniform(0.2, 0.9)
        self.sep2 = random.uniform(0.2, 0.9)
        self.sep3 = random.uniform(0.2, 0.9)

❶   def conduct_search(self, area_num, area_array, effectiveness_prob):
        """Return search results and list of searched coordinates."""
        local_y_range = range(area_array.shape[0])
        local_x_range = range(area_array.shape[1])
❷       coords = list(itertools.product(local_x_range, local_y_range))
        random.shuffle(coords)
        coords = coords[:int((len(coords) * effectiveness_prob))]
❸       loc_actual = (self.sailor_actual[0], self.sailor_actual[1])
        if area_num == self.area_actual and loc_actual in coords:
            return 'Found in Area {}.'.format(area_num), coords
        else:
            return 'Not Found', coords
```

首先定义搜索有效性方法。唯一需要的参数是 self。对于每个搜索有效性属性（如 E1），随机选择一个介于 0.2～0.9 的值。这些是任意值，意味着你将始终搜索至少 20% 的区域，但永远不会超过 90%。

你可能会认为这 3 个搜索区域的搜索有效性属性是相互依赖的。例如，雾可能会影响所有 3 个地区，使得产生的结果都很差。另外，一些直升机可能有红外成像设备，会使结果更好。不管怎样，像这里所做的那样，使这些因素独立，可以进行更动态的模拟。

接下来，定义执行搜索的方法❶。必要的参数是对象本身、区域编号（由用户选择）、所选区域的子阵列和随机选择的搜索有效性值。

这里需要生成给定搜索区域内所有坐标的列表。将一个变量命名为 local_y_range，并根据数组形状元组（表示行）中的第一个索引为其分配一个范围。对 x_range 值重复上述步骤。

要生成搜索区域中所有坐标的列表，可使用 itertools 模块❷。此模块是 Python 标准库中的一组函数，用于创建迭代器以实现高效循环。product() 函数的作用是返回给定序列中所有重复排列的元组。在本例中，你将找到在搜索区域中组合 *x* 和 *y* 的所有可能方法。要查看列表的运行情况，请在 shell 中输入以下命令：

```
>>> import itertools
>>> x_range = [1, 2, 3]
>>> y_range = [4, 5, 6]
>>>    coords = list(itertools.product(x_range, y_range))
>>> coords
[(1, 4), (1, 5), (1, 6), (2, 4), (2, 5), (2, 6), (3, 4), (3, 5), (3, 6)]
```

如你所见，坐标列表包含了 x_range 和 y_range 列表中元素的所有可能的配对组合。

接下来，对坐标列表进行乱序。这是为了避免在每次搜索事件中一直搜索列表的同一端。在下一行中，利用索引切片，根据搜索有效性概率来剪切列表。例如，较差的搜索有效性是 0.3，这意味着一个区域中只有约三分之一的可能位置被包含在列表中。因为我们会根据这个列表检查船员的实际位置，所以实际上会留下约三分之二的区域"未搜索"。

指定一个局部变量 loc_actual，用来存放船员的实际位置❸，然后使用一个条件来检查是否已经找到了船员。如果用户选择了正确的搜索区域，乱序且剪切后的 coords 列表包含了船员的(x, y)位置，则返回一个字符串，说明船员已经被找到，同时返回 coords 列表；否则，返回一个表示没有找到船员的字符串和 coords 列表。

6. 应用贝叶斯法则并绘制菜单

代码清单 1-6 还是在 Search 类中，作用是定义一个方法和一个函数。revise_target_probs()方法使用贝叶斯法则来更新目标概率，这些目标概率表示在每个搜索区域找到船员的概率。draw_menu()函数定义在 Search 类之外，用于显示一个菜单，作为图形用户界面（graphical user interface，GUI）来运行该游戏。

代码清单 1-6   定义应用贝叶斯规则和在 Python shell 中绘制菜单的方法

bayes.py, part 6

```python
        def revise_target_probs(self):
            """Update area target probabilities based on search effectiveness."""
            denom = self.p1 *  (1 - self.sep1) + self.p2 * (1 - self.sep2) \
                    + self.p3 *  (1 - self.sep3)
            self.p1 = self.p1 * (1 - self.sep1) / denom
            self.p2 = self.p2 * (1 - self.sep2) / denom
            self.p3 = self.p3 * (1 - self.sep3) / denom


def draw_menu(search_num):
    """Print menu of choices for conducting area searches."""
    print('\nSearch {}'.format(search_num))
    print(
        """
        Choose next areas to search:

        0 - Quit
        1 - Search Area 1 twice
        2 - Search Area 2 twice
        3 - Search Area 3 twice
        4 - Search Areas 1 & 2
        5 - Search Areas 1 & 3
        6 - Search Areas 2 & 3
        7 - Start Over
        """
        )
```

定义 `revise_target_probs()` 方法来更新船员在每个搜索区域的概率。它唯一的参数是 `self`。

为了方便，将贝叶斯方程分成两部分。从分母开始，我们需要将之前的目标概率乘以当前的搜索有效性值（参见 1.1 节，回顾其工作原理）。

计算出分母后，用它来完成贝叶斯方程。在 OOP 中，我们不需要返回任何东西，可以简单地在方法中直接更新属性，就像在过程式编程中声明全局变量一样。

接下来，在全局空间中，定义 `draw_menu()` 函数来绘制菜单。它的唯一参数是正在进行搜索的编号。因为这个函数没有"使用 `self`"，所以不必把它包含在类定义中，尽管这也是一个有效的选择。

首先输出搜索编号。我们需要用搜索编号来跟踪是否在必要的搜索次数中找到了船员，目前设置为 3。

使用三引号与 `print()` 函数来显示菜单。注意，用户将可以选择将两个搜索队分配到一个给定的区域，或者将它们分到两个区域。

7. 定义 main()函数

既然已经完成了 `Search` 类，我们就已经准备好将所有这些属性和方法投入工作了！代码清单 1-7 开始定义 `main()` 函数，用于运行程序。

代码清单 1-7　定义 main()函数的开始，用于运行程序

bayes.py, part 7
```python
def main():
    app = Search('Cape_Python')
    app.draw_map(last_known=(160, 290))
    sailor_x, sailor_y = app.sailor_final_location(num_search_areas=3)
    print("-" * 65)
    print("\nInitial Target (P) Probabilities:")
    print("P1 = {:.3f}, P2 = {:.3f}, P3 = {:.3f}".format(app.p1, app.p2, app.p3))
    search_num = 1
```

`main()` 函数不需要参数。首先使用 `Search` 类创建一个游戏应用程序，命名为 `app`。将对象命名为 `Cape_Python`。

接下来，调用显示地图的方法。向该方法传入船员最后的已知位置，即(x, y)坐标的元组。注意关键字参数 `last_known=(160, 290)` 的用法，确保清晰。

现在，通过调用该任务的方法并向它传入搜索区域的编号来获取船员的 x 和 y 位置。然后输出初始目标概率，即先验概率，它是由你的海岸警卫队下属用蒙特卡洛模拟而不是贝叶斯法则计算出来的。最后，命名一个变量 `search_num` 并为其赋值 1。这个变量将跟踪我们进行了多少次搜索。

8. 评估菜单选项

代码清单 1-8 启动了 `main()` 中用于运行游戏的 `while` 循环。在这个循环中，玩家评估并选择菜单选项。选项包括搜索一个区域两次；在两个区域分头搜索、重新开始游戏，以及退出游戏。注意，玩家可以进行无限多次搜索来找到船员；我们的 3 天限制还没有"硬编码"到游戏中。

代码清单 1-8　使用循环来评估菜单选项并运行游戏

bayes.py, part 8

```
    while True:
        app.calc_search_effectiveness()
        draw_menu(search_num)
        choice = input("Choice: ")

        if choice == "0":
            sys.exit()
❶      elif choice == "1":
            results_1, coords_1 = app.conduct_search(1, app.sa1, app.sep1)
            results_2, coords_2 = app.conduct_search(1, app.sa1,  app.sep1)
❷          app.sep1 = (len(set(coords_1 + coords_2))) / (len(app.sa1)**2)
            app.sep2 = 0
            app.sep3 = 0

        elif choice == "2":
            results_1, coords_1 = app.conduct_search(2, app.sa2, app.sep2)
            results_2, coords_2 = app.conduct_search(2, app.sa2, app.sep2)
            app.sep1 = 0
            app.sep2 = (len(set(coords_1 + coords_2))) / (len(app.sa2)**2)
            app.sep3 = 0

        elif choice == "3":
            results_1, coords_1 = app.conduct_search(3, app.sa3, app.sep3)
            results_2, coords_2 = app.conduct_search(3, app.sa3, app.sep3)
            app.sep1 = 0
            app.sep2 = 0
            app.sep3 = (len(set(coords_1 + coords_2))) / (len(app.sa3)**2)

❸      elif choice == "4":
            results_1, coords_1 = app.conduct_search(1, app.sa1, app.sep1)
            results_2, coords_2 = app.conduct_search(2, app.sa2, app.sep2)
            app.sep3 = 0

        elif choice == "5":
            results_1, coords_1 = app.conduct_search(1, app.sa1, app.sep1)
            results_2, coords_2 = app.conduct_search(3, app.sa3, app.sep3)
            app.sep2 = 0

        elif choice == "6":
            results_1, coords_1 = app.conduct_search(2, app.sa2, app.sep2)
            results_2, coords_2 = app.conduct_search(3, app.sa3, app.sep3)
            app.sep1 = 0

❹      elif choice == "7":
            main()

        else:
            print("\nSorry, but that isn't a valid choice.", file=sys.stderr)
            continue
```

启动一个 while 循环，它将运行到用户退出为止。首先使用点符号调用计算搜索有效性的方法。然后调用显示游戏菜单的函数，并向它传入搜索编号。通过使用 input() 函数要求用户做出选择，完成准备阶段。

玩家的选择将通过一系列的条件状态进行评估。如果选择 0，则用户退出游戏。用户退出游戏时使用了在程序开始时导入的 sys 模块。

如果玩家选择 1、2 或 3，这意味着他们想把两个搜索队都投入相应编号的区域。我们需要两次调用 conduct_search()方法来生成两组结果和坐标❶。这里棘手的部分是确定整体的 SEP，因为每个搜索都有自己的 SEP。要做到这一点，可将两个坐标列表加在一起，并将结果合并为一个集合，以去除所有重复的结果❷。得到集合的长度，然后除以 50×50 搜索区域的像素数。因为我们没有搜索其他区域，所以将它们的 SEP 设置为 0。

针对搜索区域 2 和 3，复制并修改前面的代码。使用 elif 语句，因为每个循环只有一个菜单选项有效。这比使用另外的 if 语句更有效，因为 true 响应之后的所有 elif 语句都会被跳过。

如果玩家选择了 4、5 或 6，这意味着他们想将两个搜索队分配到两个区域。在这种情况下，不需要重新计算 SEP❸。

如果玩家找到了船员并想重新开始游戏，或者只是想重新开始，就调用 main()函数❹。这将重置游戏并刷新地图。

如果玩家做了一个无效的选择，如 "Bob"，用一个消息通知他们，然后用 continue 跳回循环的开始，再次要求玩家选择。

9. 完成和调用 main( )

代码清单 1-9 仍然在 while 循环中，完成 main()函数，然后调用它来运行程序。

代码清单 1-9　完成并调用 main()函数

bayes.py, part 9

```
        app.revise_target_probs() # Use Bayes' rule to update target probs.

        print("\nSearch {} Results 1 = {}"
              .format(search_num, results_1), file=sys.stderr)
        print("Search {} Results 2 = {}\n"
              .format(search_num, results_2), file=sys.stderr)
        print("Search {} Effectiveness (E):".format(search_num))
        print("E1 = {:.3f}, E2 = {:.3f}, E3 = {:.3f}"
              .format(app.sep1, app.sep2, app.sep3))

❶      if results_1 == 'Not Found' and results_2 == 'Not Found':
            print("\nNew Target Probabilities (P) for Search {}:"
                  .format(search_num + 1))
            print("P1 = {:.3f}, P2 = {:.3f}, P3 = {:.3f}"
                  .format(app.p1, app.p2, app.p3))
        else:
            cv.circle(app.img, (sailor_x, sailor_y), 3, (255, 0, 0), -1)
❷          cv.imshow('Search Area', app.img)
            cv.waitKey(1500)
            main()
        search_num += 1

if __name__ == '__main__':
    main()
```

调用 revise_target_probs()方法，对于给定搜索结果，应用贝叶斯法则，重新计算船员在每个搜索区域的概率。接下来，在 shell 中显示搜索结果和搜索有效性概率。

如果两个搜索队的结果都是未成功，则显示更新的目标概率，玩家将利用它来指导他们的下一次搜索❶；否则，在地图上显示船员的位置。使用 OpenCV 绘制一个圆，并向该方法传入基本地图图像、船员的(*x*,*y*)元组的中心点、半径（以像素数表示）、颜色、宽度值（−1）。宽度值为负将使圆圈充满该颜色。

通过使用类似于代码清单 1-3 的代码显示基本地图来完成 main()❷。在游戏调用 main() 函数并自动复位之前，向 waitKey() 方法传入 1500，显示船员的实际位置 1.5 秒。在循环结束时，将搜索次数变量递增 1。用户需要在循环结束后这样做，这样无效的选择就不会被算作搜索。

回到全局空间，利用一些代码，让程序作为模块导入或以独立模式运行。__name__ 变量是一个内置变量，用于评估程序是自主运行还是被导入另一个程序中。如果直接运行这个程序，则将 __name__ 设置为 __main__，满足 if 语句的条件，main() 就会自动调用。如果程序被导入，则 main() 函数不会被运行，除非有意调用。

1.2.4   玩游戏

玩游戏时，在文本编辑器中选择 Run▸Run Module，或者直接按 F5 键。图 1-7 和图 1-8 是最终的游戏画面，即第一次搜索成功的结果。

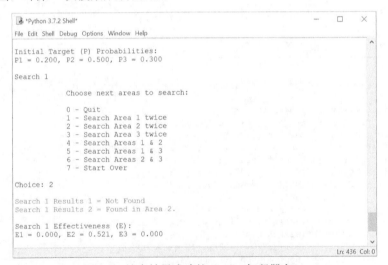

图 1-7   搜索结果成功的 Python 解释器窗口

在这次示例搜索中，玩家选择将两次搜索都投入区域 2，该区域有 50% 的初始概率包含船员。第一次搜索不成功，但第二次搜索找到了船员。注意，搜索有效性只比 50% 略好。这意味着在第一次搜索中找到船员的概率只有 1/4（0.5×0.521≈0.260）。虽然选择很明智，但玩家最后还是要靠一点运气！

在玩游戏时，玩家可试着让自己沉浸在这个场景中。玩家的决策决定了一个人的生死，而玩家的时间并不多。如果船员漂浮在水上，玩家只有 3 次猜测机会来取得成功。请聪明地利用机会！

根据游戏开始时的目标概率，船员最有可能在区域 2，其次是区域 3。因此，一个好的初始策略是搜索区域 2 两次（菜单选项 2）或者同时搜索区域 2 和 3（菜单选项 6）。你需要密切关注搜索效果的输出。如果一个区域获得了很高的搜索有效性分数，这就意味着它已经被彻底搜索过了。在游戏剩下的时间里，你可能要把精力集中在其他地方。

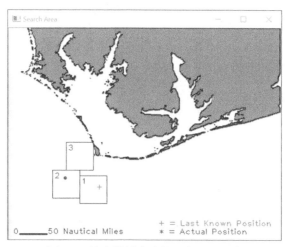

图 1-8　搜索结果成功的基本地图图像

下面的输出代表了你作为一个决策者，可能遇到的糟糕的情况之一。

```
Search 2 Results 1 = Not Found
Search 2 Results 2 = Not Found

Search 2 Effectiveness (E):
E1 = 0.000, E2 = 0.234, E3 = 0.610

New Target Probabilities (P) for Search 3:
P1 = 0.382, P2 = 0.395, P3 = 0.223
```

搜索两次之后，只剩下一次搜索，目标概率非常相似，这对下一步的搜索方向没有什么指导意义。在这种情况下，最好的办法是将搜索分到两个区域，并希望有最好的结果。

按照初始概率的顺序盲目地搜索几个区域，在区域 2 上加倍搜索，然后在区域 3 上加倍搜索，然后在区域 1 上加倍搜索。然后试着虔诚地遵从贝叶斯的结果，总是在当前目标概率最高的区域加倍搜索。接下来，尝试在两个最高概率的区域分头搜索。在那之后，根据自己的直觉，在你觉得合适的时候推翻贝叶斯。可以想象，搜索区多了，搜索天数多了，人类的直觉很快就受不了了。

1.3　小结

在本章中，我们学习了贝叶斯法则。贝叶斯法则是一个简单的统计定理，在现代世界中被广泛应用。我们编写了一个程序，以估计搜索有效性的形式，利用贝叶斯法则来获取新的信息并更新在每个搜索区域找到失事船员的概率。

我们也加载并使用了多个科学软件包，如 NumPy 和 OpenCV，我们在本书中应用了这些软件包。我们还应用了 Python 标准库中有用的 itertools、sys 和 random 模块。

1.4　延伸阅读

Sharon Bertsch McGrayne 所著的 *The Theory That Would Not Die: How Bayes' Rule Cracked the Enigma Code, Hunted Down Russian Submarines, and Emerged Triumphant from Two Centuries of Controversy*（Yale University Press, 2011）叙述了贝叶斯法则的发现和争议历史。

NumPy 的主要文档来源参见 SciPy 官方文档。

1.5　挑战项目：更聪明的搜索

目前，bayes.py 程序将搜索区域内的所有坐标放入一个列表中，并随机打乱顺序。随后在同一区域内的搜索可能导致重复之前的轨迹。从现实生活的角度来看，这不一定是坏事，因为船员会一直漂流，但总体来说，最好尽可能多地覆盖区域而不重复。

复制并编辑程序，跟踪一个区域内哪些坐标已经搜索过，并将它们从未来的搜索中排除（直到再次调用 main()，要么因为玩家找到了船员，要么因为选择菜单选项 7 重新开始）。测试两个版本的游戏，看看改动是否对结果有明显影响。

1.6　挑战项目：用蒙特卡洛模拟寻找最佳策略

蒙特卡洛模拟（Monte Carlo Simulation，MCS）使用重复的随机抽样，在指定范围的条件下，预测不同的结果。创建一个 bayes.py 的版本，它可以自动选择菜单项并跟踪结果，让玩家确定最成功的搜索策略。例如，让程序根据最高的贝叶斯目标概率选择菜单项 1、2 或 3，然后记录找到船员时的搜索次数；重复这个过程 10000 次，取所有搜索次数的平均值；然后再次循环，根据最高综合目标概率，选择菜单项 4、5 或 6；比较最后的平均值，是在一个区域内加倍搜索好，还是在两个区域内分开搜索好？

1.7　挑战项目：计算检测概率

在现实生活中的搜救行动中，你会在搜索之前对每个地区的预期搜索有效性概率进行估计。这个预期概率或计划概率主要根据天气报告来确定。例如，大雾可能会覆盖一个搜索区域，而另外两个区域则晴空万里。

将目标概率乘以计划 SEP，就得到了一个区域的检测概率（Probability of Detection，PoD）。PoD 是给定所有已知误差和噪声源的情况下，一个目标被检测到的概率。

编写一个 bayes.py 版本，其中包括为每个搜索区域随机生成的计划 SEP。将每个区域的目标概率（如 self.p1、self.p2 或 self.p3）乘以这些新变量，产生该区域的 PoD。例如，如果区域 3 的贝叶斯目标概率是 0.90，但计划 SEP 只有 0.1，那么检测的概率是 0.09。

在 shell 中向玩家显示每个区域的目标概率、计划的 SEP 和 PoD，如下所示。玩家可以利用这些信息，指导他们从搜索菜单中进行选择。

```
Actual Search 1 Effectiveness (E):
E1 = 0.190, E2 = 0.000, E3 = 0.000

New Planned Search Effectiveness and Target Probabilities (P) for Search 2:
E1 = 0.509, E2 = 0.826, E3 = 0.686
P1 = 0.168, P2 = 0.520, P3 = 0.312

Search 2

    Choose next areas to search:

    0 - Quit

    1 - Search Area 1 twice
      Probability of detection: 0.164

    2 - Search Area 2 twice
      Probability of detection: 0.674

    3 - Search Area 3 twice
      Probability of detection: 0.382

    4 - Search Areas 1 & 2
      Probability of detection: 0.515

    5 - Search Areas 1 & 3
      Probability of detection: 0.3

    6 - Search Areas 2 & 3
      Probability of detection: 0.643

    7 - Start Over

Choice:
```

当两次搜索同一区域时，要合并 PoD，可使用以下公式：

$$1-(1-\text{PoD})^2$$

否则，只需要将概率相加。

计算一个地区的实际 SEP 时，要将它限制在预期值的范围内，这考虑到了只提前一天的天气报告的总体准确性。用一个围绕计划 SEP 值建立的分布（如三角分布）来代替 `random.uniform()` 方法。关于可用分布类型的列表，可参见 Python 官方文档的"random—Generate pseudo-random numbers"页面。当然，未搜索区域的实际 SEP 永远是 0。

纳入计划 SEP 对游戏有什么影响？是更容易赢还是更难赢呢？是否更难把握贝叶斯法则的应用方式？如果你负责一次真实的搜索，会如何处理一个目标概率很高，但由于海面波涛汹涌，计划 SEP 很低的区域？你会进行搜索还是取消搜索，或者是将搜索转移到一个目标概率低但天气较好的区域？

## 第 2 章

用计量文体学来确定作者的身份

2

计量文体学（Stylometry）是通过计算文本分析（computational text analysis）对文学风格进行的定量研究。它基于每个人都有一种独特的、一致的和可识别的写作风格。这包括我们的词汇量、对标点符号的使用，以及句子和单词的平均长度等。

计量文体学的一个常见应用是确定作者的身份。你有没有怀疑过莎士比亚是否真的写了他所有的剧本？约翰·列侬（John Lennon）还是保罗·麦卡特尼（Paul McCartney）写了 *In My Life* 这首歌？《布谷鸟的呼唤》（*A Cuckoo's Calling*）的作者罗伯特·加尔布雷思（Robert Galbraith）真的是乔装的 J.K.罗琳（J. K. Rowling）吗？计量文体学可以找到答案！

计量文体学有多种用途，包括检测抄袭和确定文字（如社交媒体帖子）背后的情感基调等。计量文体学甚至可以用来检测精神抑郁症和自杀倾向的迹象。

在本章中，我们将使用多种计量文体学技术来确定小说《失落的世界》（*The Lost World*）的作者是阿瑟·柯南·道尔爵士（*Sir Arthur Conan Doyle*）还是 H.G.威尔斯（H. G. Wells）。

2.1　项目 2：《巴斯克维尔的猎犬》《世界大战》和《失落的世界》

阿瑟·柯南·道尔爵士（1859—1930）最著名的作品是福尔摩斯的故事，该作品被认为是犯罪小说领域的里程碑。H.G.威尔斯（1866—1946）以几部开创性的科幻小说而闻名，包括《世界大战》（*The War of The Worlds*）、《时间机器》（*The Time Machine*）、《隐形人》（*The Invisible Man*）和《莫洛博士岛》（*The Island of Dr. Moreau*）。

1912 年，斯特兰德杂志（*Strand Magazine*）发表了《失落的世界》，这是一本连载版的科幻小说。它讲述了由动物学教授乔治·爱德华·查林杰（George Edward Challenger）率领的亚马孙流域探险队遇到了活着的恐龙和一个凶残的类人猿部落的故事。

虽然小说的作者已知，但对于本章的项目，我们就假设作者是有争议的，我们的工作就是解开这个谜团。专家们将范围缩小到两个作者——道尔和威尔斯。威尔斯略占优势，因为《失落的世界》是一部科幻小说作品，这是他的题材范围。《失落的世界》中也包括残暴的穴居人，这使人想起他 1895 年的作品《时间机器》中的莫洛克人。道尔则以侦探小说和历史小说著称。

目标

写一个 Python 程序，使用计量文体学来确定是阿瑟·柯南·道尔爵士还是 H.G.威尔斯写了小说《失落的世界》。

2

2.1.1 策略

自然语言处理（NLP）涉及计算机精确的和结构化的语言与人类使用的微妙的、经常含糊不清的"自然"语言之间的相互作用。NLP 的应用示例包括机器翻译、垃圾邮件检测、搜索引擎问题的理解和手机用户的预测性文本识别。

常见的 NLP 作者身份测试会分析文本的以下特征。

❑ **单词长度**（word length）：一个文档中字词长度的频率分布图。

❑ **停顿词**（stop words）：停顿词（短小的非语境功能词，如 the、but 和 if）的频率分布图。

❑ **词性**（parts of speech）：根据词的句法功能（如名词、代词、动词、副词、形容词等）绘制的频率分布图。

❑ **最常见的词**（most common words）：对文中最常用的词进行比较。

❑ **雅卡尔相似度**（Jaccard similarity）：一个用于衡量样本集相似性和多样性的统计量。

如果道尔和威尔斯的写作风格不同，这 5 种测试应该足以区分他们。我们将在代码部分更详细地讨论每个测试。

为了捕捉和分析每个作者的风格，我们需要一个有代表性的语料库，或者说大量的文本。对于道尔，使用 1902 年出版的著名的福尔摩斯小说《巴斯克维尔的猎犬》（*The Hound of the Baskervilles*）。对于威尔斯，使用 1898 年出版的《世界大战》。这两部小说的字数都在 5 万字以上，足够我们进行合理的统计抽样。然后，我们将每个作者的样本与《失落的世界》进行比较，以确定写作风格的接近程度。

为了进行计量文体学研究，我们使用自然语言工具包（Natural Language Toolkit，NLTK）。这是一套流行的程序和库，用于在 Python 中处理人类语言数据。它是免费的，可以在 Windows、macOS 和 Linux 操作系统上运行。NLTK 创建于 2001 年，是宾夕法尼亚大学计算语言学课程的一部分。在数十位贡献者的帮助下，NLTK 不断发展壮大。要了解更多信息，读者可访问 NLTK 官方网站。

2.1.2 安装 NLTK

用户可以在 NLTK 官方网站找到 NLTK 的安装说明。要在 Windows 上安装 NLTK，用户需打开 PowerShell，用 pip 安装 NLTK。

```
python -m pip install nltk
```

如果用户安装了多个版本的 Python，用户就需要指定版本。下面是 Python 3.7 的命令：

```
py -3.7 -m pip install nltk
```

要检查安装是否成功，用户可打开 Python 交互式 shell 并输入以下内容：

```
>>> import nltk
>>>
```

如果程序没有报错，就说明安装成功了；否则，用户需按照 NLTK 官方网站的安装说明来安装 NLTK。

1. 下载 Tokenizer

要运行计量文体学测试，用户需要将多段文本（或者说语料库）分解成单个单词（称为 token）。在编写本书时，NLTK 中的 `word_tokenize()` 方法隐含地调用了 `sent_tokenize()`，用于将语料库分解成单个句子。为了使用 `sent_tokenize()`，用户需要用到 Punkt Tokenizer Models。虽然它也是 NLTK 的一部分，但用户必须单独下载它（利用方便的 NLTK 下载器）。要启动 NLTK 下载器，用户可在 Python shell 中输入以下内容：

```
>>> import nltk
>>> nltk.download()
```

NLTK 下载器窗口如图 2-1 所示。点击 Models 或 All Packages 选项卡；然后点击 Identifier 栏中的 punkt 选项。滚动滚动条到窗口底部，针对所用平台设置下载目录（参见 NLTK 官网的"Installing NLTK Data"页面）。最后，点击 Download 按钮，下载 Punkt Tokenizer Models。

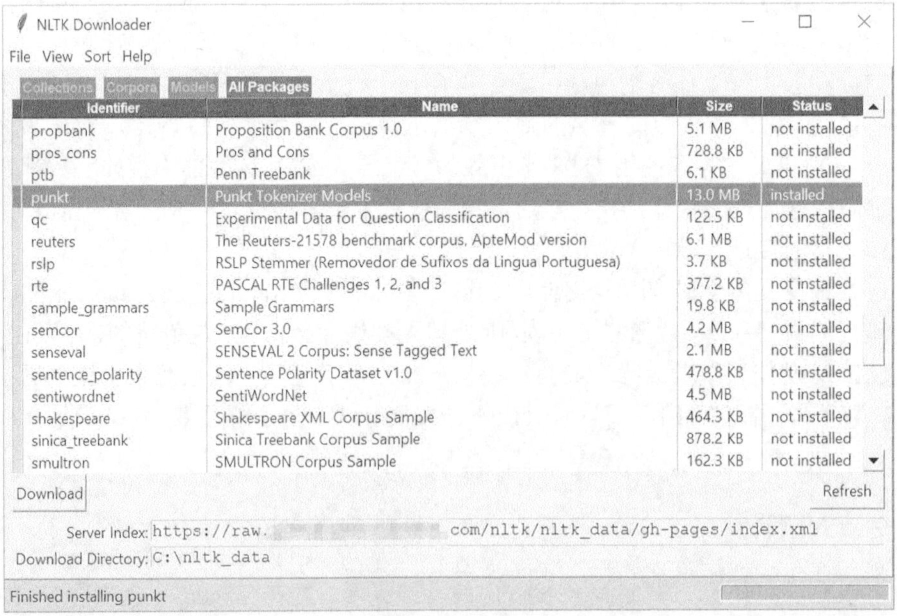

图 2-1   下载 Punkt Tokenizer Models

注意，用户也可以直接在 shell 中下载 NLTK 包。例如：

```
>>> import nltk
>>> nltk.download('punkt')
```

用户还需要访问 Stopwords 语料库，并用类似的方式下载 Stopwords 语料库。

2. 下载 Stopwords 语料库

点击 NLTK 下载器窗口中的 Corpora 选项卡，下载 Stopwords 语料库，如图 2-2 所示。

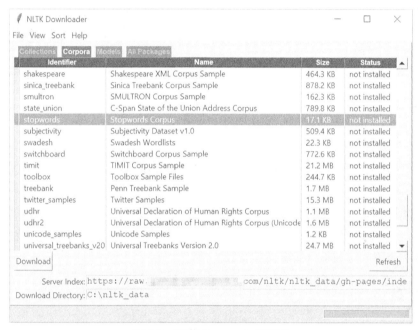

图 2-2　下载 Stopwords 语料库

另外，用户也可以使用 shell 下载 Stopwords 语料库：

```
>>> import nltk
>>> nltk.download('stopwords')
```

用户可以再下载一个包来帮助分析词性，如名词和动词。点击 NLTK 下载器窗口中的 All Packages 选项卡，下载 Averaged Perceptron Tagger。

要使用 shell，请输入以下内容：

```
>>> import nltk
>>> nltk.download('averaged_perceptron_tagger')
```

当 NLTK 下载完成后，退出 NLTK 下载器窗口，在 Python 交互式 shell 中输入以下内容：

```
>>> from nltk import punkt
```

然后输入以下内容：

```
>>> from  nltk.corpus import stopwords
```

如果程序没有报错，就说明模型和语料库下载成功了。

最后，用户需要使用 matplotlib 来绘图。如果用户还没有安装它，可参见 1.2.2 节相关内容。

2.1.3   语料库

用户可以从本书网站下载《巴斯克维尔的猎犬》（hound.txt）、《世界大战》（war.txt）和《失落的世界》（lost.txt）的文本文件，以及本书的代码。

这些文本来自 Project Gutenberg 网站，它是很好的公共领域文学作品的来源。为了让用户能马上使用这些文本，作者已经剥离了它们的目录、章节标题和版权信息等无关材料。

2.1.4   计量文体学代码

我们将要编写的 stylometry.py 程序以字符串的形式加载文本文件，并将它们拆分为单词，然后运行 2.1.1 节列出的 5 种计量文体学分析。该程序将输出一些图和 shell 信息，帮助我们确定是谁写了《失落的世界》。

将该程序与 3 个文本文件放在同一个文件夹中。用户如果不想自己输入代码，跟着下载的代码操作就可以了。

1. 导入模块并定义 main( )函数

代码清单 2-1 导入 NLTK 和 matplotlib，赋值一个常量，并定义 main()函数来运行程序。main()中使用的函数将在本章后面详细介绍。

代码清单 2-1   导入模块并定义 main( )函数

stylometry.py,part 1

```
import nltk
from nltk.corpus import stopwords
import matplotlib.pyplot as plt

LINES = ['-', ':', '--'] # Line style for plots.

def main():
❶ strings_by_author = dict()
   strings_by_author['doyle'] = text_to_string('hound.txt')
   strings_by_author['wells'] = text_to_string('war.txt')
   strings_by_author['unknown'] = text_to_string('lost.txt')

   print(strings_by_author['doyle'][:300])

❷ words_by_author = make_word_dict(strings_by_author)
   len_shortest_corpus = find_shortest_corpus(words_by_author)
❸ word_length_test(words_by_author, len_shortest_corpus)
   stopwords_test(words_by_author, len_shortest_corpus)
   parts_of_speech_test(words_by_author, len_shortest_corpus)
   vocab_test(words_by_author)
   jaccard_test(words_by_author, len_shortest_corpus)
```

首先导入 NLTK 和 Stopwords 语料库，然后导入 matplotlib。

创建一个名为 LINES 的变量，使用大写的约定，表明它应被视为一个常量。默认情况下，matplotlib 绘制彩色图片，但我们还是要为这本黑白印刷的书指定一个符号列表！

在程序开始时定义 main() 函数。这个函数中的步骤几乎和伪代码一样可读，很好地概述了程序将做什么。第一步是初始化一个字典，用于保存每个作者的文本❶。text_to_string() 函数将把每个语料库作为一个字符串加载到这个字典中。每个作者的名字是字典的键（对于《失落的世界》使用 unknown），而他们小说中的文本字符串是值。例如，这里的键是 doyle，值是大幅截断的文本串：

```
{'doyle': 'Mr. Sherlock Holmes, who was usually very late in the mornings --snip--'}
```

填充字典后，立即输出 doyle 键的前 300 项，以确保事情按计划进行。这将产生以下输出：

```
Mr. Sherlock Holmes, who was usually very late in the mornings, save
upon those not infrequent occasions when he was up all night, was seated
at the breakfast table. I stood upon the hearth-rug and picked up the
stick which our visitor had left behind him the night before. It was a
fine, thick piec
```

在正确加载了语料库之后，下一步就是将字符串拆分为单词。目前，Python 并不会识别单词，而是基于字符（character）工作，如字母、数字和标点符号。为了解决这个问题，我们将使用 make_word_dict() 函数，以 strings_by_author 字典作为参数，分割出字符串中的单词，并返回一个名为 words_by_author 的字典，其中作者为键，单词列表为值❷。

计量文体学依赖于字数，因此当每个语料库的长度相同时，它的效果最好。用户可以采用多种方法来确保公平合理的对比。利用"分块法"，我们将文本分成若干块，如 5000 个单词，然后比较这些块；我们也可以通过使用相对频率而不是直接计数，或者通过截断到最短的语料库来进行标准化。

我们来探讨一下截断的方案。将单词字典传给另一个函数 find_shortest_corpus()，它计算每个作者的单词列表中的单词数，并返回最短语料库的长度。表 2-1 展示了每个语料库的长度。

表 2-1 每个语料库的长度

语料库	长度（字数）
Hound (doyle)	58387
War (wells)	59469
World (unknown)	74961

由于这里最短的语料库代表了一个有近 60000 个单词的健壮数据集，因此在进行任何分析之前，我们会利用 len_shortest_corpus 变量将其他两个语料库截断到这个长度。当然，我们的假设是，被截断文本的后段内容与前段内容没有明显的不同。

接下来的 5 行代码调用了运行 2.1.1 节的计量文体学分析的函数❸。这些函数都以 words_by_author 字典为参数，大多数函数也以 len_shortest_corpus 为参数。我们准备好要分析的文本后，会尽快查看这些函数。

2. 加载文本并建立单词字典

代码清单 2-2 定义了两个函数。第一个函数将文本文件作为字符串读取。第二个函数以每个作者的名字为键，建立一个字典，以作者的小说（现在拆分为单个单词，而不是连续的字符串）为值。

代码清单 2-2   定义 text_to_string()和 make_word_dict()函数

stylometry.py,part 2

```
    def text_to_string(filename):
        """Read a text file and return a string."""
        with open(filename) as infile:
            return infile.read()

❶ def make_word_dict(strings_by_author):
        """Return dictionary of tokenized words by corpus by author."""
        words_by_author = dict()
        for author in strings_by_author:
            tokens = nltk.word_tokenize(strings_by_author[author])
          ❷ words_by_author[author] = ([token.lower() for token in tokens
                                        if token.isalpha()])
        return words_by_author
```

首先，定义 `text_to_string()`函数来加载一个文本文件。内置的 `read()`函数将整个文件作为一个单独的字符串来读取，这样用户就可以轻松地对整个文件进行操作。使用 `with` 打开文件，这样无论语句块如何结束，文件都会自动关闭。就像收拾玩具一样，关闭文件是一个好习惯。它可以防止不好的事情发生，如耗尽文件描述符、锁定文件使其无法继续访问、损坏文件，或者向文件写入数据时丢失数据。

有些用户在加载文本时可能会遇到类似下面的 UnicodeDecodeError：

```
UnicodeDecodeError: 'ascii' codec can't decode byte 0x93 in position 365:
ordinal  not  in  range(128)
```

编码和解码指的是将以字节形式存储的字符转换为人类可读的字符串的过程。问题是内置函数 `open()`的默认编码是依赖于平台的，并且取决于 `locale.getpreferredencoding()`的值。例如，在 Windows 10 操作系统上运行这个函数，会得到以下编码：

```
>>> import locale
>>> locale.getpreferredencoding()
'cp1252'
```

CP-1252 是一种传统的 Windows 字符编码。如果在 Mac 计算机上运行相同的代码，可能会返回一些不同的东西，如'US-ASCII'或'UTF-8'。

UTF 是 Unicode Transformational Format 的缩写，是一种文本字符格式，旨在向后兼容 ASCII。尽管 UTF-8 可以处理所有字符集，而且是万维网上使用的主要编码形式，但它不是许多文本编辑器的默认选项。

此外，Python 2 假设所有的文本文件都用拉丁字母表 latin-1 编码。Python 3 更加复杂，它试图尽早检测编码问题,如果没有指定编码,它可能会抛出一个错误。

因此,排除故障的第一个步骤应该是向 open()函数传入 encoding 参数,并指定其为 UTF-8:

```
with open(filename, encoding='utf-8') as infile:
```

如果加载语料库文件仍然有问题,则尝试添加一个 errors 参数,如下:

```
with open(filename, encoding='utf-8', errors='ignore') as infile:
```

你可以忽略错误,因为这些文本文件是以 UTF-8 格式下载的,并且已经用这种方法进行了测试。关于 UTF-8 的更多信息,参见 Python 官方文档的 "Unicode HOWTO" 页面。

下一步是定义 make_word_dict()函数。该函数用于接收作者的字符串字典,并返回作者的单词字典❶。首先,初始化一个名为 words_by_author 的空字典。然后,循环浏览 strings_by_author 字典中的键。使用 NLTK 的 word_tokenize()方法,并将字符串字典的键传递给它。结果将是一个 token 列表,它将作为针对每个作者的字典值。token 只是一个语料库的碎片,通常是句子或单词。

下面的代码片段展示了将一个连续的字符串变成一个 token(单词和标点)列表的过程:

```
>>> import nltk
>>> str1 = 'The rain in Spain falls mainly on the plain.'
>>> tokens = nltk.word_tokenize(str1)
>>> print(type(tokens))
<class 'list'>
>>> tokens
['The', 'rain', 'in', 'Spain', 'falls', 'mainly', 'on', 'the', 'plain', '.']
```

这类似于使用 Python 内置的 split()函数,但从语言学的角度来看,split()函数并不能实现 token(注意,句号没有被拆分)。

```
>>> my_tokens = str1.split()
>>> my_tokens
['The', 'rain', 'in', 'Spain', 'falls', 'mainly', 'on', 'the', 'plain.']
```

一旦有了 token,我们就可以使用列表解析(list comprehension)来填充 words_by_author 字典❷。列表解析是 Python 中执行循环的一种快捷方法。我们需要用方括号包围代码,以表示这是一个列表。将 token 转换为小写,并使用内置的 isalpha()方法(如果一个 token 中的所有字符都是字母表的一部分,则返回 True,否则返回 False),这将过滤掉数字和标点符号,也会过滤掉带连字符的单词或名称。程序最后返回 words_by_author 字典。

3. 寻找最短的语料库

在计算语言学中,频率(frequency)与一个单词在一个语料库中出现的次数相关。因此,频率意味着计数(count),我们后面用到的方法会返回一个字典,包含单词及其计数。为了有意义地比较计数,语料库应该都有相同数量的单词。

因为这里使用的 3 个语料库都很大(见表 2-1),我们可以将它们全部截断到最短的长度,从而安全地规范化语料库。代码清单 2-3 定义了一个函数,该函数可以在 words_by_author 字典中找到最短的语料库,并返回其长度。

代码清单 2-3   定义 find_shortest_corpus()函数

stylometry.py,part 3

```
def find_shortest_corpus(words_by_author):
    """Return length of shortest corpus."""
    word_count = []
    for author in words_by_author:
        word_count.append(len(words_by_author[author]))
        print('\nNumber of words for {} = {}\n'.
              format(author, len(words_by_author[author])))
    len_shortest_corpus = min(word_count)
    print('length shortest corpus = {}\n'.format(len_shortest_corpus))
    return len_shortest_corpus
```

定义该函数，以 words_by_author 字典为参数。立即启用一个空列表来保存单词计数。

循环遍历字典中的作者（键）。针对每个键，获取值（它是一个列表对象）的长度，并将该长度追加至 word_count 列表。这里的长度代表语料库中的单词数。程序每循环一次，就输出作者的名字和拆分后的语料库的长度。

当循环结束时，使用内置的 min()函数获得最低的计数，并将它赋值给 len_shortest_corpus 变量。程序输出答案，然后返回该变量。

4. 比较单词长度

每位作家都有自己的独特风格，其中一部分是他们使用的词语。福克纳注意到海明威从来没有让读者跑去查字典；海明威指责福克纳使用"10 美元的词"。作家风格表现在单词长度和词汇量方面，我们将在后面的章节中研究。

代码清单 2-4 定义了一个函数，用来比较每个词的长度，并将结果绘制成频率分布。在频率分布中，单词的长度与每个长度的计数相对应。例如，对于长度为 6 个字母的单词，一个作者的计数可能是 4000，而另一个作者的计数可能是 5500。频率分布允许在单词长度范围内进行比较，而不是仅仅在平均单词长度上进行比较。

代码清单 2-4 中的函数使用列表切片，将单词列表截断到最短语料库的长度，这样结果就不会受小说长度的影响。

代码清单 2-4   定义 word_length_test()函数

stylometry.py,part 4

```
def word_length_test(words_by_author, len_shortest_corpus):
    """Plot word length freq by author, truncated to shortest corpus length."""
    by_author_length_freq_dist = dict()
    plt.figure(1)
    plt.ion()

❶  for i, author in enumerate(words_by_author):
        word_lengths = [len(word) for word in words_by_author[author]
                        [:len_shortest_corpus]]
        by_author_length_freq_dist[author] = nltk.FreqDist(word_lengths)
❷      by_author_length_freq_dist[author].plot(15,
                                                 linestyle=LINES[i],
                                                 label=author,
                                                 title='Word Length')
    plt.legend()
    #plt.show() # Uncomment to see plot while coding.
```

所有的计量文体学函数都会使用 token 字典；几乎所有的函数都会使用最短语料库的长度参数，以确保样本大小一致。这些变量名可以作为函数参数。

启用一个空字典来保存作者的单词长度频率分布，然后开始绘图。因为我们要绘制多个图，所以先实例化一个名为 1 的图对象。为了使所有图在创建后都保持显示，用 plt.ion() 开启交互式绘图模式。

接下来，开始循环遍历拆分后的字典中的作者❶。使用 enumerate() 函数为每个作者生成一个索引，我们将用它来选择绘图的线型。对于每个作者，使用列表解析获得值列表中每个单词的长度，范围截断到最短语料库的长度。结果将是一个列表，其中每个单词都被一个代表其长度的整数所取代。

现在，开始填充新的按作者分类的字典，以保存频率分布。使用 nltk.FreqDist()，它可以接收单词长度列表，并创建一个可以绘制的单词频率信息数据对象。

可以直接使用类方法 plot() 绘制字典❷，而不需要通过 plt 引用 pyplot。首先绘制出现频率最高的样本，然后是指定的样本数，本例中是 15。这意味着你将看到长度为 1～15 个字母的单词的频率分布。使用 i 从 LINES 列表中选择，最后提供一个标签和标题。标签（用 plt.legend() 调用）将被用于图例中。

注意，可以使用 cumulative 参数改变频率数据的绘制方式。如果指定 cumulative=True，你将看到一个累积分布（图 2-3（左））；否则，plot() 将默认 cumulative=False，你将看到实际的计数，这些计数按从高到低的顺序排列（图 2-3（右））。对于这个项目，继续使用默认选项。

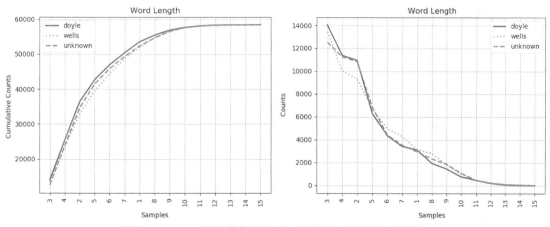

图 2-3　NLTK 累积分布图（左）与默认频率分布图（右）

最后通过调用 plt.show() 方法来显示该图，但它被注释掉了。如果你想在编写完这个函数后立即看到该图，可以取消注释。同时注意，如果你通过 Windows PowerShell 启动这个程序，那么图可能会立即关闭，除非使用 block 标志：plt.show(block=True)。这将使该图保持显示，但会使程序停止运行，直到图被关闭。

仅根据图 2-3 中的单词长度频率分布图，道尔的风格与未知作者的风格比较接近，尽管有一些片段显示，威尔斯的风格与未知作者的风格同样甚至更加接近。现在让我们进行一些其他的测试，看看是否能证实这一发现。

5. 比较停顿词

停顿词是经常使用的小词，如 the、by 和 but。这些词在在线搜索等任务中被过滤掉，因为它们不提供任何上下文信息，而且它们曾被认为在识别作者身份方面价值不大。

然而，频繁使用且没有经过深思熟虑停顿词也许是作者风格的最好标志。由于我们要比较的文本通常是关于不同主题的，这些停顿词就变得非常重要，因为它们与内容无关，而且在所有文本中都是通用的。

代码清单 2-5 定义了一个函数，用于比较 3 个语料库中停顿词的使用情况。

代码清单 2-5   定义 stopwords_test( )函数

stylometry.py,part 5

```python
def stopwords_test(words_by_author, len_shortest_corpus):
    """Plot stopwords freq by author, truncated to shortest corpus length."""
    stopwords_by_author_freq_dist = dict()
    plt.figure(2)
    stop_words = set(stopwords.words('english')) # Use set for speed.
    #print('Number of stopwords = {}\n'.format(len(stop_words)))
    #print('Stopwords = {}\n'.format(stop_words))

    for i, author in enumerate(words_by_author):
        stopwords_by_author = [word for word in words_by_author[author]
                               [:len_shortest_corpus] if word in stop_words]
        stopwords_by_author_freq_dist[author] = nltk.FreqDist(stopwords_by_author)
        stopwords_by_author_freq_dist[author].plot(50,
                                                   label=author,
                                                   linestyle=LINES[i],
                                                   title=
                                                   '50 Most Common Stopwords')
    plt.legend()
##      plt.show() # Uncomment to see plot while coding function.
```

定义一个函数，将单词字典和最短语料库的长度变量作为参数。然后初始化一个字典，用来存放每个作者的停顿词的频率分布。我们不想把所有的图都"塞"进同一个图里，因此新建一个图，命名为 2。

给英语的 NLTK 停顿词语料库指定一个局部变量 stop_words。集合比列表的搜索速度快，因此将语料库做成一个集合，以便以后查找更快。接下来的两行（目前被注释掉了）输出的是停顿词的数量（179 个）和停顿词本身。

现在，开始循环遍历 word_by_author 字典中的作者。使用列表解析来提取每个作者语料库中的所有停顿词，并将其作为新字典 stopwords_by_author 中的值。在下一行代码中，将这个字典传递给 NLTK 的 FreqDist()方法，并使用输出来填充 stopwords_by_author_freq_dist 字典。这个字典包含的数据用于为每个作者绘制频率分布图。

重复代码清单 2-4 中用来绘制单词长度的代码，但将样本数量设置为 50，并为它设置一个不同的标题。这将绘制前 50 个停顿词的频率分布图（见图 2-4）。

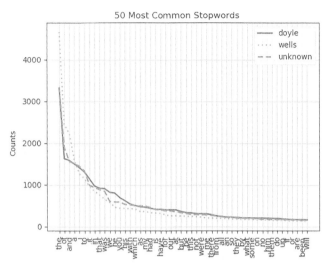

图 2-4　按作者绘制的前 50 个停顿词的频率分布图

　　道尔和未知作者以类似方式使用了停顿词。至此，两项分析都倾向于道尔是最有可能的未知文本的作者，但我们仍有更多的工作要做。

6. 比较词性

　　现在我们比较一下 3 个语料库中使用的词性。NLTK 使用一种称为 PerceptronTagger 的词性（part-of-speech，POS）标记器来识别词性。POS 标记器处理一连串拆分后的单词，并给每个词附加一个词性标签（见表 2-2）。

表 2-2　带有标签值的词性

词性	标签	词性	标签
Coordinating conjunction	CC	Possessive pronoun	PRP$
Cardinal number	CD	Adverb	RB
Determiner	DT	Adverb, comparative	RBR
Existential there	EX	Adverb, superlative	RBS
Foreign word	FW	Particle	RP
Preposition or subordinating conjunction	IN	Symbol	SYM
Adjective	JJ	To	TO
Adjective, comparative	JJR	Interjection	UH
Adjective, superlative	JJS	Verb, base form	VB
List item marker	LS	Verb, past tense	VBD
Modal	MD	Verb, gerund or present participle	VBG
Noun, singular or mass	NN	Verb, past participle	VBN
Noun, plural	NNS	Verb, non-third-person singular present	VBP
Noun, proper noun, singular	NNP	Verb, third-person singular present	VBZ
Noun, proper noun, plural	NNPS	Wh-determiner, which	WDT
Predeterminer	PDT	Wh-pronoun, who, what	WP
Possessive ending	POS	Possessive wh-pronoun, whose	WP$
Personal pronoun	PRP	Wh-adverb, where, when	WRB

标记器通常是在大型数据集（如 Penn Treebank 或 Brown Corpus）上进行训练的，这使得它们的准确性很高，但并不完美。你也可以找到非英语语言的训练数据和标记器。我们不需要担心所有这些术语及其缩写。与之前的测试一样，我们只需要在图表中比较线条。

代码清单 2-6 定义了一个函数，用来绘制 3 个语料库中词性的频率分布。

代码清单 2-6   定义 parts_of_speech_test( )函数

stylometry.py,part 6

```
def parts_of_speech_test(words_by_author, len_shortest_corpus):
    """Plot author use of parts-of-speech such as nouns, verbs, adverbs."""
    by_author_pos_freq_dist = dict()
    plt.figure(3)
    for i, author in enumerate(words_by_author):
        pos_by_author = [pos[1] for pos in nltk.pos_tag(words_by_author[author]
                        [:len_shortest_corpus])]
        by_author_pos_freq_dist[author] = nltk.FreqDist(pos_by_author)
        by_author_pos_freq_dist[author].plot(35,
                                            label=author,
                                            linestyle=LINES[i],
                                            title='Part of Speech')
    plt.legend()
    plt.show()
```

首先定义一个函数，它的参数是单词字典和最短语料库的长度；然后初始化一个字典，用来存放每个作者的词性的频率分布；接着生成第三个图的函数调用。

开始循环遍历 `words_by_author` 字典中的作者，并使用列表解析和 NLTK 的 `pos_tag()` 方法建立名为 `pos_by_author` 的列表。针对每个作者，这将创建一个列表，将作者语料库中的每个单词用其对应的 POS 标签替换，如下所示：

```
['NN', 'NNS', 'WP', 'VBD', 'RB', 'RB', 'RB', 'IN', 'DT', 'NNS', --snip--]
```

接下来，生成 POS 列表的频率分布，每循环一次，用前 35 个样本绘制曲线。注意，词性标签只有 36 个，有几个标签（如 list item markers）很少出现在小说中。

这是我们要生成的最后一个图，因此调用 `plt.show()` 将所有图绘制到屏幕上。正如在代码清单 2-4 的讨论中所指出的，如果使用 Windows PowerShell 来启动程序，则你可能需要使用 `plt.show (block=True)` 来防止该图自动关闭。

之前的图和当前的图（图 2-5）应该在大约 10 秒后出现。

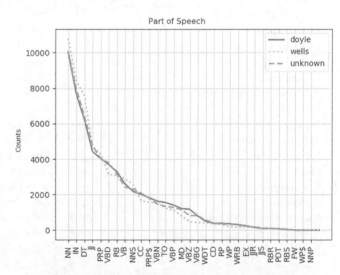

图 2-5   按作者绘制的前 35 个词性的频率分布图

又一次，道尔与未知曲线的匹配度明显优于威尔斯与未知曲线的匹配度。这说明道尔是未知语料的作者。

7. 比较作者词汇量

为了比较 3 个语料库之间的词汇量，我们将使用卡方随机变量（chi-squared random variable，χ^2）（也称为检验统计（test statistic））来测量未知语料库采用的词汇量和每个已知语料库之间的“距离”。最接近的词汇量就是最相似的。该公式为

$$\chi^2 = \sum_{i=1}^{n} \frac{(O_i - E_i)^2}{E_i}$$

式中，O 是观察到的单词计数，E 是预期的单词计数，这里假设被比较的语料库均由同一作者所写。

如果道尔写了这两本小说，那么这两本小说应该有相同或相似比例的常见单词。检验统计可以让我们测量每个词的计数相差多少，从而量化它们的相似度。检验统计量越低，两个分布之间的相似度就越大。

代码清单 2-7 定义了一个函数，用于比较 3 个语料库中的词汇量。

代码清单 2-7 定义 vocab_test( )函数

stylometry.py,part 7

```
def vocab_test(words_by_author):
    """Compare author vocabularies using the chi-squared statistical test."""
    chisquared_by_author = dict()
    for author in words_by_author:
  ❶    if author != 'unknown':
            combined_corpus = (words_by_author[author] +
                               words_by_author['unknown'])
            author_proportion = (len(words_by_author[author])/
                                len(combined_corpus))
            combined_freq_dist = nltk.FreqDist(combined_corpus)
            most_common_words = list(combined_freq_dist.most_common(1000))
            chisquared = 0
  ❷        for word, combined_count in most_common_words:
                observed_count_author = words_by_author[author].count(word)
                expected_count_author = combined_count * author_proportion
                chisquared += ((observed_count_author -
                                expected_count_author)**2 /
                                expected_count_author)
  ❸        chisquared_by_author[author] = chisquared
            print('Chi-squared for {} = {:.1f}'.format(author, chisquared))
    most_likely_author = min(chisquared_by_author, key=chisquared_by_author.get)
    print('Most-likely author by vocabulary is {}\n'.format(most_likely_author))
```

vocab_test()函数需要单词字典，但不需要最短语料库的长度。与前面的函数一样，它首先创建一个新的字典来保存每个作者的卡方值，然后循环遍历单词字典。

要计算卡方值，我们需要将每个作者的语料和未知语料组合起来。我们不需要把未知语料和它本身组合起来，因此用一个条件语句来避免这个操作❶。对于当前的循环，将作者的语料库与未知语料库组合，然后用作者的语料库长度除以结合语料库的长度，得到当前作者语料库的比例，然后通过调用 nltk.FreqDist() 得到组合语料库的频率分布。

现在，通过使用 most_common() 方法，并向它传入 1000，将组合文本中常见的 1000 个单词做成一个列表。对于在计量文体学分析中应该考虑多少词，这里没有硬性规定。文献中的建议是 100～1000 个常见词。因为我们要处理的是大型文本，所以应选择较大的数值。

初始化 chisquared 变量为 0，然后启动一个嵌套 for 循环，遍历 most_common_words 列表❷。most_common() 方法返回一个元组列表，每个元组包含单词及其计数。

```
[('the', 7778), ('of', 4112), ('and', 3713), ('i', 3203), ('a', 3195), --snip--]
```

接下来，从单词字典中得到对每个作者观察到的计数。对道尔来说，这就是《巴斯克维尔的猎犬》语料库中最常见的词的计数。然后，我们得到预期的计数，如果道尔同时写了《巴斯克维尔的猎犬》和未知语料库，这应该与他的计数相符。要做到这一点，可将组合语料库中的计数乘以之前计算的作者的部分，然后应用卡方公式，并将结果添加到记录每个作者的卡方得分的字典中❸，显示每个作者的结果。

为了找到具有最低的卡方得分的作者，调用内置的 min() 函数，并将我们用 get() 方法获得的字典和字典键传给它。这将得到对应于最小值的键。这一点很重要。如果省略了最后一个参数，min() 将根据名称的字母顺序返回最小键，而不是它们的卡方得分！你可以在下面的代码片段中看到这个错误：

```
>>> print(mydict)
{'doyle': 100, 'wells': 5}
>>> minimum = min(mydict)
>>> print(minimum)
'doyle'
>>> minimum = min(mydict, key=mydict.get)
>>> print(minimum)
'wells'
```

人们很容易认为 min() 函数返回的是最小的数值，但如你所见，它默认看的是字典键。

输出基于卡方得分的最有可能的作者，完成这个函数。

```
Chi-squared for doyle = 4744.4
Chi-squared for wells = 6856.3
Most-likely author by vocabulary is doyle
```

又一个测试表明，道尔是作者！

8. 计算雅卡尔相似度

为了确定从语料库创建的集合之间的相似度，我们将使用雅卡尔相似度系数（Jaccard similarity coefficient），也称交并比（intersection over union）。简单来说，雅卡尔相似度系数就是两个集合的重叠面积除以两个集合的组合面积（图 2-6）。

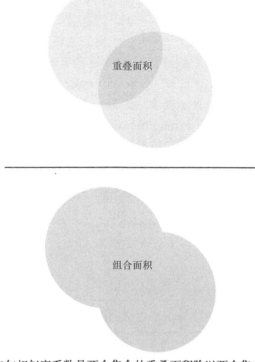

图 2-6 雅卡尔相似度系数是两个集合的重叠面积除以两个集合的组合面积

从两个文本创建的样本集的重合度越高，它们就越有可能由同一个作者所写。代码清单 2-8 定义了一个函数，用于衡量样本集相似性。

代码清单 2-8 定义 jaccard_test( )函数

stylometry.py,part 8

```
    def jaccard_test(words_by_author, len_shortest_corpus):
        """Calculate Jaccard similarity of each known corpus to unknown corpus."""
        jaccard_by_author = dict()
        unique_words_unknown = set(words_by_author['unknown']
                                        [:len_shortest_corpus])
❶   authors = (author for author in words_by_author if author != 'unknown')
        for author in authors:
            unique_words_author = set(words_by_author[author][:len_shortest_corpus])
            shared_words = unique_words_author.intersection(unique_words_unknown)
❷       jaccard_sim = (float(len(shared_words))/ (len(unique_words_author) +
                                                 len(unique_words_unknown) -
                                                 len(shared_words)))
            jaccard_by_author[author] = jaccard_sim
            print('Jaccard Similarity for {} = {}'.format(author, jaccard_sim))
❸   most_likely_author = max(jaccard_by_author, key=jaccard_by_author.get)
        print('Most-likely author by similarity is {}'.format(most_likely_author))

    if __name__ == '__main__':
        main()
```

与之前的大多数测试一样，`jaccard_test()`函数将单词字典和最短语料库的长度作为参数。我们还需要一个字典来保存每个作者的雅卡尔相似度系数。

雅卡尔相似度系数适用于一组不一样的单词，因此我们需要将语料库变成集合来删除重复的单词。首先，从未知语料库中建立一个集合；然后，循环遍历已知的语料库，将它们变成集合，并与未知集合进行比较。在生成集合时，一定要将所有的语料库截断到最短语料库的长度。

在运行循环之前，使用生成器表达式（generator expression）从 words_by_author 字典中获取作者名称，unknown 除外❶。生成器表达式是一个函数，它返回一个对象，可以一次迭代一个值。它看起来很像列表理解（list comprehension），但不是用方括号，而是用括号包围。生成器不是构建一个可能大量使用内存的数据项列表，而是实时生成它们。如果你有一个大的值集，但只需要使用一次，生成器就很有用。我在这里用了一个生成器来展示该过程。

将一个生成器表达式赋给一个变量时，得到的就是一种名为生成器对象（generator object）的迭代器。将它与生成列表对比一下，如下所示：

```
>>> mylist = [i for i in range(4)]
>>> mylist
[0, 1, 2, 3]
>>> mygen = (i for i in range(4))
>>> mygen
<generator object <genexpr> at 0x000002717F547390>
```

前面代码片段中的生成器表达式与这个生成器函数是一样的：

```
def generator(my_range):
    for i in range(my_range):
        yield i
```

return 语句用于结束一个函数，而 yield 语句用于暂停函数的运行，并将一个值送回给调用者。调用 yield 语句之后，函数可以继续回到它离开的地方。当一个生成器到达终点时，它是"空的"，不能再被调用。

回到代码中，使用 authors 生成器开始一个 for 循环。为每个已知作者找到不一样的单词，就像为 unknown 所做的那样，然后使用内置的 intersection() 函数找到当前作者的词集和 unknown 的词集之间的所有共有单词。两个给定集合的交集（intersection）是包含两个集合共同的所有元素的最大集合。有了这些信息，我们就可以计算出雅卡尔相似度系数❷。

更新 jaccard_by_author 字典，并在解释器窗口中输出每个结果；然后找到具有最大雅卡尔值的作者❸，并输出结果。

```
Jaccard Similarity for doyle = 0.34847801578354004
Jaccard Similarity for wells = 0.30786921307869214
Most-likely author by similarity is doyle
```

结果应该有利于道尔。

完成 stylometry.py 的代码，以导入模块或独立模式运行程序。

2.2　小结

《失落的世界》的真正作者是道尔，因此我们就到此为止，宣布胜利。如果你想进一步探索，下一步可以将更多的已知文本添加到 `doyle` 和 `wells` 中，使它们的综合长度更接近于《失落的世界》的长度，你不必截断它。我们也可以测试句子长度和标点符号风格，或者采用更复杂的技术，如神经网络和遗传算法。

我们还可以用词干（stemming）和词缀（lemmatization）技术来完善现有的函数，如 `vocab_test()` 和 `jaccard_test()`。这些技术可以将单词缩减到其词根形式，以便更好地进行比较。就目前程序的写法而言，talk、talking 和 talked 都被认为是完全不同的词，尽管它们是同一个词根。

归根到底，计量文体学不能绝对肯定地证明阿瑟·柯南·道尔爵士写了《失落的世界》。它只能通过重量级的证据表明，道尔比威尔斯更有可能是作者。非常明确地框定问题是很重要的，因为我们无法评估所有可能的作者。因此，成功的作者身份归属始于老式的侦查工作，即将候选者名单缩减到可管理的长度。

2.3 延伸阅读

《Python 自然语言处理》（人民邮电出版社，2014）由 Steven Bird、Ewan Klein 和 Edward Loper 所著。该书基于 Python 对 NLP 进行了通俗易懂的介绍，其中包含大量练习，并与 NLTK 网站进行了有效的整合。该书的新版本针对 Python 3 和 NLTK 3 进行了更新，读者可以在 NLTK 官方网站在线阅读。

1995 年，小说家库尔特·冯内古特（Kurt Vonnegut）提出了"故事的形状可以画在图画纸上"的观点，并建议"把故事输入计算机"。2018 年，研究人员利用 1700 多部英文小说对这一想法进行了跟踪研究。他们应用了一种名为"情感分析"的 NLP 技术，找到了词语背后的情感基调。读者可以在 BBC 网站上找到对他们成果的有趣总结，即"Every Story in the World Has One of These Six Basic Plots"。

2.4 实践项目：用分散图分析《巴斯克维尔的猎犬》

NLTK 有一个有趣的小功能，叫作分散图（dispersion plot），用于绘制一个词在文本中的位置。更具体地说，它对比了一个词出现时与该词在语料库中首次出现时间隔的词数。

图 2-7 是《巴斯克维尔的猎犬》中主要角色的分散图。

如果你熟悉这个故事（如果你不熟悉，我也不会剧透），就会懂得并欣赏中间 Holmes 的稀少出现，Mortimer 几乎是双峰分布，以及故事后期 Barrymore、Selden 和 hound 的重叠。

分散图可以有更多的实际应用。例如，作为技术书籍的作者，我需要在一个新术语首次

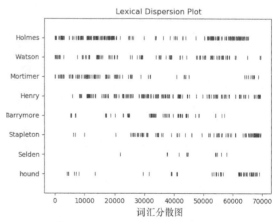

图 2-7 《巴斯克维尔的猎犬》中主要角色的分散图

出现时对它进行定义。这听起来很容易，但有时我在编辑过程中会对整个章节调整顺序，这样可能会使术语的第一次定义被漏掉。相比之下，人们利用一长串技术术语建立分散图，找到这些术语第一次出现的位置会容易得多。

还有另一种情况，假设你是一名数据科学家，与法律辅助人员一起处理一个涉及内幕交易的刑事案件。为了找出被告在进行非法交易之前是否与某位董事会成员交谈过，你可以将被告的传唤电子邮件加载为一个连续的字符串，并生成一个分散图。如果董事会成员的名字如预期般出现，则可以定案！

针对这个实践项目，请编写一个 Python 程序，再现图 2-7 所示的分散图。如果在加载 hound.txt 语料库时遇到问题，请重温 2.1.4 节关于 Unicode 的讨论。你可以在附录和网上找到一个解决方案：practice_hound_dispersion.py。

2.5　实践项目：标点符号热图

热图（heatmap）是一种使用颜色来表示数据值的图表。热图已被用于可视化著名作者的标点符号习惯（参见博客 "The Surprising Punctuation Habits Of Famous Authors, Visualized"），并且可能有助于确定《失落的世界》的作者。

请编写一个 Python 程序，仅根据标点符号对本章所用的 3 本小说进行拆分，然后重点研究分号的使用方法。对于每个作者，绘制一个热图，将分号显示为蓝色，将所有其他标记显示为黄色或红色。图 2-8 是威尔斯的《世界大战》和道尔的《巴斯克维尔的猎犬》的热图示例。

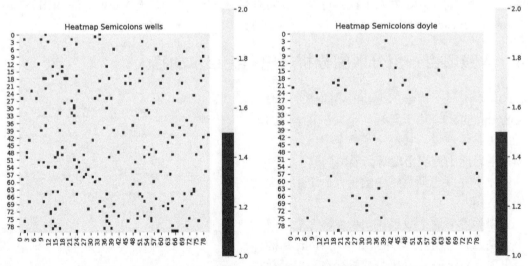

图 2-8　威尔斯（左）和道尔（右）的分号使用热图（深色方块）

比较 3 个热图。结果倾向于道尔还是威尔斯是《失落的世界》的作者？

可以在附录和网上找到解决方案：practice_heatmap_semicolon.py。

2.6　挑战项目：修正频率

如前所述，频率在 NLP 中指的是计数，但也可以表示为单位时间内出现的次数。另外，它也可以用比率或百分比来表示。

定义一个新版本的 `nltk.FreqDist()` 方法，使用百分比而不是计数，并用它来制作 *stylometry.py* 程序中的图表。

2

用自然语言处理总结演讲 3

"水啊水，到处都是水，却没有一滴能解我焦渴。"这句话出自叙事诗《古舟子咏》（*The Rime of the Ancient Mariner*），它总结了数字信息的现状。根据国际数据公司（International Data Corporation）的数据，到 2025 年，我们每年将产生 175 万亿 GB 的数字数据。但这些数据中的大部分（高达 95%）将是非结构化的，这意味着它们没有被组织成有用的数据库。即使是现在，治愈癌症的钥匙可能就在我们的指尖，但我们几乎不可能够到它。

为了使信息更容易被发现和消费，我们需要提取并重新包装要点，将它转化为可消化的总结，从而减少数据量。由于数据量巨大，我们没有办法手工完成这项工作。幸运的是，自然语言处理（NLP）可以帮助计算机理解单词和上下文。例如，NLP 应用可以总结新闻源、分析法律合同、研究专利、研究金融市场、捕捉企业知识和生成学习指南。

在本章中，我们将使用 Python 的自然语言工具箱（Natural Language Toolkik，NLTK）来生成有史以来最著名的演讲之一的总结，即马丁·路德·金（Martin Luther King）的《我有一个梦想》（*I Have a Dream*）。在了解基础知识后，我们将使用一个名为 gensim 的精简替代方案来总结 William H. McRaven 上将流行的《整理你的床》（*Make Your Bed*）演讲。最后，我们将使用词云来制作有趣的视觉总结项目，总结阿瑟·柯南·道尔爵士（Sir Arthur Coran Doyle）的小说《巴斯克维尔的猎犬》中最常用的单词。

3.1 项目 3：《我有一个梦想》总结演讲稿！

在机器学习和数据挖掘中，有两种方法来总结文本：提取（extraction）和抽象（abstraction）。基于提取的总结使用各种权重函数，根据感知的重要性对句子进行排名，使用频率较高的词被认为更重要。因此，包含这些词的句子被认为更重要。整体行为就像使用黄色荧光笔手动选择关键词和句子，而不改变文本。结果可能是不连贯的，但该技术很擅长提取重要的单词和短语。

抽象依靠对文档的深入理解来捕捉意图，并产生更像人类的释义。这包括创造全新的句子。其结果往往比基于提取的方法产生的结果更一致，语法也更正确，但这是有代价的。抽象算法需要先进而复杂的深度学习方法，以及复杂的语言建模。

在这个项目中，我们将在《我有一个梦想》的演讲中使用基于提取的技术将词频与重要性关联起来。

> **目标**
>
> 编写一个 Python 程序，用 NLP 文本提取的方式来总结一篇演讲。

3.1.1　策略

自然语言工具箱包括我们总结演讲所需的功能。有关自然语言工具箱的安装，参见 2.1.2 节。

要总结演讲内容，我们需要一份数字副本。在前几章中，我们从互联网上手动下载所需的文件。这次我们将使用一种更有效的技术——网页抓取，它允许我们以编程的方式从网站上获取并保存大量数据。

我们以字符串的形式加载演讲后，就可以用 NLTK 将单个单词拆分出来并计数。然后，我们可以对演讲中的每个句子的单词计数进行累加，从而给它"评分"。我们可以利用这些得分来输出排名靠前的一些句子，这取决于我们想在总结中包含多少句子。

3.1.2　网页抓取

抓取网页意味着使用程序下载和处理内容。这是一个非常普遍的任务，我们可以免费使用预先写好的抓取程序。我们将使用 requests 库下载文件和网页，使用 Beautiful Soup（bs4）包来解析 HTML。HTML 是超文本标记语言（Hypertext Markup Language）的简称，是用于创建网页的标准格式。

要安装这两个模块，可在终端窗口或 Windows PowerShell 中使用 pip（参见 1.2.2 节关于安装和使用 pip 的说明）。

```
pip install requests
pip install beautifulsoup4
```

要检查安装情况，可打开 shell，导入每个模块，如下所示。如果程序没有报错，就说明安装成功了。

```
>>> import requests
>>>
>>> import bs4
>>>
```

要了解关于 requests 的更多信息，可访问 PyPI 官方网站的"Requests"页面。要了解 Beautiful Soup，可访问 Crummy 网站中的"Beautiful Soup"文档。

3.1.3　《我有一个梦想》的代码

dream_summary.py 程序执行以下步骤。

（1）打开包含《我有一个梦想》演讲稿的网页。

（2）将文本作为字符串加载。

（3）将文本拆分为单词和句子。

（4）删除没有上下文内容的停顿词。

（5）对剩余的单词计数。

（6）用这些计数对句子进行排名。

（7）显示排名高的一些句子。

如果你已经下载了本书的文件，则可在 Chapter_3 文件夹中寻找该程序；否则，可访问本书网站，并从本书的 GitHub 页面下载所需文件。

1. 导入模块并定义 main( )函数

代码清单 3-1 导入模块并定义了 main()函数的第一部分。main()函数用于抓取网页，并将演讲作为字符串赋给一个变量。

代码清单 3-1　导入模块并定义 main( )函数

dream_summary.py, part 1

```
from collections import Counter
import re
import requests
import bs4
import nltk
from nltk.corpus import stopwords

def main():
❶ url = 'https://exl.ptpress.cn:8442/ex/42f1ec8e'
   page = requests.get(url)
   page.raise_for_status()
❷ soup = bs4.BeautifulSoup(page.text, 'html.parser')
   p_elems = [element.text for element in soup.find_all('p')]

   speech = ''.join(p_elems)
```

首先从 collections 模块中导入 Counter，帮助我们跟踪句子的评分情况。collections 模块是 Python 标准库的一部分，包含几个容器数据类型。Counter 是一个字典子类，用于计数可哈希对象。元素被存储为字典键，它们的计数被存储为字典值。

接下来，为了在总结演讲内容之前对它进行清理，导入 re 模块。re 代表正则表达式，也被称为 regexes，它是定义搜索模式的字符序列。这个模块将帮助我们清理演讲内容，允许我们有选择地删除不想要的部分。

最后导入用于网页抓取和自然语言处理的几个模块。最后一个模块提供了不包含任何有用信息的功能停顿词列表（如 if、and、but 和 for）。在总结之前，我们会从演讲中删除这些词。

接下来，定义一个 main()函数来运行程序。要从网页上抓取演讲，请以字符串的形式提供一个 url ❶。我们可以从想要提取文本的网站上复制并粘贴这个地址。

requests 库抽象了在 Python 中进行 HTTP 请求的复杂工作。HTTP 是 HyperText Transfer Protocol 的缩写，它是我们在万维网（World Wide Web，WWW）上使用超链接进行数据通信的基础。使用 `requests.get()` 方法获取该 url 的内容，并将输出赋给 page 变量，该变量指向一个 Response 对象，它是请求返回的网页。这个对象的文本属性以字符串的形式存放网页，其中包括该篇演讲。

要检查下载是否成功，可调用 Response 对象的 `raise_for_status()` 方法。如果一切顺利，接下来不会发生任何异常情况，但如果不顺利，则会引发一个异常并停止程序。

此时，数据是 HTML 格式的，如下：

```
<!DOCTYPE HTML PUBLIC "-//IETF//DTD HTML//EN">
<html>

<head>
<meta http-equiv="Content-Type"
content="text/html; charset=iso-8859-1">
<meta name="GENERATOR" content="Microsoft FrontPage 4.0">
<title>Martin Luther King Jr.'s 1962 Speech</title>
</head>
--snip--
<p>I am happy to join with you today in what will go down in
history as the greatest demonstration for freedom in the history
of our nation. </p>
--snip--
```

如你所见，HTML 有很多标签，如 `<head>` 和 `<p>`，它们让浏览器知道如何格式化网页。开始标签和结束标签之间的文本称为元素。例如，文本 "Martin Luther King Jr.'s 1962 Speech" 是夹在开始标签 `<title>` 和结束标签 `</title>` 之间的标题元素。段落使用 `<p>` 和 `</p>` 标签进行格式化。

由于这些标记不是原始文本的一部分，因此应在进行任何自然语言处理之前将其删除。要删除这些标签，可调用 `bs4.BeautifulSoup()` 方法，并将包含 HTML 的字符串传递给它❷。注意，这里明确指定了 `html.parser`。没指定它，程序也能运行，但会在 shell 中发出警告。

soup 变量现在引用了一个 BeautifulSoup 对象，这意味着我们可以使用该对象的 `find_all()` 方法来定位深藏在 HTML 文档中的演讲。在本例中，要找到段落标签（`<p>`）之间的文本，可使用列表解析和 `find_all()` 生成只包含段落元素的列表。

最后将演讲变成一个连续的字符串。使用 `join()` 方法将 p_elems 列表变成一个字符串。将 "连接"（joiner）字符设置为空格（用 `' '` 指定）。

注意，在 Python 中，通常有不止一种方法来完成一个任务。代码清单 3-1 的最后两行也可以写成下面的样子：

```
p_elems = soup.select('p')
speech = ''.join(p_elems)
```

`select()` 方法的局限性总体上比 `find_all()` 的局限性更大，但在这个例子中，它们的工作原理是一样的，而且 `select()` 更简捷。在前面的代码片段中，`select()` 找到了 `<p>` 标签，其结果在连接到 speech 字符串时，被转换为文本。

2. 完成 main() 函数

接下来，我们对演讲进行预处理，以修复错别字，删除标点符号、特殊字符和空格。然后，我们调用 3 个函数来删除停顿词，计算单词频率，并根据单词数量对句子进行评分。最后，我们对这些句子进行排名，并在 shell 中显示分数高的一些句子。

代码清单 3-2 完成了对执行这些任务的 `main()` 函数的定义。

代码清单 3-2　完成 main( )函数

dream_ summary.py, part 2

```
    speech = speech.replace(')mowing', 'knowing')
    speech = re.sub('\s+', ' ', speech)
    speech_edit = re.sub('[^a-zA-Z]', ' ', speech)
    speech_edit = re.sub('\s+', ' ', speech_edit)

❶ while True:
        max_words = input("Enter max words per sentence for summary: ")
        num_sents = input("Enter number of sentences for summary: ")
        if max_words.isdigit() and num_sents.isdigit():
            break
        else:
            print("\nInput must be in whole numbers.\n")

    speech_edit_no_stop = remove_stop_words(speech_edit)
    word_freq = get_word_freq(speech_edit_no_stop)
    sent_scores = score_sentences(speech, word_freq, max_words)

❷ counts = Counter(sent_scores)
    summary = counts.most_common(int(num_sents))
    print("\nSUMMARY:")
    for i in summary:
        print(i[0])
```

原始文档中包含一个错别字（mowing 而不是 knowing），先用 `string.replace()` 方法来修复这个问题。继续使用正则表达式清理演讲。很多程序员都会对这个模块的玄奥语法望而却步，但它是一个强大而有用的工具，每个人都应该了解基本的正则表达式语法。

使用 `re.sub()` 函数去掉多余的空格，它用一些新字符替换子字符串。使用速记字符类代码 `\s+` 来识别连续的空白字符，并将其替换为单个空格（用' '表示）。最后将字符串的名称（`speech`）传递给 `re.sub()`。

接下来，通过匹配 `[^a-zA-Z]` 模式删除所有不是字母的内容。开头的插入符号 `^` 指示正则表达式"匹配所有不在括号之间的字符"。因此，数字、标点符号等都会被空格所取代。

删除标点符号等字符会留下一个额外的空格。要想去掉这些空格，可以再次调用 `re.sub()` 方法。

接下来，要求用户输入要包含在总结中的句子数量和每个句子的最大字数。使用 `while` 循环和 Python 内置的 `isdigit()` 函数来确保用户输入的是一个整数 ❶。

提示　根据美国新闻学会的研究，最好理解的是 15 个单词以下的句子。同样，《牛津普通英语指南》（*Oxford Guide to Plain English*）建议在整份文档中使用平均 15～20 个单词的句子。

通过调用 `remove_stop_words()` 函数继续清理文本，然后调用 `get_word_freq()` 函数和 `score_sentences()` 函数计算剩余单词的频率并对句子进行评分。我们将在完成 `main()`

函数后定义这些函数。

要对句子进行排名，可调用 collection 模块的 Counter()方法❷。将 sent_scores 变量传递给它。

要生成总结，可使用 Counter 对象的 most_common()方法，将用户输入的 num_sents 变量传递给它。生成的 summary 变量将持有一个元组列表。对于每个元组，句子在索引[0]处，它的排名在索引[1]处。

```
[('From every mountainside, let freedom ring.', 4.625), --snip-- ]
```

为了便于阅读，将总结的每一句话单独输出在一行。

3. 删除停顿词

回忆一下第 2 章，停顿词是短小的功能性词，如 if、but、for 和 so。因为它们不包含任何重要的上下文信息，所以我们不希望用它们来对句子进行排名。

代码清单 3-3 定义了一个名为 remove_stop_words()的函数，用于从演讲中删除停顿词。

代码清单 3-3　定义一个函数，从演讲中删除停顿词

dream_summary.py, part 3

```
def remove_stop_words(speech_edit):
    """Remove stop words from string and return string."""
    stop_words = set(stopwords.words('english'))
    speech_edit_no_stop = ''
    for word in nltk.word_tokenize(speech_edit):
        if word.lower() not in stop_words:
            speech_edit_no_stop += word + ' '
    return speech_edit_no_stop
```

定义函数，接收编辑后的演讲字符串 speech_edit 作为参数。然后在 NLTK 中创建一个英文停顿词的集合。使用一个集合，而不是一个列表，是因为在集合中搜索更快。

指定一个空字符串来保存编辑后的无停顿词的演讲。speech_edit 变量目前是一个字符串，其中每个元素是一个字母。

为了处理单词，调用 NLTK 的 word_tokenize()方法。注意，我们可以在循环遍历单词的同时进行这项工作。将每个单词转换为小写，并检查它是否在 stop_words 集合中。如果它不是停顿词，就把它和一个空格一起连接到新的字符串中。返回这个字符串，结束该函数。

在这个程序中如何处理字母大小写是很重要的。我们希望总结输出时既有大写字母又有小写字母，但必须使用全小写字母进行自然语言处理工作，以避免错误计数。要知道为什么，请看下面的代码片段，它对字符串（s）中混合大小写的单词进行计数：

```
>>> import nltk
>>> s = 'one One one'
>>> fd = nltk.FreqDist(nltk.word_tokenize(s))
>>> fd
FreqDist({'one': 2, 'One': 1})
>>> fd_lower = nltk.FreqDist(nltk.word_tokenize(s.lower()))
>>> fd_lower
FreqDist({'one': 3})
```

如果不将单词转换为小写，one 和 One 会被认为是不同的元素。为了计数，每一个 one 的实例无论大小写都应被视为同一个词。否则，one 对文档的贡献将被稀释。

4. 计算单词的出现频率

为了统计演讲中每个单词的出现次数，我们将创建 get_word_freq() 函数。该函数返回一个以单词为键、以计数为值的字典。代码清单 3-4 定义了这个函数。

代码清单 3-4　定义一个函数来计算演讲中的词频

dream_ summary.py, part 4

```
def get_word_freq(speech_edit_no_stop):
    """Return a dictionary of word frequency in a string."""
    word_freq = nltk.FreqDist(nltk.word_tokenize(speech_edit_no_stop.lower()))
    return word_freq
```

get_word_freq() 函数把编辑后的、没有停顿词的演讲字符串作为参数。NLTK 的 FreqDist 类的作用就像一个字典，单词作为键，其计数作为值。作为该过程的一部分，输入的字符串被转换为小写，并被拆分为单词。在函数结束时，返回 word_freq 字典。

5. 对句子评分

代码清单 3-5 定义了一个函数，它根据句子所包含的词的频率分布来给句子评分。它返回一个以每个句子为键、以得分为值的字典。

代码清单 3-5　定义一个根据词频对句子进行评分的函数

dream_summary.py,part 5

```
def score_sentences(speech, word_freq, max_words):
    """Return dictionary of sentence scores based on word frequency."""
    sent_scores = dict()
    sentences = nltk.sent_tokenize(speech)
❶   for sent in sentences:
        sent_scores[sent] = 0
        words = nltk.word_tokenize(sent.lower())
        sent_word_count = len(words)
❷     if sent_word_count <= int(max_words):
            for word in words:
                if word in word_freq.keys():
                    sent_scores[sent] += word_freq[word]
❸         sent_scores[sent] = sent_scores[sent] / sent_word_count
    return sent_scores

if __name__ == '__main__':
    main()
```

定义一个函数，名为 score_sentences()，参数为最初的 speech 字符串、word_freq 对象和用户输入的 max_words 变量。我们希望总结包含停顿词和大写的单词，因此使用了 speech。

启用一个空字典，命名为 sent_scores，以保存每个句子的分数。接下来，将 speech 字符串拆分为句子。

现在，开始循环遍历这些句子❶。首先更新 sent_scores 字典，将句子指定为键，并将其初始值（count）设置为 0。

为了计算词频，首先需要将句子拆分成单词。一定要使用小写，以便与 word_freq 字典兼容。

将每个句子的词频数相加来创建得分时，需要小心，以免结果偏向于长句。毕竟，较长的句子更有可能包含更多的重要词汇。为了避免排除短而重要的句子，需要归一化每个计数（用句子的长度来除以每个计数）。将长度存储在一个名为 sent_word_count 的变量中。

接下来，使用一个条件，将句子约束到用户输入的最大长度❷。如果句子通过了测试，就开始循环遍历它的单词。如果单词在 word_freq 字典中，就把它添加到 send_scores 存储的计数中。

在遍历每个句子的循环结束时，将当前句子的分数除以句子中的单词数❸。这将使分数归一化，因此长句不会有不公平的优势。

返回 send_scores 字典，结束函数。然后，在全局空间中，添加以模块形式运行程序的代码或独立运行的代码。

6. 运行程序

运行 dream_summary.py 程序，最大句子长度为 14 个单词。如前所述，好的、可读的句子往往包含 14 个或更少的单词。然后将总结截断在 15 个句子，大约是演讲稿的三分之一。程序运行的结果如下（省略部分内容）。注意，这些句子不一定会按照原来的顺序出现。

```
Enter max words per sentence for summary: 14
Enter number of sentences for summary: 15

SUMMARY:
From every mountainside, let freedom ring.
Let freedom ring from Lookout Mountain in Tennessee!
Let freedom ring from every hill and molehill in Mississippi.
Let freedom ring from the curvaceous slopes of California!
Let freedom ring from the snow capped Rockies of Colorado!
But one hundred years later the Negro is still not free.
From the mighty mountains of New York, let freedom ring.
From the prodigious hilltops of New Hampshire, let freedom ring.
And I say to you today my friends, let freedom ring.
I have a dream today.
It is a dream deeply rooted in the American dream.
Free at last!
Thank God almighty, we're free at last!"
We must not allow our creative protest to degenerate into physical violence.
This is the faith that I go back to the mount with.
```

总结不仅抓住了演讲的题目，还抓住了要点。

然而，如果以每句最多 10 个单词的要求来重新运行它，很多句子明显太长。因为整篇演讲稿中只有 7 个句子的单词数在 10 字以内，程序无法实现输入要求。此时程序默认从头开始输出演讲，直到句子数至少达到 num_sents 变量中指定的数量。

现在，重新运行程序并尝试将单词数限制设置为 1000，程序运行的结果如下（省略部分内容）。

```
Enter max words per sentence for summary: 1000
Enter number of sentences for summary: 15
```

```
SUMMARY:
From every mountainside, let freedom ring.
Let freedom ring from Lookout Mountain in Tennessee!
Let freedom ring from every hill and molehill in Mississippi.
Let freedom ring from the curvaceous slopes of California!
Let freedom ring from the snow capped Rockies of Colorado!
But one hundred years later the Negro is still not free.
From the mighty mountains of New York, let freedom ring.
From the prodigious hilltops of New Hampshire, let freedom ring.
And I say to you today my friends, let freedom ring.
I have a dream today.
But not only there; let freedom ring from the Stone Mountain of Georgia!
It is a dream deeply rooted in the American dream.
With this faith we will be able to work together, pray together; to struggle
together, to go to jail together, to stand up for freedom forever, knowing
that we will be free one day.
Free at last!
One hundred years later the life of the Negro is still sadly crippled by the
manacles of segregation and the chains of discrimination.
```

虽然较长的句子在总结中并不占主导地位，但还是有几个句子"溜"了进来，使得这个总结不如前一个总结有诗意。单词数限制较小，使前一版更多地依赖短句，起到了唱诗的效果。

3.2　项目 4：用 gensim 总结演讲内容

在《辛普森一家》（*The Simpsons*）获得艾美奖的一集中，Homer 竞选卫生委员时的竞选口号是："不能让别人来做吗？"许多 Python 应用也是如此：当你需要写一个脚本的时候，常常会发现，别人已经做到了！其中一个例子是 gensim。gensim 是一个使用统计机器学习的自然语言处理开源库。

gensim 这个词代表"生成相似"。它使用了一种名为 TextRank 的基于图的排名算法。这个算法的灵感来自 PageRank（由 Larry Page 发明，用于在谷歌搜索中对网页排名）。在 PageRank 算法中，一个网站的重要性是由有多少其他网页链接到它来决定的。为了将这种算法用于文本处理，算法测量每个句子与所有其他句子的相似度。与其他句子最相似的句子被认为是最重要的。

在这个项目中，我们将使用 gensim 总结 William H. McRaven 上将 2014 年在得克萨斯大学奥斯汀分校发表的毕业典礼演讲《整理你的床》（*Make Your Bed*）。这篇 20 分钟的励志演讲在 YouTube 上的观看次数超过 1000 万次，并激发了 2017 年的一本《纽约时报》（*New York Times*）畅销书的灵感。

目标

编写一个 Python 程序，使用 gensim 模块来总结演讲。

3.2.1　安装 gensim

gensim 模块可以在所有主流的操作系统上运行，但它依赖于 NumPy 和 SciPy。如果你没有安装它们，请回到第 1 章，按照 1.2.2 节中的说明进行操作。

要在 Windows 上安装 gensim，可使用 `pip install -U gensim`。要在终端窗口中安装 gensim，可使用 `pip install --upgrade gensim`。对于 conda 环境，可使用 `conda install -c conda-forge gensim`。关于 gensim 的更多信息，请访问 gensim 官方网站。

3.2.2　《整理你的床》的代码

通过 3.1 节中的 dream_summary.py 程序，我们学习了文本提取的基本原理。既然我们已经了解了一些细节，那么就用 gensim 作为 dream_summary.py 的精简替代程序。将这个新程序命名为 bed_summary.py，也可从本书的网站上下载这个新程序。

1. 导入模块，抓取网页，预备演讲字符串

代码清单 3-6 重用了 dream_summary.py 中的代码，将演讲加载为字符串。要重新查看详细的代码解释，参见 3.1.3 节。

代码清单 3-6　导入模块并将演讲加载为字符串

bed_summary.py,part1

```
        import requests
        import bs4
        from nltk.tokenize import sent_tokenize
❶    from gensim.summarization import summarize

        #读者可通过搜索 "make-your-bed-by-admiral-william-h-mcraven" 找到James Clear 网站中的文章，自行补全 url 地址
❷    url = 'https://******/great-speeches/make-your-bed-by-admiral-william-h-mcraven'
        page = requests.get(url)
        page.raise_for_status()
        soup = bs4.BeautifulSoup(page.text, 'html.parser')
        p_elems = [element.text for element in soup.find_all('p')]

        speech = ''.join(p_elems)
```

因为我们用从网页上抓取的原始演讲来测试 gensim，所以不需要清理文本的模块。gensim 模块也会在内部进行所有计数，因此我们不需要 `Counter`，但需要用 gensim 的 `summaryize()` 函数来总结文本❶。唯一的变化是对 `url` 的改变❷。

2. 总结演讲

代码清单 3-7 总结演讲和输出结果，完成程序。

代码清单 3-7　运行 gensim，删除重复的行，并输出总结

bed_summary.py,part 2

```
        print("\nSummary of Make Your Bed speech:")
        summary = summarize(speech, word_count=225)
        sentences = sent_tokenize(summary)
        sents = set(sentences)
        print(' '.join(sents))
```

首先输出一个总结的标题。然后，调用 gensim 的 `summarize()` 函数，用 225 个单词来概括演讲内容。这个单词数将产生大约 15 个句子，假设每个句子有 15 个单词。除了单词数，还

可以向 summaryize() 传入一个比率，如 ratio=0.01。这将产生一个长度为整个文档的 1% 的总结。

理想的情况是，可以一步实现总结演讲并输出总结。

```
print(summarize(speech, word_count=225))
```

不幸的是，gensim 有时会在总结中重复句子，下面就出现了这种情况：

```
Summary of Make Your Bed speech:
Basic SEAL training is six months of long torturous runs in the soft sand,
midnight swims in the cold water off San Diego, obstacle courses, unending
calisthenics, days without sleep and always being cold, wet and miserable.
Basic SEAL training is six months of long torturous runs in the soft sand,
midnight swims in the cold water off San Diego, obstacle courses, unending
calisthenics, days without sleep and always being cold, wet and miserable.
--snip--
```

为了避免文本重复，首先需要使用 NLTK 的 sent_tokenize() 函数将总结变量中的句子分解出来；然后用这些句子生成一个集合，这样就可以去除重复的句子；最后输出结果。

因为集合是无序的，所以如果多次运行程序，句子的排列顺序可能会改变。

```
Summary of Make Your Bed speech:
If you can't do the little things right, you will never do the big things
right.And, if by chance you have a miserable day, you will come home to a
bed that is made — that you made — and a made bed gives you encouragement
that tomorrow will be better.If you want to change the world, start off
by making your bed.During SEAL training the students are broken down into
boat crews. It's just the way life is sometimes.If you want to change the
world get over being a sugar cookie and keep moving forward.Every day during
training you were challenged with multiple physical events — long runs, long
swims, obstacle courses, hours of calisthenics — something designed to test
your mettle. Basic SEAL training is six months of long torturous runs in the
soft sand, midnight swims in the cold water off San Diego, obstacle courses,
unending calisthenics, days without sleep and always being cold, wet and
miserable.
>>>
======= RESTART: C:\Python372\sequel\wordcloud\bed_summary.py =======

Summary of Make Your Bed speech:
It's just the way life is sometimes.If you want to change the world get over
being a sugar cookie and keep moving forward.Every day during training you
were challenged with multiple physical events — long runs, long swims,
obstacle courses, hours of calisthenics — something designed to test your
mettle. If you can't do the little things right, you will never do the big
things right.And, if by chance you have a miserable day, you will come home to
a bed that is made — that you made — and a made bed gives you encouragement
that tomorrow will be better.If you want to change the world, start off by
making your bed.During SEAL training the students are broken down into boat
crews. Basic SEAL training is six months of long torturous runs in the soft
sand, midnight swims in the cold water off San Diego, obstacle courses,
unending calisthenics, days without sleep and always being cold, wet and
miserable.
```

如果你花时间阅读这篇完整的演讲，你可能会得出这样的结论：gensim 制作了相当不错的总结。这两个结果虽然不同，但都提取了演讲的关键点，包括提到"整理你的床"。考虑到文档的大小，我觉得这一点令人印象深刻。

接下来，我们介绍一种不同的方式：使用关键词（key word）和词云（word cloud）来总结文本。

3.3 项目 5: 用词云总结文本

词云是文本数据的可视化表示，用于显示关键词元数据，在网站上被称为标签（tag）。在词云中，字体的大小或颜色显示每个标签或单词的重要性。

词云对突出文档中的关键词非常有用。例如，为每一位美国总统的国情咨文（State of the Union）演讲生成词云，可以快速概述当年国家面临的问题。词云的另一个用途是从客户反馈中提取关键词。如果像"差""慢""贵"这样的词占据了主导地位，那你就有问题了！作家也可以用词云来比较一本书的章节或剧本的场景。如果作者在动作场面和浪漫插曲中使用了非常相似的语言，就需要进行一些编辑。如果你是一个广告文字撰稿人，词云可以帮助你检查关键词密度，以便进行搜索引擎优化（search engine optimization，SEO）。

有很多方法可以生成词云，包括免费网站，如 WordClouds 网站和 Jason Davies 创建的词云网站。如果你想完全定制词云，或者将生成器嵌入另一个程序中，你就需要自己动手。在这个项目中，我们将使用词云，为一部根据福尔摩斯故事《巴斯克维尔的猎犬》改编的学校戏剧制作宣传海报。

我们将单词装入夏洛克·福尔摩斯的头部剪影中（图 3-1）。

图 3-1　夏洛克·福尔摩斯的剪影

这样一来，海报就会有更高的辨识度，更能抓住人们的眼球。

目标

利用 wordcloud 模块生成小说的定制形状词云。

3.3.1 词云和 PIL 模块

我们使用一个名为 wordcloud 的模块来生成词云。可以用 pip 安装它：

```
pip install wordcloud
```

或者，如果你使用 Anaconda，可使用以下命令：

```
conda install -c conda-forge wordcloud
```

搜索"WordCloud for Python documentation"，可以找到 wordcloud 的网页。

我们还需要 Python Imaging Library（PIL）来处理图像。用 pip 来安装它：

```
pip install pillow
```

或者，对于 Anaconda，可使用：

```
conda install -c anaconda pillow
```

pillow 是 2011 年终止的 PIL 的后续项目。要了解更多关于它的信息，请访问其官方网站。

3.3.2 词云的代码

要制作定制形状的词云，我们需要一个图像文件和一个文本文件。图 3-1 所示的图片来自 Getty Images 的 iStock。这代表约 500 像素×600 像素的"小"分辨率。

本书的下载文件也提供了一个类似的但无版权限制的图像（holmes.png）。可以在 Chapter_3 文件夹中找到文本文件（hound.txt）、图像文件（holmes.png）和代码（wc_hound.py）。

1. 导入模块、文本文件、图像文件和停顿词

代码清单 3-8 可导入模块，加载小说，加载福尔摩斯的剪影图像，并创建我们要从词云中排除的一组停顿词。

代码清单 3-8 导入模块并加载文本、图像和停顿词

wc_hound.py, part 1

```
       import numpy as np
       from PIL import Image
       import matplotlib.pyplot as plt
       from wordcloud import WordCloud, STOPWORDS

       # Load a text file as a string.
❶ with open('hound.txt') as infile:
           text = infile.read()

       # Load an image as a NumPy array.
       mask = np.array(Image.open('holmes.png'))

       # Get stop words as a set and add extra words.
       stopwords = STOPWORDS
❷ stopwords.update(['us', 'one', 'will', 'said', 'now', 'well', 'man', 'may',
                     'little', 'say', 'must', 'way', 'long', 'yet', 'mean',
                     'put', 'seem', 'asked', 'made', 'half', 'much',
                     'certainly', 'might', 'came'])
```

首先导入 NumPy 和 PIL。PIL 将打开图像，而 NumPy 将把它变成一个掩模（mask）。有关 NumPy 的内容，参见 1.2.2 节。注意，pillow 模块继续使用缩写 PIL，以实现向前兼容。

我们需要 matplotlib（我们在 1.2.2 节下载了它）来显示词云。因为 wordcloud 模块自带停顿词列表，所以在导入词云功能的同时，也要导入 STOPWORDS。

接下来，加载小说的文本文件，并将它存储在一个名为 text 的变量中❶。如第 2 章代码清单 2-2 的讨论中所述，在加载文本时可能会遇到 UnicodeDecodeError。

```
UnicodeDecodeError: 'ascii' codec can't decode byte 0x93 in position 365:
ordinal not in range(128)
```

在这种情况下，可以尝试修改 `open()` 函数，增加 `encoding` 和 `errors` 参数。

```
with open('hound.txt', encoding='utf-8', errors='ignore') as infile:
```

文字加载完毕后，使用 PIL 的 `Image.open()` 方法打开福尔摩斯的剪影图像，并使用 NumPy 将其变成一个数组。如果你使用的是 iStock 的福尔摩斯图像，可相应更改图像的文件名。

将从 wordcloud 导入的 `STOPWORDS` 集合赋给 `stopwords` 变量。然后用我们想排除的额外单词列表更新该集合❷。这些词将是像 said 和 now 这样的词，它们会在词云中占主导地位，但没有增加有用的内容，确定它们是什么是一个反复的过程。我们生成词云，删除那些我们认为没有贡献的词，然后重复这一过程。你可以把这一行注释掉，看看它有什么好处。

提示　要更新一个像 STOPWORDS 这样的容器，需要知道它是一个列表、字典、集合，还是其他类型。Python 内置的 `type()` 函数会返回作为参数传入的任何对象的类型。在本例中，`print(type(STOPWORDS))` 的结果为 `<class 'set'>`。

---

2. 生成词云

代码清单 3-9 生成词云，并将剪影用作"掩模"，或用于隐藏另一个图像的部分。词云所使用的过程非常复杂，可以将字放在掩模内，而不是简单地在边缘截断它们。此外，还有许多参数可用于改变掩模内单词的外观。

代码清单 3-9　生成词云

wc_hound.py, part 2

```
wc = WordCloud(max_words=500,
               relative_scaling=0.5,
               mask=mask,
               background_color='white',
               stopwords=stopwords,
               margin=2,
               random_state=7,
               contour_width=2,
               contour_color='brown',
               colormap='copper').generate(text)

colors = wc.to_array()
```

命名一个变量 `wc`，然后调用 `WordCloud()`。因为 `WordCloud()` 函数有很多参数，所以我将每一个参数都单独放在一行中，以使代码更清晰。关于所有可用参数的列表和描述，读者可搜索 "wordcloud.WordCloud——wordcloud 1.8.1 documentation"，查看相应的文档。

首先传入想使用的最大单词数。设置的数字将显示文本中最常见的 *n* 个单词。选择显示的字数越多，就越容易定义掩模的边缘并使其可识别。不幸的是，将最大数量设置得太大也会导致很多细小的、难以辨认的单词出现。对于这个项目，我们从 500 开始。

接下来，为了控制每个单词的字体大小和相对重要性，将 `relative_scaling` 参数设置为 0.5。例如，值为 0 时，优先考虑单词的排名来决定字体大小，而值为 1 时，意味着出现频率高一倍的单词将出现两倍大的字体。介于 0～0.5 的值往往能在排名和频率之间取得最佳平衡。

引用 `mask` 变量并将其背景色设置为 `white`。不指定颜色，则颜色默认为黑色。然后引用我们在上一个列表中编辑的 `stopwords` 集合。

`margin` 参数用于控制显示字的间距。将其设置为 0，则字词紧密地排列在一起；将其设置为 2，则允许一些空白空间填充。

要在词云周围放置单词，可使用随机数生成器并将 `random_state` 设置为 7。这个值没有什么特别之处，我只是觉得它产生的单词排列很有吸引力。

`random_state` 参数用于设置种子的数量，因此，假设没有改变其他参数，结果是可以重复的。这意味着单词将始终以相同的方式排列。该参数只接受整数。

现在，将 `contour_width` 设置为 2。将该参数设置为任何大于 0 的值，其都会在掩模周围创建一个轮廓。在这个例子中，由于图像的分辨率，轮廓是方块状的（图 3-2）。

图 3-2　有轮廓（左）与无轮廓（右）的掩模词云示例

使用 `contour_color` 参数将轮廓的颜色设置为 `brown`。通过设置 `colormap` 为 `copper`，继续使用棕色系调色板。在 matplotlib 中，`colormap` 是一个将数字映射到颜色的字典。`copper` 的 `colormap` 产生的文本颜色范围从浅肉色到黑色。可以在 matplotlib 官方网站的 "Examples" 页面下的 "Colormap reference" 页面查看它的规格，以及许多其他颜色选项。如果没有指定 `colormap`，则程序将使用默认颜色。

使用点符号调用 generate() 方法来构建词云。将文本字符串作为参数传递给它。命名一个 colors 变量并调用 wc 对象上的 to_array() 方法，结束这个清单。该方法将词云图像转换为一个 NumPy 数组，供 matplotlib 使用。

3. 绘制词云

代码清单 3-10 为词云添加一个标题，并使用 matplotlib 来显示它。它还将词云图像保存为一个文件。

代码清单 3-10　绘制和保存词云

wc_hound.py, part 3

```
plt.figure()
plt.title("Chamberlain Hunt Academy Senior Class Presents:\n",
          fontsize=15, color='brown')
plt.text(-10, 0, "The Hound of the Baskervilles",
          fontsize=20, fontweight='bold', color='brown')
plt.suptitle("7:00 pm May 10-12 McComb Auditorium",
             x=0.52, y=0.095, fontsize=15, color='brown')
plt.imshow(colors, interpolation="bilinear")
plt.axis('off')
plt.show()
##plt.savefig('hound_wordcloud.png')
```

首先初始化一个 matplotlib 图。然后调用 title() 方法，并将学校的名称及字体大小和颜色传递给它。

你可能希望该剧的名称比其他标题更大、更粗。因为不能用 matplotlib 改变字符串中的文本样式，所以使用 text() 方法定义一个新的标题。向它传入 (x,y) 坐标（基于图的坐标轴）、一个文本字符串和文本样式细节。使用坐标试错的方式来优化文本的位置。如果使用的是 iStock 的福尔摩斯剪影图像，可能需要将 x 坐标从 -10 改为别的位置，以达到与不对称轮廓的最佳平衡。

将演出的时间和地点放在图像的底部，完成标题。可以再次使用 text() 方法，但作为替代，让我们看看另一个方法——pyplot 的 suptitle() 方法。suptitle 这个名字代表"超级标题"（super title）。把文字、(x,y) 图坐标和样式细节传给它。

要显示词云，可调用 imshow()（用于显示图像），并将之前制作的颜色数组传递给它。指定颜色插值为 bilinear。

关闭图轴并调用 show() 来显示词云。要保存图形，可取消对 savefig() 方法的注释。注意，matplotlib 可以读取文件名中的扩展名，并以正确的格式保存图像。在本书编写时，在你手动关闭该图像之前，保存命令不会被执行。

3.3.3　微调词云

代码清单 3-10 将产生图 3-3 所示的词云。由于算法是随机的，你可能会得到不同的单词排列。

图 3-3　wc_hound.py 代码生成的海报

可以在初始化图像时添加一个参数来改变显示的大小。下面是一个例子：`plt.fig`
`(figsize=(50,60))`。

还有很多其他方法可以改变结果。例如，将 `margin` 参数设置为 `10`，可以得到一个更稀疏
的词云（图 3-4）。

图 3-4　margin=10 时生成的词云

改变 `random_state` 参数，也会重新排列掩模内的单词（图 3-5）。

调整 `max_words` 和 `relative_scaling` 参数，也会改变词云的外观。这一切可能是好事，
也可能是坏事，这取决于你对细节的关注程度。

图 3-5　`margin=10` 和 `random_state=6` 时生成的词云

3.4　小结

在本章中，我们使用基于提取的总结技术来制作马丁·路德·金的《我有一个梦想》（*I Have a Dream*）演讲的概要。然后，我们使用了一个名为 gensim 的免费现成模块，用更少的代码总结了 McRaven 上将的《整理你的床》（*Make Your Bed*）演讲。最后，我们用 wordcloud 模块用创造了一个有趣的文字设计。

3.5　延伸阅读

《Python 编程快速上手——让烦琐工作自动化》（人民邮电出版社，2016），作者是 Al Sweigart，第 7 章涉及正则表达式，第 11 章涉及网页抓取，包括 request 和 Beautiful Soup 模块的使用。

Make Your Bed: Little Things That Can Change Your Life...And Maybe the World，2nd（Grand Central Publishing，2017），作者是 William H. McRaven，这是一本励志书，基于 McRaven 上将在得克萨斯大学奥斯汀分校的毕业典礼上的演讲。可以在 YouTube 上找到演讲实录。

3.6　挑战项目：游戏之夜

使用 wordcloud 为游戏之夜发明一个新游戏。总结搜索引擎或互联网电影资料库（Internet Movie Database，IMDb）的电影简介，看看你的朋友们是否能猜出电影名称，图 3-6 展示了一些例子。

图 3-6   2010 年上映的两部电影的词云:《驯龙高手》(*Train Your Dragon*)和《波斯王子》(*Prince of Persia*)。

如果你不喜欢电影,可以选择其他的东西。替代品包括著名小说、《星际迷航》(*Star Trek*)剧集和歌曲歌词(图 3-7)。

图 3-7   由歌曲歌词制作的词云(唐纳德·法根(Donald Fagen)的 I.G.Y.)

桌上游戏(board game)在最近几年又开始流行,你可以顺应这一趋势,将词云打印在卡片上。或者,你也可以保持数字化,针对每个词云向玩家提供多项选择题的答案。游戏应该记录正确答案的数量。

3.7   挑战项目:对总结进行总结

在 3.6 节总结的文本上测试项目 3 中的程序。比如针对某搜索引擎的总结文本,项目 3 中的程序只用 5 个句子产生了对 gensim 的良好概述。

```
Enter max words per sentence for summary: 30
Enter number of sentences for summary: 5

SUMMARY:
Gensim is implemented in Python and Cython.
Gensim is an open-source library for unsupervised topic modeling and natural
language processing, using modern statistical machine learning.
[12] Gensim is commercially supported by the company rare-technologies,
who also provide student mentorships and academic thesis projects for Gensim
via their Student Incubator programme.
The software has been covered in several new articles, podcasts and
interviews.
Gensim is designed to handle large text collections using data streaming and
incremental online algorithms, which differentiates it from most other machine
learning software packages that target only in-memory processing.
```

接下来，用项目 4 中的 gensim 版本来尝试处理那些无人阅读的无聊服务协议。微软协议的例子在微软官方网站的 "Microsoft Services Agreement" 页面中。当然，为了评估结果，你必须阅读完整的协议，几乎没有人读过它！请享受这个自相矛盾的困境吧！

3.8 挑战项目：小说总结

写一个程序，按章总结《巴斯克维尔的猎犬》。章总结要简短，每章 75 个单词左右。

对于带有章标题的小说副本，参考代码清单 3-1 中的❶从 Project Gutenberg 网站上抓取文本（可在该网站中通过搜索 "The Hound of the Baskervilles" 获取该书 HTML 格式的网址）。

要分解章节元素，而不是段落元素，可使用以下代码：

```
chapter_elems = soup.select('div[class="chapter"]')
chapters = chapter_elems[2:]
```

你还需要使用与 dream_summary.py 中相同的方法从每一章中选择段落元素（p_elems）。

下面的片段显示了每章 75 个单词的结果。

```
--snip--

Chapter 3:
"Besides, besides—" "Why do you hesitate?" "There is a realm in which the most
acute and most experienced of detectives is helpless." "You mean that the
thing is supernatural?" "I did not positively say so." "No, but you evidently
think it." "Since the tragedy, Mr. Holmes, there have come to my ears several
incidents which are hard to reconcile with the settled order of Nature." "For
example?" "I find that before the terrible event occurred several people had
seen a creature upon the moor which corresponds with this Baskerville demon,
and which could not possibly be any animal known to science.

--snip--

Chapter 6:
"Bear in mind, Sir Henry, one of the phrases in that queer old legend which
Dr. Mortimer has read to us, and avoid the moor in those hours of darkness
when the powers of evil are exalted." I looked back at the platform when we
had left it far behind and saw the tall, austere figure of Holmes standing
motionless and gazing after us.
```

```
Chapter 7:
I feared that some disaster might occur, for I was very fond of the old man,
and I knew that his heart was weak." "How did you know that?" "My friend
Mortimer told me." "You think, then, that some dog pursued Sir Charles, and
that he died of fright in consequence?" "Have you any better explanation?" "I
have not come to any conclusion." "Has Mr. Sherlock Holmes?" The words took
away my breath for an instant but a glance at the placid face and steadfast
eyes of my companion showed that no surprise was intended.

--snip--

Chapter 14:
"What's the game now?" "A waiting game." "My word, it does not seem a very
cheerful place," said the detective with a shiver, glancing round him at the
gloomy slopes of the hill and at the huge lake of fog which lay over the
Grimpen Mire.

Far away on the path we saw Sir Henry looking back, his face white in the
moonlight, his hands raised in horror, glaring helplessly at the frightful
thing which was hunting him down.

--snip--
```

3.9 挑战项目：不只是你说什么，而是你怎么说！

到目前为止，我们所编写的文本总结程序严格按照句子的重要性顺序来输出。这意味着演讲（或任何文本）中的最后一句话可能成为总结中的第一句话。总结的目标是找到重要的句子，但你没有理由不改变它们的显示方式。

编写一个文本总结程序，按照最重要的句子的原始出现顺序显示结果。将结果与项目 3 中的程序所产生的结果进行比较。这是否使总结有明显的改进？

## 第 4 章

使用书籍密码发送 超级秘密消息

《燃烧的密码》(*The Key to Rebecca*)是肯·福莱特(Ken Follett)的一部广受好评的畅销小说。它根据真实事件改编,讲述了一个间谍和追捕他的情报人员的故事。书名指的是该间谍的密码系统,它以达芙妮·杜莫里埃(Daphne du Maurier)写的著名哥特式小说《蝴蝶梦》(*Rebecca*)为密钥,《蝴蝶梦》被认为是 20 世纪最伟大的小说之一。

瑞贝卡(Rebecca)密码本是一次性密码本(one-time pad)的一种变体。一次性密码本是一种不可破解的加密技术,它需要一个至少与发送的消息大小相同的密钥。发送者和接收者都有一份密码本的副本,密码本使用一次后,其顶层的单页就会被撕掉丢弃。

一次性密码本提供了绝对的、完美的安全性——即使是量子计算机也无法破解。尽管如此,这种密码本有几个实际的缺点,阻碍了它的广泛应用。其中最关键的是密码本需要被安全地传输并交付给发送者和接收者,需要被安全地存储,而且手动编码和解码消息很困难。

在《燃烧的密码》中,双方必须知道加密规则,并且拥有该书的同一版本,才能使用密码。在本章中,我们将书中介绍的手工方法变成一种更安全、更容易使用的数字技术。在这个过程中,我们会使用 Python 标准库、collections 模块和 random 模块中的有用函数。我们还将学习更多关于 Unicode 的知识。Unicode 是一种用于确保字母和数字等字符在所有平台、设备和应用程序中统一兼容的标准。

4.1 一次性密码本

一次性密码本基本上是一叠有序的单页,上面印有真正的随机数字,这些数字通常 5 个一组(图 4-1)。为了便于隐藏,密码本往往很小,可能需要使用高倍放大镜才能读取它。尽管是老式密码,但一次性密码本产生的密码是世界上最安全的,因为每一个字母都是用一个独特的密钥加密的。因此,频率分析等密码分析技术根本无法发挥作用。

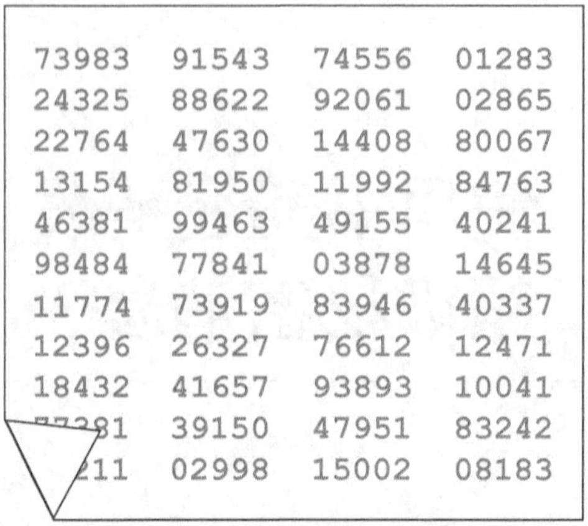

图 4-1 一次性密码本单页示例

要用图 4-1 中的一次性密码本来加密消息，首先要给每个字母分配一个两位数的数字。A 等于 01，B 等于 02，以此类推，如下所示：

A	B	C	D	E	F	G	H	I	J	K	L	M	N	O	P	Q	R	S	T	U	V	W	X	Y	Z
01	02	03	04	05	06	07	08	09	10	11	12	13	14	15	16	17	18	19	20	21	22	23	24	25	26

接下来，将短消息中的字母转换成数字：

H	E	R	E		K	I	T	T	Y		K	I	T	T	Y	最初的消息
08	05	18	05		11	09	20	20	25		11	09	20	20	25	将字母转换成数字

从一次性密码本单页的左上角开始，从左到右读，为每个字母分配一个数字对（密钥，key），并将其与字母的数字值相加。我们希望用十进制的数字对，因此如果和大于 100，就用取模算术把值截断到最后两位数（103 变成 03）。下面阴影单元格中的数字是取模运算的结果。

H	E	R	E		K	I	T	T	Y		K	I	T	T	Y	最初的消息
08	05	18	05		11	09	20	20	25		11	09	20	20	25	将字母转换成数字
73	98	39	15		43	74	55	60	12		83	24	32	58	86	来自发送者的一次性密码本
81	03	57	20		54	83	75	80	37		94	33	52	78	11	加密文本

最后一行代表密文。注意，在明文中重复的 KITTY，在密文中并不重复。KITTY 的每个加密都是唯一的。

为了将密文解密回明文，接收者从同样的一次性密码本中使用同样的单页。他们将数字对放在密文对的下面，然后做减法。如果结果是负数，他们使用取模减法（在减法之前让密文的值加 100）。将所得的数字对转换回字母，就完成了解密。

81	03	57	20		54	83	75	80	37		94	33	52	78	11	加密文本
73	98	39	15		43	74	55	60	12		83	24	32	58	86	来自接收者的一次性密码本
08	05	18	05		11	09	20	20	25		11	09	20	20	25	将数字转换成字母
H	E	R	E		K	I	T	T	Y		K	I	T	T	Y	解密的普通文本

为了确保密钥没有重复，消息中的字母数量不能超过密码本上的密钥数量。这就使得我们不得不使用短消息。短消息的优点是更容易加密和解密，并使密码分析人员更难破译消息。其他一些准则包括以下几点。

❑ 拼出数字（例如，TWO 代表 2）。

❑ 用 X 代替句号来结束句子（例如，CALL AT NOONX）。

❑ 拼出任何其他无法避免的标点符号（例如，COMMA）。

❑ 用 XX 结束明文消息。

4.2　瑞贝卡密码

在小说《燃烧的密码》中，间谍使用的是一次性密码本的变种。加密消息由无线电按事先确定的频率发送。每天发送的消息不超过一条，而且总是在午夜时分。

为了使用密钥，间谍会把当前的日期（如 1942 年 5 月 28 日）加到年份上（28+42=70）。这样就可以决定用小说的哪一页作为一次性密码本单页。因为 5 月是第 5 个月，所以一句话中的每第 5 个字都不会算。因为瑞贝卡密码是要在 1942 年一个相对较短的时期内才使用的，所以间谍不必担心日期中的重复会导致密钥的重复。

间谍的第一条消息如下："HAVE ARRIVED: CHECKING IN. ACKNOWLEDGE." 从第 70 页的顶部开始，他一直读到字母 H，这是第 10 个字符，每第 5 个字母都不算。因为字母表的第 10 个字母是 J，所以他在密文中用它来表示 H。下一个字母 A，在 H 之后的 3 个字母中找到，因此他用字母表的第 3 个字母 C 进行编码，一直到完整的消息被加密。对于 X 或 Z 这样的罕见字母，作者 Ken Follett 表示，采用了特殊的规则，但没有描述这些规则。

以这种方式使用一本书比真正的一次性密码本有一个明显的优势。引用 Follett 的话："密码本毫无疑问是用于加密的目的的，但书看起来很无辜。"但是，这种方式仍然有一个缺点：加密和解密的过程很烦琐，而且有可能出现错误。让我们看看能不能用 Python 来补救这个问题吧！

4.3　项目 6：Rebecca 的数字密钥

与一次性密码本相比，将 Rebecca 技术转化为数字程序，有以下几点进步。

❑ 编码和解码过程变得快速和无误。

❑ 可以发送较长的消息。

❑ 句号、逗号甚至空格都可以直接加密。

❑ 罕见的字母，如 z，可以从书中的任何地方选择。

❑ 密码本可以隐藏在硬盘或云端成千上万的电子书中。

最后一点很重要。在小说中，聪明的军官发现了 *Rebecca* 的副本。通过简单的演绎推理，他认识到这是一次性密码本的替代品。如果采用数字方式，这将会更加困难。事实上，小说可以保存在一个小型的、容易隐藏的设备上，如 SD 卡。这将使它类似于一个一次性密码本，其通常不会比邮票大。

然而，数字方式确实有一个缺点：程序是一个可被发现的物品。间谍可以简单地记住一次性密码本的规则，而数字方式的规则必须嵌入软件中。通过编写程序，使它看起来是无辜的（或者至少是神秘的），并要求用户输入消息和密码本的名称，这个弱点可以有所弥补。

目标

编写一个 Python 程序，用数字小说作为一次性密码本，对消息进行加密和解密。

4.3.1　策略

与间谍不同的是，我们不需要小说中使用的所有规则，反正很多规则都没法用。如果你曾经使用过任何一种电子书，就知道页码是没有意义的。屏幕大小和文字大小的变化使所有这样的页码变得非唯一。因为可以从书中的任何地方选择字母，所以我们不必对罕见字母采用特殊规则，或在计数时不算一些数字。

因此，我们不需要专注于完美地复制 Rebecca 密码，只需要制作一些类似的东西，最好是效果更好的东西。

幸运的是，Python 的可迭代对象，如列表和元组，使用数字索引来跟踪其中的每一个数据项。通过将小说作为列表加载，我们可以将这些索引作为每个字符的唯一起始密钥。然后，我们可以根据年月日转换索引，模仿《燃烧的密码》中间谍的方法。

不幸的是，Rebecca 还没有进入公版领域。我们在第 2 章中改用阿瑟·柯南·道尔爵士的《失落的世界》的文本文件。因为这本小说包含 51 个不同的角色（出现了 421545 次），所以我们可以随机选择索引，重复的可能性很小。这意味着我们可以在每次加密消息时，将整本书作为一次性密码本，而不是将自己限制在一次性密码本一张单页上的微小数字集合中。

提示　读者可以下载并使用数字版的 Rebecca。但是我不能免费提供给你一份！

因为我们会重复使用这本书，所以需要担心消息与消息之间和消息内部密钥的重复。消息越长，密码分析人员可以研究的材料就越多，破解密码也就越容易。如果每条消息都用相同的加密密钥发送，那么所有被截获的消息都可以当作一条大消息来处理。

对于消息与消息之间的问题，我们可以模仿间谍，将索引号按年月日移位，用 1~366 的范围来考虑闰年。在这个方案中，2 月 1 日就是 32。这实际上相当于每次把书变成了一个新的一次性密码本单页，因为不同的密钥将用于相同的字符。通过移动一个或多个增量，重置所有的索引，实际上相当于"撕掉"前一张单页。不像一次性密码本，我们不必为处理一张纸而烦恼。

对于消息内部的重复问题，我们可以在传输消息之前进行检查。程序在加密过程中两次选取同一个字母，从而两次使用同一个索引，这种可能性不大，但也是有可能的。重复索引基本上是重复的密钥，这些可以帮助密码分析人员破解密码。因此，如果发现重复的索引，你可以重新运行程序或重新编写消息。

我们还需要类似《燃烧的密码》中使用的规则。

❑ 双方都需要相同的《失落的世界》数字副本。

❑ 双方都需要知道如何转换索引。

❑ 尽量让消息简短。

❑ 拼出数字。

4.3.2 加密代码

下面的 rebecca.py 代码将接收一条消息，并返回用户指定的密文或明文。消息可以由用户输入或从本书的网站上下载。我们还需要 lost.txt 文本文件，并将其放在与代码相同的文件夹中。

为了清楚起见，我们会使用 ciphertext、encrypt 和 message 等变量名。然而，如果你是一个真正的间谍，就应避免使用罪证术语，以防敌人拿到你的笔记本电脑。

1. 导入模块并定义 main()函数

代码清单 4-1 导入模块并定义了 main()函数，用于运行程序。这个函数将要求用户输入，调用加密或解密文本所需的函数，检查重复的密钥，并输出密文或明文。

在程序的开始处还是结束处定义 main()，这是一个选择问题。有时 main()函数为整个程序提供了一个很好的、易于阅读的摘要。其他时候，main()函数可能会让人觉得不合适，就像车在马前面一样。从 Python 的角度来看，只要最终调用函数，main()函数放在哪里都无所谓。

代码清单 4-1　导入模块并定义 main()函数

rebecca.py, part 1

```
import sys
import os
import random
from collections import defaultdict, Counter
def main():
    message = input("Enter plaintext or ciphertext: ")
    process = input("Enter 'encrypt' or 'decrypt': ")
    while process not in ('encrypt', 'decrypt'):
        process = input("Invalid process. Enter 'encrypt' or 'decrypt': ")
    shift = int(input("Shift value (1-366) = "))
    while not 1 <= shift <= 366:
        shift = int(input("Invalid value. Enter digit from 1 to 366: ")
❶   infile = input("Enter filename with extension: ")

    if not os.path.exists(infile):
        print("File {} not found. Terminating.".format(infile), file=sys.stderr)
        sys.exit(1)
    text = load_file(infile)
    char_dict = make_dict(text, shift)

    if process == 'encrypt':
        ciphertext = encrypt(message, char_dict)
❷       if check_for_fail(ciphertext):
        print("\nProblem finding unique keys.", file=sys.stderr)
        print("Try again, change message, or change code book.\n",
                file=sys.stderr)
        sys.exit()
```

```
❸ print("\nCharacter and number of occurrences in char_dict: \n")
  print("{: >10}{: >10}{: >10}".format('Character', 'Unicode', 'Count'))
  for key in sorted(char_dict.keys()):
      print('{:>10}{:>10}{:>10}'.format(repr(key)[1:-1],
                                        str(ord(key)),
                                        len(char_dict[key])))
  print('\nNumber of distinct characters: {}'.format(len(char_dict)))
  print("Total number of characters: {:,}\n".format(len(text)))

  print("encrypted ciphertext = \n {}\n".format(ciphertext))
  print("decrypted plaintext = ")

❹ for i in ciphertext:
      print(text[i - shift], end='', flush=True)

elif process == 'decrypt':
  plaintext = decrypt(message, text, shift)
  print("\ndecrypted plaintext = \n {}".format(plaintext))
```

首先导入 sys 和 os 这两个模块，它们提供与操作系统的接口；然后导入 random 模块；再从 collections 模块导入 defaultdict 和 Counter。

collections 模块是 Python 标准库的一部分，它包含一些容器数据类型。我们可以使用 defaultdict 快速构建一个字典。如果 defaultdict 遇到一个缺失的键，它将提供一个默认值，而不是抛出一个错误。我们将用它来建立一个字典，包含《失落的世界》中的字符和它们对应的索引值。

Counter 是一个用于计算可哈希对象（hashable object）的字典子类。元素被存储为字典键，它们的计数被存储为字典值。我们将用它来检查密文，确保没有重复的索引。

这里，我们开始定义 main()函数。该函数首先询问用户要加密或解密的消息。为了最大限度地保证安全，用户应该键入这个消息。然后，程序要求用户指定要加密还是解密。一旦用户做出选择，程序就会要求用户输入 shift 值。shift 值代表一年中的哪一天，在 1～366 的连续范围内。接下来，要求输入 infile，这将是 lost.txt——《失落的世界》的数字版本❶。

在继续之前，程序会检查该文件是否存在。它使用操作系统模块的 path.exists()方法，并将 infile 变量传递给它。如果文件不存在或者路径或文件名不正确，程序会让用户知道，使用 file=sys.stderr 选项将 Python shell 中的信息颜色设为"错误红"，并用 sys.exit(1) 终止程序。1 用来标示程序终止时出现了错误，而不是一个"干净"的终止。

接下来，我们调用一些稍后定义的函数。第一个函数将 lost.txt 文件加载为一个名为 text 的字符串，其中包括非字母字符，如空格和标点符号。第二个函数建立了一个字典，包含字符和相应索引，并应用了 shift 值。

现在我们开始一个条件来判断将要使用的过程。正如我说过的，为清晰起见，我们使用了像加密（encrypt）和解密（decrypt）这样的罪证术语。在真正的间谍工作中，你会掩藏这些术语。如果用户选择了加密，调用利用字符字典加密消息的函数。当函数返回时，程序已经对消息进行了加密。但不要以为它按计划工作了！我们需要检查它是否能正确地解密，并且没有重复的密钥。要做到这一点，需要开始如下一系列的质量控制步骤。

首先，我们检查是否有重复的密钥❷。如果这个函数返回 True，指示用户再试一次，改变消息，或将书改成《失落的世界》以外的其他书。对于消息中的每个字符，我们将使用 `char_dict` 并随机选择一个索引。即使每个字符有几百个甚至上千个索引，对于一个给定的字符，我们仍然可能不止一次选择同一个索引。

用稍微不同的参数重新运行程序，就像前面列出的那样，应该可以解决这个问题，除非你有一个含有大量低频字符的长消息。处理这种罕见的情况，可能需要重新编写消息，或者找一本比《失落的世界》更长的小说。

提示　Python 的 random 模块并不产生真正的随机数，而是产生可以预测的伪随机数。任何使用伪随机数的密码都有可能被密码分析人员破解。为了在生成随机数时获得最大的安全性，应该使用 Python 的 `os.urandom()` 函数。

现在，输出字符字典的内容，这样就可以看到各种字符在小说中出现了多少次❸。这将有助于指导你在消息中放入什么，尽管《失落的世界》包含了许多有用的字符。

```
Character and number of occurrences in char_dict:

Character    Unicode    Count
       \n         10     7865
                  32    72185
        !         33      282
        "         34     2205
        '         39      761
        (         40       62
        )         41       62
        ,         44     5158
        -         45     1409
        .         46     3910
        0         48        1
        1         49        7
        2         50        3
        3         51        2
        4         52        2
        5         53        2
        6         54        1
        7         55        4
        8         56        5
        9         57        2
        :         58       41
        ;         59      103
        ?         63      357
        a         97    26711
        b         98     4887
        c         99     8898
        d        100    14083
        e        101    41156
        f        102     7705
        g        103     6535
        h        104    20221
        i        105    21929
        j        106      431
        k        107     2480
```

```
        l           108          13718
        m           109           8438
        n           110          21737
        o           111          25050
        p           112           5827
        q           113            204
        r           114          19407
        s           115          19911
        t           116          28729
        u           117          10436
        v           118           3265
        w           119           8536
        x           120            573
        y           121           5951
        z           122            296
        {           123              1
        }           125              1

Number of distinct characters: 51
Total number of characters: 421,545
```

为了生成这个表格，我们使用 Python 的格式指定迷你语言（format specification miniLanguage）来输出 3 列的标题。大括号中的数字表示字符串中应该有多少个字符，大于号表示右对齐。

然后，程序循环遍历字符字典中的键，并使用相同的列宽和对齐方式输出它们。程序输出出字符、它的 Unicode 值及它在文本中出现的次数。

我们使用 repr() 来输出键。这个内置函数返回一个字符串，包含对象的可输出表示。也就是说，它以一种对调试和开发有用的格式返回关于对象的所有信息。这允许我们显式地输出字符，如换行（\n）和空格。索引范围[1:-1]排除了字符串两边的引号。

内置函数 ord() 返回一个整数，代表一个字符的 Unicode 代码。因为计算机只与数字打交道，所以它们必须为每一个可能的字符分配一个数字，如%、5、☺或 A。Unicode 标准确保每一个字符都有一个唯一的数字，并且是普遍兼容的，不管是什么平台、设备、应用程序或语言。通过向用户显示 Unicode 值，该程序可以让用户发现文本文件中发生的任何奇怪的事情，如同一个字母显示为多个不同的字符。

对于第三列，我们取到每个字典键的长度。这将代表该字符在小说中出现的次数。然后，程序会输出不同字符的数量和文本中所有字符的总数。

最后，我们输出密文，然后输出解密后的明文用于检查，从而完成加密过程。为了破译消息，程序会循环检查密文中的每一项，并将该项作为 text 的索引❹，减去之前添加的 shift 值。输出结果时，因为程序使用 end='' 来代替默认的换行，所以每个字符不会在单独的行上。

main() 函数最后用一个条件语句来检查 process == 'decrypt' 是否成立。如果用户选择解密消息，程序就会调用 decrypt() 函数，然后输出解密后的明文。注意，在这里可以简单地使用 else，但为了清晰和可读性，我选择使用 elif。

2. 加载文件和制作字典

代码清单 4-2 定义了加载文本文件和制作文件中的字符字典及其相应索引的函数。

代码清单 4-2 定义 load_file()和 make_dict()函数

rebecca.py, part 2

```
    def load_file(infile):
        """Read and return text file as a string of lowercase characters."""
        with open(infile) as f:
            loaded_string = f.read().lower()
        return loaded_string

❶ def make_dict(text, shift):
        """Return dictionary of characters and shifted indexes."""
        char_dict = defaultdict(list)
        for index, char in enumerate(text):
          ❷ char_dict[char].append(index + shift)
        return char_dict
```

这个代码清单首先定义了一个函数，将一个文本文件加载为一个字符串。使用 with 打开文件可以确保文件在函数结束时自动关闭。

有些用户在加载文本文件时可能会遇到一个错误，如下面这个：

```
UnicodeDecodeError: 'charmap' codec can't decode byte 0x81 in position 27070:character maps to
    <undefined>
```

在这种情况下，可以尝试修改打开函数，添加 encoding 和 errors 参数。

```
with open(infile, encoding='utf-8', errors='ignore') as f:
```

有关这个问题的更多信息，参见 2.1.4 节。

打开文件后，读入一个字符串，并将所有的文本转换为小写，然后返回该字符串。

下一步是把这个字符串变成一个字典。定义一个函数，接受这个字符串和 shift 值作为参数❶。程序使用 defaultdict()创建一个 char_dict 变量。这个变量将是一个字典。然后，程序将 list 的类型构造函数传递给 defaultdict()，因为我们希望字典的值是一个索引列表。

对于 defaultdict()，每当操作遇到一个还没有在字典中的数据项时，一个名为 default_factory()的函数就会被调用，没有任何参数，并将输出作为值。任何不存在的键都会得到 default_factory 返回的值，并且不会引发 KeyError。

如果你试图在没有方便的 collections 模块的情况下快速生成字典，就会得到 KeyError，如下例所示。

```
>>> mylist = ['a', 'b', 'c']
>>> d = dict()
>>> for index, char in enumerate(mylist):
    d[char].append(index)

Traceback (most recent call last):
 File "<pyshell#16>", line 2, in <module>
  d[char].append(index)
KeyError: 'a'
```

内置的 enumerate()函数起到了自动计数器的作用，因此我们可以很容易地得到《失落的世界》派生的字符串中每个字符的索引。char_dict 中的键是字符，而这些字符在文本中可以出现成千上万次。因此，字典值是持有所有这些字符出现的索引的列表。通过将移位值添加到索引中，可以确保每条消息的索引都是唯一的❷。

返回该字符字典，完成该函数。

3. 加密消息

代码清单 4-3 定义了一个加密消息的函数。产生的密文将是一个索引列表。

代码清单 4-3　定义一个函数来加密明文消息

rebecca.py, part 3

```
def encrypt(message, char_dict):
    """Return list of indexes representing characters in a message."""
    encrypted = []
    for char in message.lower():
 ❶      if len(char_dict[char]) > 1:
            index = random.choice(char_dict[char])
        elif len(char_dict[char]) == 1: # Random.choice fails if only 1 choice
            index = char_dict[char][0]
 ❷      elif len(char_dict[char]) == 0:
            print("\nCharacter {} not in dictionary.".format(char),
                    file=sys.stderr)
            continue
        encrypted.append(index)
    return encrypted
```

encrypt()函数将消息和 char_dict 作为参数。首先创建一个空列表来保存密文。接下来，开始循环遍历消息中的字符，并将它们转换为小写，以匹配 char_dict 中的字符。

如果与字符相关联的索引数大于 1，程序会使用 random.choice()方法随机选择一个字符的索引❶。

如果一个字符在 char_dict 中只出现一次，random.choice()将抛出一个错误。为了处理这个问题，程序使用了一个条件语句，并且硬编码了索引的选择，它将在位置[0]。

如果这个字符在《失落的世界》中不存在，它就不会出现在字典中，因此使用一个条件语句来检查❷。如果它的值为 True，为用户输出一个警告，并使用 continue 返回到循环的开始，而不选择一个索引。稍后，当质量控制步骤在密文上运行时，在解密后的明文中会出现一个空格，这个字符应该在那里。

如果没有调用 continue，那么程序会将该索引追加到 encrypted 列表。当循环结束时，我们返回该列表来结束函数。

要想知道这个函数是如何工作的，让我们看看在《燃烧的密码》中间谍发送的第一条消息，如下所示：

HAVE ARRIVED. CHECKING IN. ACKNOWLEDGE.使用这条消息和移位值 70，可以得到以下随机生成的密文：

```
[125711, 106950, 85184, 43194, 45021, 129218, 146951, 157084, 75611, 122047,
121257, 83946, 27657, 142387, 80255, 160165, 8634, 26620, 105915, 135897,
22902, 149113, 110365, 58787, 133792, 150938, 123319, 38236, 23859, 131058,
36637, 108445, 39877, 132085, 86608, 65750, 10733, 16934, 78282]
```

由于算法的随机性，你的结果可能会有所不同。

4. 解密消息

代码清单 4-4 定义了一个解密文本的函数。当 main() 函数要求用户输入密文时，用户将复制并粘贴该密文。

代码清单 4-4　定义一个函数来解密明文消息

rebecca.py, part 4

```python
def decrypt(message, text, shift):
    """Decrypt ciphertext list and return plaintext string."""
    plaintext = ''
    indexes = [s.replace(',', '').replace('[', '').replace(']', '')
               for s in message.split()]
    for i in indexes:
        plaintext += text[int(i) - shift]
    return plaintext
```

代码清单首先定义一个名为 decrypt() 的函数，以消息、小说（text）和 shift 值作为参数。当然，消息将采用密文形式，由代表移位后索引的数字列表组成。我们立即创建一个空字符串来保存解密后的明文。

大多数人会在 main() 函数提示输入时复制并粘贴密文。这个输入可能包含列表附带的方括号，也可能不包含。因为用户使用 input() 函数输入了密文，所以结果是一个字符串。要将索引转换为可以移位的整数，首先需要删除非数字字符。使用字符串 replace() 和 split() 方法来完成这一工作，同时还可以使用列表解析来返回一个列表。列表解析是 Python 中运行循环的一种快捷方法。

要使用 replace()，需要将你想替换的字符传递给它，然后是用于替换的字符。在这个例子中，使用空格来替换字符。注意，可以用点符号将这些字符"串"在一起，一次性处理逗号和括号。这不酷吗？

接下来，开始循环遍历这些索引。程序会将当前的索引从字符串转换为整数，这样就可以减去加密时应用的移位值。我们使用索引来访问字符列表，并获得相应的字符。然后将该字符添加到明文字符串中，并在循环结束时返回明文。

5. 检查失败和调用 main() 函数

代码清单 4-5 定义了一个检查密文是否有重复索引（密钥）的函数，并通过调用 main() 函数来完成程序。如果函数发现了重复的索引，那么加密可能已经被削弱了，main() 函数会在终止之前告诉用户如何修复它。

代码清单 4-5　定义一个检查重复索引的函数并调用 main()

rebecca.py, part 5

```python
def check_for_fail(ciphertext):
    """Return True if ciphertext contains any duplicate keys."""
    check = [k for k, v in Counter(ciphertext).items() if v > 1]
    if len(check) > 0:
        return True

if __name__ == '__main__':
    main()
```

这个列表定义了一个名为 `check_for_fail()` 的函数，它以密文作为参数。它检查密文中是否有任何索引是重复的。请记住，一次性密码本的方法是有效的，因为每个密钥都是唯一的；因此，密文中的每个索引都应该是唯一的。

为了寻找重复索引，程序又使用了 Counter。它采用列表解析来建立一个包含所有重复索引的列表。这里，k 代表（字典）键，v 代表（字典）值。由于 Counter 为每个键生成一个计数字典，因此这里所说的是：对于由密文组成的字典中的每一个键值对，创建一个列表，列出所有出现一次以上的键。如果有重复的，就把相应的键追加到 check 列表中。

现在要做的就是得到 check 的长度。如果它的长度大于零，则加密受到削弱，程序返回 True。程序最后是样板代码，可以将程序作为一个模块调用或独立运行。

4.3.3　发送消息

下面的消息是根据《燃烧的密码》中的一句话改编的。

作为测试，尝试用 70 的移位值发送消息。当要求输入时，使用你的操作系统的全选、复制和粘贴命令来传输文本。如果它没有通过 `check_for_fail()` 测试，再运行一次！

```
Allies plan major attack for Five June. Begins at oh five twenty with
bombardment.
```

这种技术的好处是可以使用正确的标点符号，至少如果你在解释器窗口中输入消息的话。从外部复制进来的文本可能需要去掉换行符（如 \r\n 或 \n），这些换行符在使用回车符的地方。

当然，只有在《失落的世界》中出现的字符才能被加密。程序会警告你有异常情况，然后用空格来代替丢失的字符。

为了不留痕迹，我们不想把明文或密文消息保存到文件中。从 shell 中剪切和粘贴是最好的方法。只要记住，当你完成后，复制一些新的东西，这样就不会在剪贴板上留下痕迹。

如果想玩点花样，可以利用 Al Sweigart 编写的 pyperclip，直接从 Python 中复制和粘贴文本到剪贴板。用户可以在 PyPI 官方网站了解更多关于 pyperclip 的信息。

4.4　小结

在本章中，我们使用了 collecttions 模块中的 `defaultdict` 和 Counter，random 模块中的 `choice()`，以及 Python 标准库中的 `replace()`、`enumerate()`、`ord()` 和 `repr()`。结果是一个加密程序，基于一次性密码本技术，产生了不可破解的密文。

4.5　延伸阅读

Ken Follett 所著的《燃烧的密码》（企鹅兰登书屋，1980）是一部以历史细节的深度和惊险的谍战故事情节而闻名的精彩小说。

《密码故事：人类智力的另类较量》（海南出版社，2001），由西蒙·辛格（Simon Singh）所著，是对历代密码学的有趣回顾，包括对一次性密码本的讨论。

如果你喜欢使用密码，可以看看阿尔·斯维加特（Al Sweigart）的《Python 密码学编程（第 2 版）》（人民邮电出版社，2020）。这本书针对密码学和 Python 编程的初学者，涵盖了许多密码类型，包括逆向、凯撒、换位、替换、仿射和维吉尼亚等类型。

《Python 编程实战——妙趣横生的项目之旅》（人民邮电出版社，2021），由李·沃恩（Lee Vaughan）所著，包括了更多的密码，如 Union route 密码、rail fence 密码和 Trevanion null 密码，以及用隐形电子墨水书写的技术。

4.6 实践项目：对字符绘图

如果你安装了 matplotlib（参见 1.2.2 节），就可以使用条形图直观地表示《失落的世界》中的可用字符及它们出现的频率。这可以作为当前在 rebecca.py 程序中每个字符的 shell 输出及其计数的补充。

互联网上有许多 matplotlib 绘图的示例代码，因此只要搜索"make a simple bar chart matplotlib"即可。在绘制之前，需要按计数的降序排列。

英语中最常见的字母的助记法是 etaoin。如果按降序绘制，你会发现《失落的世界》数据集也不例外（图 4-2）。

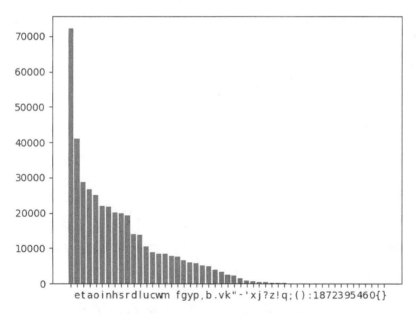

图 4-2　《失落的世界》数字版中字符出现的频率

注意，最常见的字符是空格。这使得空格很容易被加密，进一步让所有密码分析师感到困惑！

读者可以在附录和本书的网站上找到一个解决方案，即 practice_barchart.py。

4.7   实践项目：发送秘密

根据网络上关于《燃烧的密码》的文章，该小说确实曾被试图用作密码本。不是一个字母一个字母地编码消息，而是用书中的单词来造句，单词用页码、行数和在行中的位置来指代。

复制并编辑 rebecca.py 程序，使其使用单词而不是字母。为了帮助你开始，下面演示如何使用列表解析将文本文件加载为单词列表，而不是字符。

```python
with open('lost.txt') as f:
  words = [word.lower() for line in f for word in line.split()]
  words_no_punct = ["".join(char for char in word if char.isalpha())
              for word in words]

print(words_no_punct[:20]) # Print first 20 words as a QC check
```

输出应该像这样：

```
['i', 'have', 'wrought', 'my', 'simple', 'plan', 'if', 'i', 'give', 'one',
'hour', 'of', 'joy', 'to', 'the', 'boy', 'whos', 'half', 'a', 'man']
```

注意，所有标点符号（包括省略号）都已被删除。消息需要遵循这个惯例。

你还需要处理一些在《失落的世界》中没有出现的单词，如专有名词和地名。一种方法是"首字母模式"，即在标志之间，收件人只使用每个单词的首字母。标志应该是两次出现的常见单词（如 a 和 the），并交替使用它们，以便于识别起始标志和结束标志。本例中，a a 表示首字母模式的开始，the the 表示结束。例如，要处理短语 Sidi Muftah with ten tanks，先直接运行它，以识别缺失的单词。

```
Enter plaintext or ciphertext: sidi muftah with ten tanks
Enter 'encrypt' or 'decrypt': encrypt
Shift value (1-365) = 5
Enter filename with extension: lost.txt

Character sidi not in dictionary.

Character muftah not in dictionary.

Character tanks not in dictionary.

encrypted ciphertext =
 [23371, 7491]

decrypted plaintext =
with ten
```

识别出缺失的单词后，重新编写消息，使用首字母模式拼写它们。在下面的片段中，我用灰色标出了首字母：

```
Enter plaintext or ciphertext: a a so if do in my under for to all he the the
with ten a a tell all night kind so the the
Enter 'encrypt' or 'decrypt': encrypt
Shift value (1-365) = 5
Enter filename with extension: lost.txt
```

```
encrypted ciphertext =
  [29910, 70641, 30556, 60850, 72292, 32501, 6507, 18593, 41777, 23831, 41833,
16667, 32749, 3350, 46088, 37995, 12535, 30609, 3766, 62585, 46971, 8984,
44083, 43414, 56950]

decrypted plaintext =
a a so if do in my under for to all he the the with ten a a tell all night
kind so the the
```

在《失落的世界》中，a 出现 1864 次，the 出现 4442 次。如果你坚持使用短消息，就不应该重复这些键。否则，你可能需要使用多个标志字符或禁用 check-for-fail() 函数，并接受一些重复。

请不要拘束，想出自己的方法来处理有问题的词。作为"完美的策划者"，德国人肯定是想到了什么，否则他们开始就不会考虑用书做密码本！

读者可以在附录中找到一个简单的首字母解决方案：practice_WWII_words.py，也可以从本书网站下载。

## 第 5 章

发现冥王星

根据伍迪·艾伦 Woody Allen 的说法，80% 的成功只是出现在现场。这无疑描述了克莱德·汤博（Clyde Tombaugh）的成功，他是在 20 世纪 20 年代成长起来的、没有受过训练的一个堪萨斯州农场男孩。他满怀对天文学的热情，却没有钱上大学。抱着试试看的心态，他把自己精心制作的天文草图寄给了洛厄尔天文台（Lowell Observatory）。令他大感意外的是，他被聘为助理。一年后，他发现了冥王星，获得了永恒的荣耀！

著名天文学家、洛厄尔天文台的创始人珀西瓦尔·洛厄尔（Percival Lowell）曾根据海王星轨道的扰动，推测出冥王星的存在。他的计算是错误的，但恰巧正确地预测了冥王星的运行轨迹。从 1906 年到 1916 年去世，他曾两次拍摄到冥王星。两次，他的团队都没有注意到它。汤博则在 1930 年 1 月拍摄并认出了冥王星，只用了一年的搜索时间（图 5-1）。

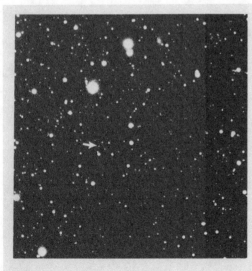

January 23, 1930　　　　　　　　January 29, 1930

图 5-1　发现冥王星的照相板，箭头指示

汤博的成就是非凡的。在没有计算机的情况下，他所遵循的方法是不切实际、枯燥乏味的，而且要求很高。他不得不拍摄和重新拍摄天空的小部分，夜以继日，通常是在冰冷的风吹着的

穹顶上。然后他对所有的底片进行冲洗和筛选，在拥挤的星域中寻找最微弱的运动迹象。

虽然他没有计算机，但他有一个最先进的设备，即所谓的闪烁比较器，这可以让他在连续几个夜晚的底片之间快速切换。通过闪烁比较器观察，恒星依然静止不动，但冥王星这个移动的物体却像灯塔一样一明一暗地闪烁。

在本章中，我们会先编写一个 Python 程序，复制一个 20 世纪早期的闪烁比较器。然后我们进入 21 世纪，编写一个程序，利用现代计算机视觉技术自动探测移动物体。

提示　2006 年，国际天文学联盟将冥王星重新划分为一颗矮行星。这是基于在柯伊伯带发现了其他冥王星大小的天体，包括行星厄里斯（Eris），它的体积比冥王星小，但质量比冥王星大 27%。

5.1　项目 7：复制闪烁比较器

冥王星可能是用望远镜拍摄到的，但它是用显微镜发现的。闪烁比较器（图 5-2）也叫闪烁显微镜（blink microscope），可以让用户安装两块照相板，并快速地从一块切换到另一块。在这种"闪烁"过程中，任何在两张照片之间改变位置的物体都会出现前后跳动。

图 5-2　闪烁比较器

为了让这种技术发挥作用，照片需要在相同的曝光和相似的观看条件下拍摄。最重要的是，两张照片中的星星必须完美地排列在一起。在汤博的时代，技术人员通过艰苦的手工劳动实现了这一点；他们在长达一小时的曝光过程中小心翼翼地引导望远镜，冲洗照相板，然后在闪烁比较器中移动它们，以微调对准。由于这种精确的工作，有时汤博要花一周的时间来检查一对照相板。

在这个项目中，我们将以数字方式，复制对准照相板并让它们一明一暗地闪烁的过程。我们将处理明亮和昏暗的物体，查看照片之间不同曝光的影响，并比较正像和汤博使用的负像。

目标

编写一个 Python 程序，将两个几乎相同的图像对齐，并在同一窗口中快速连续显示每个图像。

5.1.1   策略

这个项目的照片已经拍摄好了，接下来我们要做的就是对准它们，然后让它们一明一暗地闪烁。对准图像通常被称为图像套准（registration）。这涉及对其中一个图像进行垂直、水平或旋转变换等操作的组合。如果你曾经用数码照相机拍摄过全景，就看到过图像套准的工作。

图像套准按照以下步骤进行。

（1）在每个图像中找出与众不同的特征。

（2）用数字描述每个特征。

（3）使用数字描述符来匹配每个图像中的相同特征。

（4）让一个图像变形，使匹配的特征在两个图像中共享相同的像素位置。

为了使这一工作顺利进行，图像的大小应该相同，并且覆盖的面积接近相同。

幸运的是，OpenCV 的 Python 包提供了执行这些步骤的算法。如果你跳过了第 1 章，可以回到 1.2.2 节阅读关于 OpenCV 的内容。

一旦图像被套准，就需要在同一个窗口中显示它们，使它们精确地叠加，然后循环显示一定次数。同样，在 OpenCV 的帮助下，可以很容易地实现这一点。

5.1.2   数据

需要的图像在本书配套文件中的 Chapter_5 文件夹中，可从本书网站下载。文件夹的结构应该如图 5-3 所示。下载文件夹后，不要改变这个组织结构或文件夹的内容和名称。

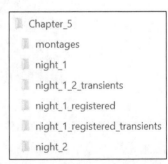

图 5-3　项目 7 的文件夹结构

night_1 和 night_2 文件夹中包含我们将要使用的输入图像。理论上，这些图像应该是在不同的夜晚拍摄的同一空间区域的图像。这里使用的是相同的星域图像，我在其中添加了一个人工瞬变（transient）。瞬变是瞬变天文事件的简称，它是一种天体，其运动可以在很短的时间内被探测到。彗星、小行星和行星都可以被认为是瞬变天体，因为它们的运动在银河系的静态背景下很容易被探测到。

表 5-1 简单地描述了 night_1 文件夹的内容。这个文件夹包含了文件名中带有 left 的文件，这意味着它们应该放在闪烁比较器的左边。night_2 文件夹中的图像在文件名中带有 right，应该放在另一边。

表 5-1 night_1 文件夹中的文件

文件名	描述
1_bright_transient_left.png	包含一个大的、明亮的瞬变
2_dim_transient_left.png	包含一个昏暗的瞬变，直径为 1 像素
3_diff_exposures_left.png	包含一个昏暗的瞬变，背景曝光过度
4_single_transient_left.png	仅在左边的图像包含一个明亮的瞬变
5_no_transient_left.png	没有瞬变的星域
6_bright_transient_neg_left.png	第一个文件的负片，显示汤博所用的图像类型

图 5-4 是其中一个图像的例子。箭头指向瞬变（箭头不是图像文件的一部分）。

图 5-4 1_bright_transient_left.png（箭头指向瞬变）

为了再现完美地对准望远镜的困难，我将 night_2 文件夹中的图像与 night_1 文件夹中的图像稍作调整。我们需要循环遍历两个文件夹的内容，套准和比较每一对照片。出于这个原因，每个文件夹中的文件数量应该是相同的，而且命名惯例应该确保照片是正确配对的。

5.1.3 闪烁比较器代码

下面的 blink_comparator.py 代码将以数字方式复制一个闪烁比较器。在 Chapter_5 文件夹中可以找到这个程序。我们还需要 5.1.2 节中描述的文件夹。将代码保存在 night_1 和 night_2 文件夹的上一级文件夹中。

1. 导入模块并赋值一个常量
代码清单 5-1 导入了运行程序所需的模块，并为接受的最小关键点匹配数赋值了一个常量。

关键点也称为兴趣点，是图像中一些有趣的特征，我们可以用它们来描述图像的特点。它们通常与强度的急剧变化相关联，如角落，或者本例中的星星。

代码清单 5-1　导入模块并为接受的最小关键点匹配数赋值一个常量

blink_comparator.py, part 1

```
import os
from pathlib import Path
import numpy as np
import cv2 as cv

MIN_NUM_KEYPOINT_MATCHES = 50
```

首先导入 os 模块，我们将用它来列出文件夹的内容。然后导入 pathlib，这是一个方便的模块，简化了文件和文件夹工作。最后导入 NumPy 和 cv（OpenCV）用于处理图像。如果你跳过了第 1 章，可以在 1.2.2 节找到 NumPy 的安装说明。

为接受的最小关键点匹配数赋值一个常量变量。为了提高效率，在理想的情况下，需要一个能产生可接受的套准结果的最小值。在这个项目中，算法的运行速度非常快，我们可以在不增加成本的情况下增加这个值。

2. 定义 main( )函数

代码清单 5-2 定义了 main() 函数的第一部分，用于运行程序。这些初始步骤创建了列表和目录路径，用于访问各种图像文件。

代码清单 5-2　定义 main( )函数的第一部分，用于操作文件和文件夹

blink_comparator.py, part 2

```
def main():
    """Loop through 2 folders with paired images, register & blink images."""
    night1_files = sorted(os.listdir('night_1'))
    night2_files = sorted(os.listdir('night_2'))
    path1 = Path.cwd() / 'night_1'
    path2 = Path.cwd() / 'night_2'
    path3 = Path.cwd() / 'night_1_registered'
```

首先定义 main()，然后使用 os 模块的 listdir()方法创建 night_1 和 night_2 文件夹中的文件名列表。对于 night_1 文件夹，listdir()返回以下结果。

```
['1_bright_transient_left.png', '2_dim_transient_left.png', '3_diff_exposures_
left.png', '4_no_transient_left.png', '5_bright_transient_neg_left.png']
```

注意，当文件返回时，os.listdir()并没有对它们强加某种顺序。顺序是由底层操作系统决定的，这意味着 macOS 将返回一个与 Windows 不同的列表！为了确保列表的一致性和文件的正确配对，可用内置的 sorted()函数来包裹 os.listdir()。这个函数将根据文件名的第一个字符，以数字顺序返回文件。

接下来，使用 pathlib 的 Path 类将路径名赋给一些变量。前两个变量将指向两个输入文件夹，第三个变量将指向一个输出文件夹，用来存放套准的图像。

在 Python 3.4 中引入的 pathlib 模块是 os.path 的替代品，用于处理文件路径。os 模块将路径视为字符串，这可能很麻烦，并且需要使用整个标准库的功能。作为替代，pathlib 模块将路径视为对象，并将必要的功能集中在一个地方。pathlib 的官方文档参见 Python 官方网站。

对于目录路径的第一部分，使用 cwd()类方法来获取当前的工作目录。如果你至少有一个 Path 对象，就可以在路径指定过程中混合使用对象和字符串。可以用/符号来连接代表文件夹名的字符串。如果你熟悉 os 模块的话，这与使用 os.path.join()类似。

注意，需要在项目目录下运行该程序。如果从文件系统的其他地方调用它，它会失败。

3. 在 main( )中循环

代码清单 5-3 还是在 main()函数中用一个大的 for 循环来运行程序。这个循环将从两个 night 文件夹中各取一个文件，将它们加载为灰度图像，在每个图像中找到匹配的关键点，使用关键点对第一个图像进行变形（套准）以匹配第二个图像，保存套准的图像，然后将套准的第一个图像与原始的第二个图像进行比较（闪烁）。代码还包含了一些可选的质量控制步骤，一旦对结果满意，就可以注释掉。

代码清单 5-3　在 main( )函数中运行程序循环

blink_comparator.py, part 3

```
for i, _ in enumerate(night1_files):
    img1 = cv.imread(str(path1 / night1_files[i]), cv.IMREAD_GRAYSCALE)
    img2 = cv.imread(str(path2 / night2_files[i]), cv.IMREAD_GRAYSCALE)
    print("Comparing {} to {}.\n".format(night1_files[i], night2_files[i]))
❶   kp1, kp2, best_matches = find_best_matches(img1, img2)
    img_match = cv.drawMatches(img1, kp1, img2, kp2,
                               best_matches, outImg=None)
    height, width = img1.shape
    cv.line(img_match, (width, 0), (width, height), (255, 255, 255), 1)
❷   QC_best_matches(img_match) # Comment out to ignore.
    img1_registered = register_image(img1, img2, kp1, kp2, best_matches)

❸   blink(img1, img1_registered, 'Check Registration', num_loops=5)
    out_filename = '{}_registered.png'.format(night1_files[i][:-4])
    cv.imwrite(str(path3 / out_filename), img1_registered) # Will overwrite!
    cv.destroyAllWindows()
    blink(img1_registered, img2, 'Blink Comparator', num_loops=15)
```

通过枚举 night1_files 列表开始循环。enumerate( )内置函数为列表中的每个数据项添加一个计数器，并将这个计数器和数据项一起返回。因为我们只需要计数器，所以对列表项使用一个下划线（_）。按照惯例，单下划线表示一个临时或不重要的变量。它还能让代码检查程序（如 Pylint）感到"高兴"。如果在这里使用一个变量名，如 infile，Pylint 会"抱怨"一个未使用的变量（unused variable）。

```
W: 17,11: Unused variable 'infile' (unused-variable)
```

接下来，使用 OpenCV 加载图像，以及它在 night2_files 列表中的对应图像。注意，必须将路径转换为字符串，以便使用 imread()方法。我们还需要将图像转换为灰度图。这样一来，就只需要使用单一的通道，它代表强度。为了跟踪循环过程中发生的事情，向 shell 输出一条消息，说明哪些文件正在比较。

现在，找到关键点和它们的最佳匹配❶。find_best_matches()函数将在后面定义，它以 3 个变量的形式返回这些值：kp1，代表第一个加载图像的关键点；kp2，代表第二个加载图像的关键点；best_matches，代表匹配的关键点列表。

我们可以直观地检查匹配情况，使用 OpenCV 的 drawMatches()方法在 img1 和 img2 上绘制它们。这个方法接收每个图像及其关键点、最佳匹配关键点列表和一个输出图像作为参数。在本例中，输出图像参数被设置为 None，因为我们只是要查看输出，而不是将其保存到文件中。

为了区分两个图像，在 img1 的右侧绘制一条垂直的白线。首先使用 shape 获取图像的高度和宽度。接下来，调用 OpenCV 的 line()方法，向它传入要绘制的图像、开始坐标和结束坐标、线的颜色和宽度。注意，这是一个彩色图像，因此为了表示白色，我们需要完整的 BGR 元组(255，255，255)，而不是灰度图像中使用的单一强度值（255）。

现在，调用质量控制函数（稍后将定义）来显示匹配结果❷。图 5-5 展示了一个输出示例。在确认程序运行正确后，可能需要注释掉这一行。

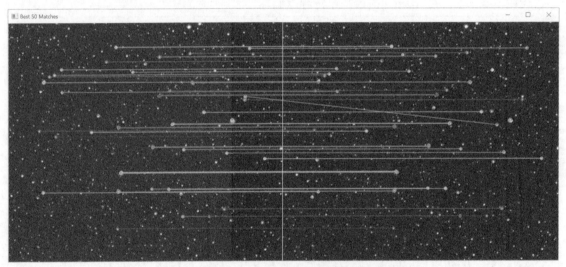

图 5-5　QC_best_matches()函数的输出示例

找到并检查了最佳的关键点匹配后，是时候将第一个图像套准到第二个图像上了。用我们稍后要写的函数来完成这项工作。将两个图像、关键点和最佳匹配列表传递给该函数。

闪烁比较器名为 blink()，是另一个我们稍后要写的函数。在这里调用它来查看套准过程对第一个图像的影响。向它传入原始图像和套准的图像、显示窗口的名称及希望运行的闪烁次数❸。该函数将在两个图像之间闪烁。你所看到的"晃动"量将取决于匹配 img2 所需的变形量。在确认程序按计划运行后，这也是你可能想注释掉的一行。

接下来，将套准的图像保存到一个名为 night_1_registered 的文件夹中，path3 变量指向该文件夹。首先赋值一个引用原始文件名的文件名变量，末尾附加_registered.png。为使名字中不会重复文件扩展名，在添加新的结尾之前，需要使用索引切片（[:-4]）来删除它。最后使用 imwrite() 来保存文件。注意，这将覆盖现有的同名文件，而不会发出警告。

在开始寻找瞬变时，我们会想要一个整洁的视图，因此调用该方法来销毁所有当前的 OpenCV 窗口。然后再次调用 blink() 函数，向它传入套准的图像、第二个图像、窗口名称，以及循环浏览这些图像的次数。图 5-6 并列显示了第一批图像。你能找到瞬变吗？

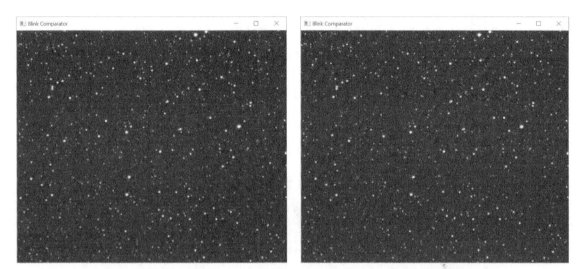

图 5-6   night_1_registered 和 night_2 文件夹中第一个图像的闪烁比较器窗口

4. 寻找最佳关键点匹配

现在是时候定义 main() 中使用的函数了。代码清单 5-4 定义了函数，它在从 night_1 和 night_2 文件夹中提取的每一对图像之间，找到最佳关键点匹配。它应该定位、描述和匹配关键点，生成一个匹配列表，然后利用可接受的最小关键点匹配数的常量，截断该列表。该函数返回每个图像的关键点列表和最佳匹配列表。

代码清单 5-4   定义查找最佳关键点匹配的函数

blink_comparator.py, part 4

```
def find_best_matches(img1, img2):
    """Return list of keypoints and list of best matches for two images."""
    orb = cv.ORB_create(nfeatures=100) # Initiate ORB object.
  ❶ kp1, desc1 = orb.detectAndCompute(img1, mask=None)
    kp2, desc2 = orb.detectAndCompute(img2, mask=None)
    bf = cv.BFMatcher(cv.NORM_HAMMING, crossCheck=True)
  ❷ matches = bf.match(desc1, desc2)
    matches = sorted(matches, key=lambda x: x.distance)
    best_matches = matches[:MIN_NUM_KEYPOINT_MATCHES]

    return kp1, kp2, best_matches
```

首先定义函数，该函数以两个图像为参数。main() 函数将在每次运行 for 循环时，从输入文件夹中选取这些图像。

接下来，使用 OpenCV 的 `ORB_create()`方法创建一个 orb 对象。ORB 是嵌套了缩写的缩写：Oriented FAST and Rotated BRIEF。

FAST（Features from Accelerated Segment Test）是一种快速、高效、免费的检测关键点的算法。为了描述关键点，以便在不同的图像中进行比较，我们需要 BRIEF。BRIEF 是 binary robust independent elementary features 的缩写，也是快速、紧凑和开源的。

ORB 将 FAST 和 BRIEF 结合成一种匹配算法，它的工作原理是首先检测图像中像素值急剧变化的独特区域，然后将这些独特区域的位置记录下来作为关键点（key point）。接下来，ORB 通过在关键点周围定义一个小区域（称为补丁（patch）），用数字数组（称为描述符（descriptor））来描述关键点发现的特征。在图像补丁内，该算法使用模式模板来采集常规的强度样本。然后，它比较预先选择的样本对，并将它们转换成二进制串（称为特征向量（feature vector））（图 5-7）。

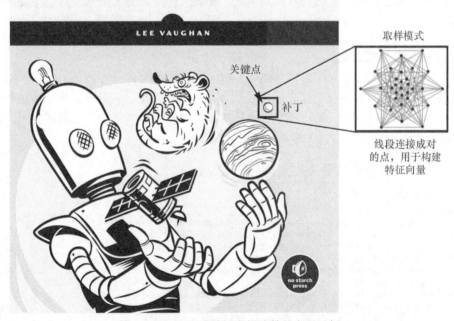

图 5-7　ORB 生成关键点描述符的卡通示例

向量是一系列的数字。矩阵是由行和列的数组组成的矩形数组，它被视为一个单一的实体，并根据规则进行操作。特征向量是一个矩阵，包含一行和多列。为了建立一个特征向量，算法将样本对转换为二进制序列：如果第一个样本具有最大的强度，则在向量的末尾连接一个 1，如果相反则连接一个 0。

接下来展示一些特征向量的例子。这里缩短了向量的列表，因为 ORB 通常会比较并记录 512 对样本！

```
V₁ = [010010110100101101100--snip--]
V₂ = [100111100110010101101--snip--]
V₃ = [001101100011011101001--snip--]
--snip--
```

这些描述符好比特征的数字指纹。OpenCV 使用额外的代码来补偿旋转和比例的变化，这使得它可以匹配相似的特征，即使特征的大小和方向是不同的（图 5-8）。

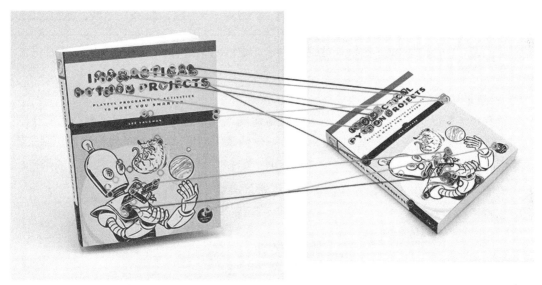

图 5-8　尽管比例和方向不同，OpenCV 仍能匹配关键点

在创建 ORB 对象时，可以指定要检查的关键点的数量。该方法的默认值是 500，但对本项目所需的图像套准来说，100 已经足够了。

接下来，使用 orb.detectAndCompute() 方法❶，找到关键点和它们的描述符。将 img1 传给它，然后针对 img2 重复相关代码。

有了关键点的定位和描述，下一步就是找到两个图像的共同关键点。通过创建一个包含距离测量的 BFMatcher 对象来开始这个过程。蛮力匹配器获取第一个图像中一个特征的描述符，并使用汉明距离（Hamming distance）将其与第二个图像中的所有特征进行比较。它返回最接近的特征。

对于两个长度相等的串，汉明距离是对应值不同的位置数，或者说索引数。对于下面的特征向量，不匹配的位置用粗体显示，汉明距离为 3。

```
100**1**0**1**1001010
110**0**1**1**1001010
```

bf 变量是一个 BFMatcher 对象。调用 match() 方法并将两个图像的描述符传递给它❷。将返回的 DMatch 对象列表赋给变量 matches。

最好的匹配对象将具有最小的汉明距离，因此这些按升序排列的对象移到列表的开头。注意，我们在使用对象的距离属性的同时，还使用了一个 lambda 函数。lambda 函数是一个小型的、一次性的、未命名的函数，是当场定义的。直接跟在 lambda 后面的单词和字符是参数。表达式在冒号后面，返回是自动的。

由于我们只需要最小数量的关键点匹配，这在程序开始时定义过，因此通过对匹配列表进行切片来创建一个新的列表。最好的匹配是在程序开始的时候，因此从 matches 的开始切到 MIN_NUM_KEYPOINT_MATCHES 指定的值。

此时，我们仍然在处理神秘的对象，如下所示：

```
best matches = [<DMatch 0000028BEBAFBFB0>, <DMatch 0000028BEBB21090>, --snip--
```

幸运的是，OpenCV 知道如何处理这些对象。返回两组关键点和最佳匹配对象的列表，完成该函数。

5. 检查最佳匹配

代码清单 5-5 定义了一个简短的函数，以便直观地检查关键点的匹配情况。我们在图 5-5 中看到了这个函数的结果。将这些任务封装在一个函数中，可以使 main() 函数避免杂乱无章，并允许用户通过注释掉一行代码来关闭该函数的功能。

代码清单 5-5　定义一个检查最佳关键点匹配的函数

blink_comparator.py, part 5

```
def QC_best_matches(img_match):
    """Draw best keypoint matches connected by colored lines."""
    cv.imshow('Best {} Matches'.format(MIN_NUM_KEYPOINT_MATCHES), img_match)
    cv.waitKey(2500) # Keeps window active 2.5 seconds.
```

定义该函数，该函数带有一个参数：匹配的图像。这个图像是由代码清单 5-3 中的 main() 函数生成的。它由左图和右图组成，其中的关键点被绘制了彩色的圆圈，并且用彩色的线连接相应的关键点。

接下来，调用 OpenCV 的 imshow() 方法来显示窗口。命名窗口时可以使用 format() 方法。向它传入最小关键点匹配数的常量。

给用户 2.5 秒的时间来查看窗口。完成该函数，注意，waitKey() 方法并不会销毁窗口，它只是在指定的时间内暂停程序。等待时间过后，随着程序继续运行，新的窗口会出现。

6. 套准图像

代码清单 5-6 定义了将第一个图像套准到第二个图像的函数。

代码清单 5-6　定义一个函数，将一个图像套准到另一个图像上

blink_comparator.py, part 6

```
def register_image(img1, img2, kp1, kp2, best_matches):
    """Return first image registered to second image."""
```

```
    if len(best_matches) >= MIN_NUM_KEYPOINT_MATCHES:
        src_pts = np.zeros((len(best_matches), 2), dtype=np.float32)
        dst_pts = np.zeros((len(best_matches), 2), dtype=np.float32)
    ❶ for i, match in enumerate(best_matches):
            src_pts[i, :] = kp1[match.queryIdx].pt
            dst_pts[i, :] = kp2[match.trainIdx].pt
        h_array, mask = cv.findHomography(src_pts, dst_pts, cv.RANSAC)

    ❷ height, width = img2.shape # Get dimensions of image 2.
        img1_warped = cv.warpPerspective(img1, h_array, (width, height))

        return img1_warped

    else:
        print("WARNING: Number of keypoint matches < {}\n".format
                (MIN_NUM_KEYPOINT_MATCHES))
        return img1
```

定义一个函数，它以两个输入图像、它们的关键点列表及从 `find_best_matches()` 函数中返回的 DMatch 对象列表作为参数。接下来，将最佳匹配的位置加载到 NumPy 数组中。先用一个条件语句来检查最佳匹配列表是否等于或超过 MIN_NUM_KEYPOINT_MATCHES 常量。如果是这样，就初始化两个 NumPy 数组，其行数与最佳匹配的行数相同。

NumPy 的 `np.zeros()` 方法返回一个给定形状和数据类型的新数组，里面填充了零。例如，下面的代码片段产生了一个高三行、宽两列的零填充数组。

```
>>> import numpy as np
>>> ndarray = np.zeros((3, 2), dtype=np.float32)
>>> ndarray
array([[0., 0.],
       [0., 0.],
       [0., 0.]], dtype=float32)
```

在实际的代码中，数组将至少是 50×2 的大小，因为我们规定了至少 50 个匹配。

现在，枚举 `matches` 列表，开始用实际数据填充数组❶。对于源点，使用 `queryIdx.pt` 属性来获取描述符列表中描述符的索引 `kp1`。对下一组点重复此操作，但使用 `trainIdx.pt` 属性。术语 `query/train` 有点令人困惑，但基本上分别指的是第一个图像和第二个图像。

下一步是应用同构（homography）。同构是一种变换，使用 3×3 矩阵，将一个图像中的点映射到另一个图像中的对应点。如果两个图像是从不同的角度观察同一平面，或者两个图像都是由同一台相机拍摄的，并围绕其光轴旋转，且没有偏移，那么两个图像就可以通过同构联系起来。为了正确运行，同构需要两个图像中至少有 4 个对应点。

同构假设匹配点确实是对应点。然而，如果仔细观察图 5-5 和图 5-8，就会发现特征匹配并不完美。在图 5-8 中，大约 30% 的匹配是不正确的！

幸运的是，OpenCV 包含一个 `findHomography()` 方法，它有一个称为随机样本共识（random sample consensus，RANSAC）的异常点检测器。RANSAC 随机抽取匹配点的样本，找到一个解释其分布的数学模型，并倾向于预测最多的点的模型。然后，它抛弃离群点。例如，考虑图 5-9 中"原始数据"框中的点。

如你所见，我们希望通过真实的数据点（称为内点（inliers））来拟合一条线，并忽略数量较少的假相关点（离群点（outliers））。利用 RANSAC，我们随机抽取原始数据点的一个子集，对这些点进行拟合，然后重复这个过程的次数。然后将每个线拟合方程应用于所有的点。通过最多的点的线被用于最终的线拟合。在图 5-9 中，这条线就是最右边方框中的那条线。

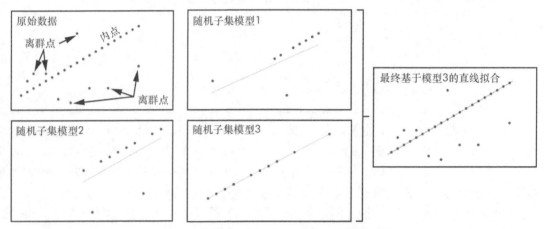

图 5-9   线拟合示例，用 RANSAC 忽略离群点

要运行 findHomography()，将源点和目标点传递给它，然后调用 RANSAC 方法。这将返回一个 NumPy 数组和一个 mask。mask 指定了内点和离群点，分别代表好的匹配和差的匹配。我们可以用它来完成一些任务，如只绘制出好的匹配点。

最后一步是对第一个图像进行变形，使其与第二个图像完美对齐。我们会需要第二个图像的尺寸，因此使用 shape() 来获取 img2 的高度和宽度❷。将此信息与 img1 和同构 h_array 一起传递给 warpPerspective() 方法。返回套准的图像（一个 NumPy 数组）。

如果关键点匹配的数量小于我们在程序开始时规定的最小数量，图像可能不会被正确对齐，因此输出一个警告，并返回原始的、未套准的图像。这将允许 main() 函数继续不间断地循环遍历文件夹中的图像。如果套准不好，用户就会意识到有问题，因为问题图像对不会在闪烁比较器窗口中正确对齐。一个错误信息也会出现在 shell 中。

```
Comparing 2_dim_transient_left.png to 2_dim_transient_right.png.
WARNING: Number of keypoint matches < 50
```

7. 构建闪烁比较器

代码清单 5-7 定义了一个函数来运行闪烁比较器，如果程序以独立模式运行，则调用 main() 函数。blink() 函数在指定的范围内循环，首先显示套准的图像，然后显示第二个图像，两个图像都在同一个窗口中。每个图像只显示三分之一秒，这是克莱德·汤博使用闪烁比较器时的首选频率。

代码清单 5-7　定义一个函数，一明一暗地闪烁显示图像

blink_comparator.py, part 7

```python
def blink(image_1, image_2, window_name, num_loops):
    """Replicate blink comparator with two images."""
    for _ in range(num_loops):
        cv.imshow(window_name, image_1)
        cv.waitKey(330)
        cv.imshow(window_name, image_2)
        cv.waitKey(330)

if __name__ == '__main__':
    main()
```

定义 `blink()` 函数，该函数有 4 个参数：两个图像文件、一个窗口名称和要运行的闪烁次数。启动一个 `for` 循环，范围设置为闪烁次数。因为不需要访问运行时的索引，所以用一个下划线（`_`）来表示使用一个不重要的变量。正如本章前面提到的，这将防止代码检查程序发出"unused variable"（未使用的变量）的警告。

现在调用 OpenCV 的 `imshow()` 方法，并将窗口名称和第一个图像传递给它。这是套准的第一个图像。然后暂停程序 330ms，这是克莱德·汤博自己推荐的时间量。

针对第二个图像重复前面两行代码。因为两个图像是对齐的，窗口中唯一的改变就是瞬变。如果只有一个图像包含瞬变，将出现一明一暗的闪烁。如果两个图像都捕捉到了瞬变，就会出现来回舞动的现象。

用标准代码结束程序，标准代码支持程序在独立模式下运行或作为模块导入。

5.1.4　使用闪烁比较器

在运行 blink_comparator.py 之前，调暗房间的灯光，模拟通过设备的目镜观察，然后启动程序。你应该首先看到两个明显的亮点在图像中心附近闪烁。在接下来的一对图像中，同样的点会变得非常小，只有 1 像素的宽度，但我们应该仍然能够检测到它们。

第三个循环将显示同样的小瞬变，只是这次第二个图像整体上会比第一个图像更亮。我们应该仍然能够找到瞬变，但会更加困难。这就是为什么汤博必须小心翼翼地拍摄并使用一致的曝光来显影。

第四个循环包含一个单一的瞬变。它应该一明一暗地闪烁，而不是像以前的图像来回舞动。

第五个图像对代表没有瞬变的控制图像。这是天文学家几乎所有时间都会看到的：令人失望的静态星域。

最后一个循环使用第一个图像对的负片版本。明亮的瞬变出现为闪烁的黑点。这是克莱德·汤博使用的图像类型，因为它节省了时间。由于黑点和白点一样容易被发现，他觉得没有必要为每张负片打印正片。

如果沿着已套准的负像左侧看，你会看到一条黑色的条纹，它代表了对准影像所需的平移量（图 5-10）。在正片上你不会注意到这一点，因为它与黑色背景融为一体。

图 5-10　底片图像：6_bright_transient_neg_left_registered.png

　　在所有的循环中，你可能会注意到每个图像对的左上角有一个昏暗的星星在闪烁。这不是瞬变，而是边缘伪影（edge artifact）造成的假阳性。边缘伪影是由图像错位引起的图像变化。有经验的天文学家会忽略这颗昏暗的星星，因为它发生在非常接近图像边缘的地方，而可能的瞬变并没有在图像之间移动，只是变暗了。

　　我们可以在图 5-11 中看到这种假阳性的原因。因为在第一个图像中只有恒星的一部分被捕获了，所以相对于第二个图像中的同一颗恒星，它的亮度会降低。

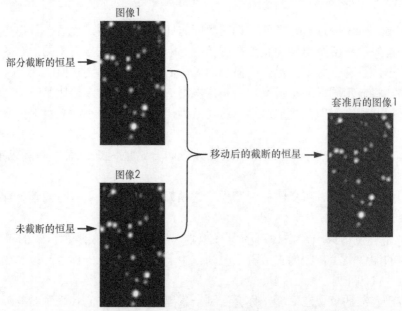

图 5-11　在图像 1 中套准一个被截断的恒星，结果是恒星明显比图像 2 更暗

人类可以直观地处理边缘效应，但计算机需要明确的规则。在项目 8 中，我们将解决这个问题，在搜索瞬变时排除图像的边缘。

5.2 项目 8：用图像差异探测瞬变天体

闪烁比较器曾经被认为与望远镜一样重要，现在却闲置在博物馆里积满灰尘。天文学家不再需要它们了，因为现代图像分辨技术在探测移动物体方面比人眼要好得多。今天，克莱德·汤博的每一部分工作都会由计算机来完成。

在这个项目中，我们假设你是一个天文台的暑期实习生。你的工作是为一位"古老"的天文学家制作一个数字工作流程，因为他仍然坚持在用他那生锈的闪烁比较器。

目标

编写一个 Python 程序，取两个套准过的图像，突出显示它们之间的所有差异。

5.2.1 策略

我们现在要的不是一个闪烁图像的算法，而是一个自动找到瞬变的算法。这个过程仍然需要套准的图像，但为了方便起见，就用项目 7 中已经生成的图像。

检测图像之间的差异是很常见的操作，OpenCV 提供了一个绝对差异方法——absdiff()，专门用于实现这个目标。它取两个数组之间的每个元素的差值。然而，仅仅检测差异是不够的。程序需要识别出差异的存在，并且只向用户显示包含瞬变的图像。毕竟，天文学家们有更重要的事情要做，比如让行星降级！

因为你要找的物体会停留在黑色背景上，而匹配的明亮物体会被移除，所以任何在求差后剩余的明亮物体都值得注意。因为在一个星域中出现多个瞬变天体的概率在天文上是很低的，所以标出一两个差异就足够引起天文学家的注意了。

5.2.2 瞬变探测器代码

下面的 transient_detector.py 代码将自动探测天文图像中的瞬变。可以在本书配套文件中的 Chapter_5 文件夹中找到它。为了避免重复代码，程序使用的是 blink_comparator.py 已经套准的图像，因此你需要在这个项目的目录中找到 night_1_registered_transients 和 night_2 文件夹（见图 5-3）。和项目 7 一样，将 Python 代码保存在这两个文件夹的上一级文件夹中。

1. 导入模块并赋值一个常量

代码清单 5-8 导入运行程序所需的模块，并赋值一个 PAD 常量来管理边缘伪影（见图 5-11）。PAD 代表了一个小的距离（垂直于图像的边缘来测量），我们希望从分析中排除这段距离。任何距离图像边缘小于 PAD 的物体都将被忽略。

代码清单 5-8 导入模块并赋值一个常量来管理边缘效应

transient_detector.py, part 1

```
import os
from pathlib import Path
import cv2 as cv

PAD = 5 # Ignore pixels this distance from edge
```

除了 NumPy，我们还需要在前面的项目中使用的所有模块，因此在这里导入它们。设置 PAD 距离为 5 像素。这个值可能会因为数据集的不同而略有变化。稍后，我们将在图像的边缘空间周围绘制一个矩形，这样就可以看到这个参数排除了多少区域。

2. 探测并圈定瞬变

代码清单 5-9 定义了一个函数，我们将使用它来查找并圈定每个图像对中最多两个瞬变。它将忽略 PAD 区域中的瞬变。

代码清单 5-9 定义一个函数，探测并圈定瞬变

transient_detector.py, part 2

```
def find_transient(image, diff_image, pad):
    """Find and circle transients moving against a star field. """
    transient = False
    height, width = diff_image.shape
    cv.rectangle(image, (PAD, PAD), (width - PAD, height - PAD), 255, 1)
    minVal, maxVal, minLoc, maxLoc = cv.minMaxLoc(diff_image)
❶ if pad < maxLoc[0] < width - pad and pad < maxLoc[1] < height - pad:
        cv.circle(image, maxLoc, 10, 255, 0)
        transient = True
    return transient, maxLoc
```

`find_transient()`函数有 3 个参数：输入图像、代表第一个和第二个输入图像之差的图像（代表差分图（difference map）），以及 PAD 常量（pad）。该函数将找到差分图中最亮的像素的位置，在其周围绘制一个圆，并返回该位置和一个表示找到对象的布尔值。

在函数开始时，将一个名为 `transient` 的变量设置为 `False`。我们将使用这个变量来指示是否发现了瞬变。因为瞬变在现实生活中很少见，所以该变量的基本状态应该是 `False`。

要应用 PAD 常量并排除图像边缘附近的区域，我们需要图像的大小。通过 shape 属性获取图像的大小，shape 属性返回图像的高度和宽度的元组。

利用 height 和 width 变量及 PAD 常量，通过 OpenCV 的 rectangle()方法在图像变量上绘制一个白色的矩形。之后，这将向用户显示图像的哪些部分被忽略了。

diff_image 变量是一个代表像素的 NumPy 数组。背景是黑色的，任何在两个输入图像之间改变位置（或突然出现）的"星星"将是灰色或白色的（图 5-12）。

要定位最亮的瞬变存在，我们使用 OpenCV 的 minMaxLoc()方法，它返回图像中的最小像素值和最大像素值，以及它们的位置元组。注意，我对变量的命名是为了与 OpenCV 的混合大小写命名方案（在 maxLoc 等名称中很明显）保持一致。如果你想使用更容易被 Python 的 PEP8 风格指南（参见 Python 官网的"pep-0008"页面）接受的变量名，请自由使用 max_loc 这样的名字来代替 maxLoc。

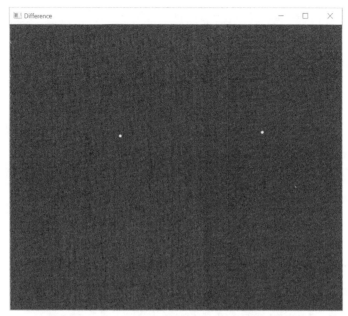

图 5-12　从"明亮"瞬变输入图像中得出的差分图

你可能在图像的边缘附近找到了一个最大值，因此执行一个条件，通过忽略在 PAD 常量所限定的区域内找到的值来排除这种情况❶。如果位置通过，就在图像变量上圈出它。使用一个半径为 10 像素、线宽为 0 像素的白色圆圈。

如果绘制了一个圆圈，那就找到了一个瞬变，因此将 `transient` 变量设置为 True。这将触发程序后面的额外活动。

返回 `transient` 变量和 `maxLoc` 变量，结束函数。

提示　`minMaxLoc()`方法很容易受到噪声的影响，如假阳性，因为它是对单像素进行处理的。通常情况下，你会先运行一个预处理步骤，如模糊，以去除虚假像素。然而，这可能会导致你错过昏暗的天体，它可能与单个图像中的噪声无法区分。

3.　准备文件和文件夹

代码清单 5-10 定义了 `main()` 函数，创建了输入文件夹中的文件名列表，并将文件夹路径赋给变量。

代码清单 5-10　定义 main( )，列出文件夹内容，并赋值路径变量

transient_detector.py, part 3

```
def main():
    night1_files = sorted(os.listdir('night_1_registered_transients'))
    night2_files = sorted(os.listdir('night_2'))
    path1 = Path.cwd() / 'night_1_registered_transients'
    path2 = Path.cwd() / 'night_2'
    path3 = Path.cwd() / 'night_1_2_transients'
```

定义 main() 函数。然后，就像在代码清单 5-2 中所做的那样，列出包含输入图像的文件夹的内容，并将其路径赋给变量。我们将使用一个现有的文件夹来保存包含识别的瞬变图像。

4. 循环遍历图像并计算绝对差值

代码清单 5-11 启动 for 循环遍历图像对。该函数将对应的图像对读取为灰度数组，计算图像之间的差值，并将结果显示在一个窗口中，然后在差分图上调用 find_transient() 函数。

代码清单 5-11　循环遍历图像并寻找瞬变

transient_detector.py, part 4

```
for i, _ in enumerate(night1_files[:-1]): # Leave off negative image
    img1 = cv.imread(str(path1 / night1_files[i]), cv.IMREAD_GRAYSCALE)
    img2 = cv.imread(str(path2 / night2_files[i]), cv.IMREAD_GRAYSCALE)

    diff_imgs1_2 = cv.absdiff(img1, img2)
    cv.imshow('Difference', diff_imgs1_2)
    cv.waitKey(2000)

    temp = diff_imgs1_2.copy()
    transient1, transient_loc1 = find_transient(img1, temp, PAD)
    cv.circle(temp, transient_loc1, 10, 0, -1)

    transient2, _ = find_transient(img1, temp, PAD)
```

启动一个 for 循环，遍历 night1_files 列表中的图像。该程序被设计为在正片（positive）图像上工作，因此使用图像切片（[:-1]）来排除负片（negative）图像。使用 enumerate() 得到一个计数器；将它命名为 i，而不是 _，因为我们以后会用它作为索引。

要找出图像之间的差异，只需调用 cv.absdiff() 方法，并将两个图像的变量传递给它。在继续运行程序之前，先显示两秒的结果。

由于我们要把最亮的瞬变图像清空，因此先做一个 diff_imgs1_2 的副本。将这个副本命名为 temp，代表临时图像。现在，调用我们之前写的 find_transient() 函数。向它传入第一个输入图像、差分图和 PAD 常量。使用结果来更新 transient 变量，并创建一个新的变量 transient_loc1，记录差分图中最亮的像素的位置。

瞬变可能在连续的夜晚拍摄的两个图像中被捕捉到，也可能没有。要查看是否捕捉到，可用一个黑色的圆圈覆盖刚刚发现的亮点，将其抹去。在临时图像上使用黑色作为颜色，线宽为 -1 像素，这告诉 OpenCV 要填充圆圈。继续使用半径为 10 像素的圆圈，如果担心两个瞬变会非常接近，可以减小这个半径。

再次调用 find_transient() 函数，但对位置变量使用一个下划线，因为我们不会再使用它。不太可能会有两个以上的瞬变存在，即使只找到一个，也足以让我们打开图像进行进一步的检查，因此不要去寻找更多的瞬变。

5. 揭示瞬变并保存图像

代码清单 5-12 仍然在 main() 函数的 for 循环中，它显示第一个输入的图像和圈出的任何瞬变，发布所涉及的图像文件的名称，并以一个新的文件名保存图像。我们也会在解释器窗口中输出每个图像对的结果日志。

代码清单 5-12　显示圈定的瞬变，输出结果日志，并保存结果

transient_detector.py, part 5

```
            if transient1 or transient2:
                print('\nTRANSIENT DETECTED between {} and {}\n'
                      .format(night1_files[i], night2_files[i]))
        ❶  font = cv.FONT_HERSHEY_COMPLEX_SMALL
                cv.putText(img1, night1_files[i], (10, 25),
                           font, 1, (255, 255, 255), 1, cv.LINE_AA)
                cv.putText(img1, night2_files[i], (10, 55),
                           font, 1, (255, 255, 255), 1, cv.LINE_AA)

                blended = cv.addWeighted(img1, 1, diff_imgs1_2, 1, 0)
                cv.imshow('Surveyed', blended)
                cv.waitKey(2500)

        ❷  out_filename = '{}_DECTECTED.png'.format(night1_files[i][:-4])
                cv.imwrite(str(path3 / out_filename), blended) # Will overwrite!

            else:
                print('\nNo transient detected between {} and {}\n'
                      .format(night1_files[i], night2_files[i]))

if __name__ == '__main__':
    main()
```

启动一个条件，检查是否发现了一个瞬变。如果该条件求值为 True，则在 shell 中输出一条消息。对于由 for 循环求值的 4 个图像，应该得到这样的结果：

```
TRANSIENT DETECTED between 1_bright_transient_left_registered.png and 1_bright_transient_right.png

TRANSIENT DETECTED between 2_dim_transient_left_registered.png and 2_dim_transient_right.png

TRANSIENT DETECTED between 3_diff_exposures_left_registered.png and 3_diff_exposures_right.png

TRANSIENT DETECTED between 4_single_transient_left_registered.png and 4_single_transient_right.png

No transient detected between 5_no_transient_left_registered.png and 5_no_transient_right.png
```

发布一个阴性结果，说明程序的工作符合预期，并使人们对图像的比较没有疑问。

接下来，在 img1 数组上发布两个具有阳性反应的图像的名称。首先为 OpenCV 赋值一个字体变量❶。对于可用字体的列表，可在 OpenCV 4.3.0 版本的文档中通过搜索 HersheyFonts 来查询。

现在调用 OpenCV 的 putText()方法，并传入第一个输入图像、图像的文件名、位置、字体变量、大小、颜色（白色）、宽度和线条类型。LINE_AA 属性会创建一条反锯齿线。对第二个图像重复这段代码。

如果发现了两个瞬变，可以使用 OpenCV 的 addWeighted()方法在同一图像上同时显示它们。这个方法计算两个数组的加权和。参数是第一个图像和一个权重，第二个图像和一个权重，以及一个加在每个和上的标量。使用第一个输入图像和差分图，将权重设置为 1，以便每个图像都被充分使用，并将标量设置为 0，将结果赋给变量 blended。

在名为 Surveyed 的窗口中显示混合后的图像。图 5-13 显示了一个"明亮"瞬变的结果示例。

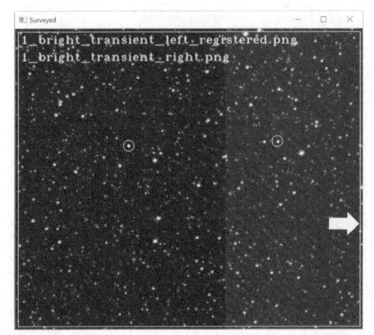

图 5-13   瞬变探测器（transient_detector.py）的输出窗口示例，箭头所指的是 PAD 矩形

请注意图像边缘附近的白色矩形。这代表了 PAD 距离。这个矩形外的任何瞬变都被程序忽略了。

使用当前输入图像的文件名加上"DETECTED"保存混合图像❷。图 5-13 中昏暗的瞬变将被保存为 1_bright_transient_left_registered_DECTECTED.png。利用 `path3` 变量，把它写到 night_1_2_transients 文件夹。

如果没有发现瞬变，在 shell 窗口中记录结果。用一段代码结束该程序，该代码可作为一个模块或在独立模式下运行。

5.2.3   使用瞬变探测器

设想克莱德·汤博有了我们的瞬变探测器，他会有多高兴。这是真正的"设置然后忘记"。即使第三对图像之间的亮度变化对闪烁比较器来说很有问题，但其对这个程序来说也不是什么难题。

5.3   小结

在本章中，我们复制了一个旧时代的闪烁比较器设备，然后使用现代计算机视觉技术更新了处理方式。在这个过程中，我们使用 pathlib 模块来简化对目录路径的处理，对不重要的、未使用的变量名使用了下划线。我们还使用 OpenCV 来查找、描述和匹配图像中的有趣特征，利用同构对齐特征，将图像混合在一起，并将结果写入文件。

5.4 延伸阅读

Out of the Darkness: The Planet Pluto（Stackpole Books，2017），作者是克莱德·汤博和 Patrick Moore。这是关于发现冥王星的标准参考资料，由发现者亲口讲述。

Chasing New Horizons: Inside the Epic First Mission to Pluto（Picador，2018），作者是 Alan Stern 和 David Grinspoon，记录了最终将一艘航天器（里面顺便装着克莱德·汤博的骨灰）送往冥王星的巨大努力。

5.5 实践项目：绘制轨道路径

编辑 transient_detector.py 程序，如果两个输入图像对中都有瞬变，OpenCV 会绘制一条线连接两个瞬变。这将揭示瞬变天体在背景恒星中的运行路径。

这种信息是发现冥王星的关键。克莱德·汤博利用冥王星在两个照相板中走过的距离及曝光之间的时间来验证这颗行星是在洛厄尔预测的路径附近，而不只是一些轨道更接近地球的小行星。

可以在附录和 Chapter_5 文件夹中找到一个解决方案：practice_orbital_path.py。

5.6 实践项目：区别是什么

本章所做的特征匹配在天文学之外还有广泛的应用。例如，海洋生物学家使用类似的技术，通过鲸鲨的斑点来识别鲸鲨。这就提高了科学家们对种群统计的准确性。

在图 5-14 中，左右两边的照片发生了变化。你能发现它吗？更进一步，你能写出 Python 程序，将两个图像对齐并进行比较，圈出变化吗？

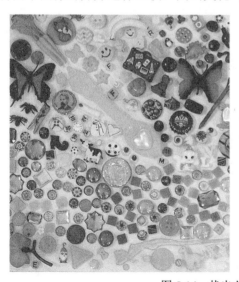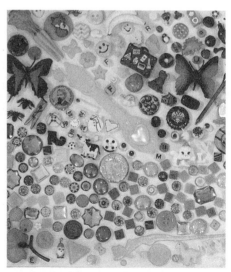

图 5-14　找出左右图像的区别

起始图像可以在 Chapter_5 文件夹中的 montages 文件夹中找到，也可以从本书的网站上下载。这些是彩色图像，需要在对象检测之前将其转换为灰度图并对齐。在附录和 montages 文件夹中，可以找到解决方案 practice_montage_aligner.py 和 practice_montage_difference_finder.py。

5.7　挑战项目：数星星

根据 *Sky and Telescope* 杂志，两个半球肉眼可见的星星有 9096 颗。这本身就是一个很大的数字，如果通过望远镜看，这个数字还会成倍增加。

为了评估大量的恒星，天文学家调查天空中的小区域，使用计算机程序来数星星，然后将结果外推到更大的区域。在这个挑战项目中，假设你是洛厄尔天文台的助理，是测量小组的一员。编写一个 Python 程序，计数项目 7 和项目 8 中使用的图像 5_no_transient_left.png 中的星星。

作为提示，请在网上搜索如何用 Python 和 OpenCV 计算图像中的点。关于使用 Python 和 SciPy 的解决方案，可搜索 "Image processing with Python and SciPy" 进行了解。你可能会发现，如果将图像分割成更小的部分，效果会更好。

## 第 6 章

模拟阿波罗 8 号的
自由返回轨迹

　　1968 年夏天，Zond 航天器似乎已经准备好去月球了，一个巨大的 N-1 运载火箭已经立在它的发射台上，而美国陷入困境的阿波罗计划还需要 3 次测试飞行。但在当年 8 月，美国国家航空航天局（National Aeronautics and Space，NASA）的经理 George Low 有了一个大胆的想法：让我们现在就去月球，而不是在地球轨道上进行更多的测试——让我们在 12 月绕月球一圈，让它成为测试。不到一年后，尼尔·阿姆斯特朗（Neil Armstrong）为全人类实现了他的伟大飞跃。

　　将阿波罗 8 号飞船送上月球的决定非同小可。1967 年，3 个人死在阿波罗 1 号的太空舱里，多次无人驾驶任务都发生了爆炸或失败。在这样的背景下，在如此重大的风险下，一切都取决于"自由返回"的概念。这次任务的设计是，如果服务舱的发动机无法启动，飞船就会像回旋镖一样绕着月球旋转，然后返回地球（图 6-1）。

图 6-1　阿波罗 8 号徽章，以环月自由返回轨迹作为任务编号

　　在本章中，我们将编写一个 Python 程序，使用一个名为 turtle 的画板模块来模拟阿波罗 8 号的自由返回轨迹。我们还将处理物理学中的一个经典难题：三体问题。

6.1   理解阿波罗 8 号任务

阿波罗 8 号任务的目标只是环绕月球一圈，因此飞船没有必要携带月球着陆器部件。宇航员乘坐指挥舱（Command Module，CM）和服务舱（Service Module，SM），统称为 CSM（图 6-2）。

1968 年秋天，CSM 发动机只在地球轨道上进行了测试，人们对其可靠性的担心是有道理的。为了绕月球轨道飞行，发动机必须点火两次，一次是使航天器进入绕月轨道时减速，另一次是离开绕月轨

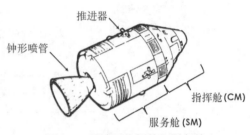

图 6-2   阿波罗指挥舱和服务舱

道。在自由返回的轨道上，如果第一次点火操作失败，宇航员还可以顺利回家。结果，两次发动机都完美点火，阿波罗 8 号绕月 10 圈（然而，命途多舛的阿波罗 13 号却充分利用了它的自由返回轨迹！）。

6.1.1   自由返回轨迹

绘制自由返回轨迹需要大量的数学运算。这毕竟是火箭科学！幸运的是，我们可以用一些简化的参数，在二维图形中模拟出轨迹（图 6-3）。

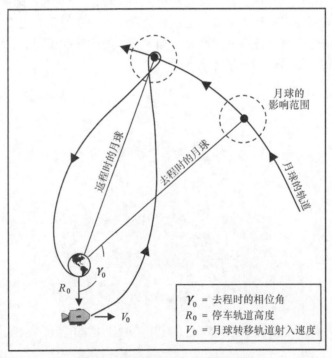

图 6-3   自由返回轨迹（不按比例）

这种自由返回的二维模拟使用了几个关键值：CSM 的起始位置（R_0）、CSM 的速率和方向（V_0）及 CSM 与月球之间的相位角（γ_0）。相位角（phase angle）又称提前角（lead angle），是指 CSM 从起始位置到最终位置所需的轨道时间位置的变化。月球转移轨道射入速度（V_0）是一种推进机动，用于将 CSM 设置在通往月球的轨道上。它是在绕地球的停车轨道上实现的，航天器在那里进行内部检查，并等待与月球的相位角达到最佳状态。这时，土星五号火箭的第三级点火然后分离，让 CSM 向月球滑行。

因为月球是在移动的，所以在进行月球转移轨道射入之前，必须预测它的未来位置，或者说提前于它，就像用猎枪射击双向飞碟一样。这就需要知道月球转移轨道射入时的相位角（γ_0）。不过，提前于月球和用猎枪射击有些不同，因为空间是弯曲的，需要考虑到地球和月球的重力。这两个物体对航天器的牵引力会产生难以计算的扰动——事实上，这种计算非常困难，以至于在物理学领域赢得了自己的特殊名称：三体问题。

6.1.2 三体问题

三体问题（three-body problem）是预测 3 个相互作用的物体行为的挑战。艾萨克·牛顿的重力方程对于预测两个轨道物体的行为非常有效，如地球和月球，但如果再增加一个物体，无论是航天器、彗星或月球，事情就变得复杂了。牛顿始终无法将 3 个或更多物体的行为概括成一个简单的方程。275 年来，即使有一些国家为解决这个问题提供奖金，世界上最伟大的数学家也是徒劳无功。

问题是，三体问题不能用简单的代数表达式或积分来解决。计算多个重力场的影响需要数值迭代，如果没有高速计算机（如你的笔记本电脑），这种规模的数值迭代是不切实际的。

1961 年，喷气推进实验室的暑期实习生 Michael Minovitch 使用 IBM 7090 主机找到了第一个数值解，当时 IBM 7090 是世界上最快的计算机。他发现数学家可以用圆锥曲线拼接法来减少解决一个受限的三体问题（如我们的“地-月-CSM”问题）所需的计算量。

圆锥曲线拼接法（patched conic method）是一种解析近似方法，它假定当航天器在地球的重力影响域内时，我们在处理一个简单的双体问题；在月球的影响域内时，我们在处理另一个双体问题。这是一种粗略的计算，它提供了合理的出发和到达条件的估计，减少了初始速度和位置向量的选择数量。剩下的就是通过反复的计算机模拟来完善飞行路径。

因为研究人员已经找到并记录了阿波罗 8 号任务的圆锥曲线拼接法方案，所以我们不需要计算它。我已经对它进行了改编，适应这里的二维场景。不过，你可以稍后通过改变 R_0 和 V_0 等参数，重新运行模拟，以实验其他解决方案。

6.2 项目 9：与阿波罗 8 号一起登月！

作为 NASA 的暑期实习生，你被要求简单模拟一个阿波罗 8 号自由返回轨迹，并提供给媒体和大众。由于 NASA 的资金总是很紧张，你需要使用开源软件，快速而低成本地完成这个项目。

> ## 目标
>
> 编写一个 Python 程序，以图形方式模拟阿波罗 8 号任务的自由返回轨迹。

6.2.1　使用 turtle 模块

要模拟阿波罗 8 号的飞行，我们需要一种在屏幕上绘制和移动图像的方法。有很多第三方模块可以帮助我们做到这一点，但我们将使用预装的 turtle 模块，让事情保持简单。虽然 turtle 最初被发明的目的是帮助孩子们学习编程，但它可以很容易地适应更复杂的用途。

turtle 模块可以让我们使用 Python 命令在屏幕上移动一个小图像，称为乌龟（turtle）。图像可以是不可见的，也可以是实际的图像；可以是自定义形状，也可以是图 6-4 所示的预定义形状之一。

当乌龟移动时，我们可以选择在它后面绘制一条线来追踪它的运动（图 6-5）。

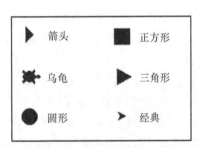

图 6-4　随 turtle 模块提供的标准乌龟形状

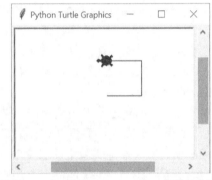

图 6-5　在 Turtle Graphics 窗口中移动乌龟

这个简单的图像是用下面的脚本制作的：

```
>>> import turtle
>>> steve = turtle.Turtle('turtle') # Creates a turtle object with turtle shape.
>>> steve.fd(50) # Moves turtle forward 50 pixels.
>>> steve.left(90) # Rotates turtle left 90 degrees.
>>> steve.fd(50)
>>> steve.left(90)
>>> steve.fd(50)
```

可以使用 Python 的功能和 turtle 来编写更简捷的代码。例如，可以使用 for 循环来创建相同的图案：

```
>>> for i in range(3):
        steve.fd(50)
        steve.left(90)
```

在这里，steve 向前移动 50 像素，然后以直角向左转。这些步骤通过 for 循环重复 3 次。其他的 turtle 方法可以改变乌龟的形状，改变它的颜色，抬起笔不绘制路径，让它在屏幕

上的当前位置"盖图章"，设置乌龟的朝向，并获取它在屏幕上的位置。图 6-6 展示了这种功能，
下面的脚本将对其进行描述。

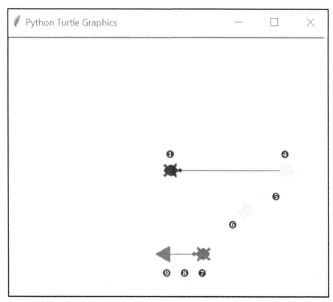

图 6-6　更多乌龟行为的例子（数字对应脚本注释）

```
    >>> import turtle
    >>> steve = turtle.Turtle('turtle')
❶  >>> a_stamp = steve.stamp()
❷  >>> steve.position()
❸  (0.00,0.00)
    >>> steve.fd(150)
❹  >>> steve.color('gray')
    >>> a_stamp = steve.stamp()
    >>> steve.left(45)
❺  >>> steve.bk(75)
    >>> a_stamp = steve.stamp()
❻  >>> steve.penup()
    >>> steve.bk(75)
    >>> steve.color('black')
❼  >>> steve.setheading(180)
    >>> a_stamp = steve.stamp()
❽  >>> steve.pendown()
    >>> steve.fd(50)
❾  >>> steve.shape('triangle')
```

导入 turtle 模块并实例化一个名为 steve 的乌龟对象后，使用 stamp()方法留下 steve
的图章❶。

然后使用 position()方法❷，以元组的形式获得乌龟当前的(x,y)坐标❸。这将在计算物
体之间的距离时派上用场。

将乌龟向前移动 150 个位置，并将其颜色改为灰色❹。然后盖一个图章，将乌龟旋转 45°，
并使用 bk()（向后）方法将它向后移动 75 个位置❺。

再盖一个图章，然后用 penup() 方法停止绘制乌龟的路径❻。将 steve 再向后移动 75 个位置，并将它变成黑色。现在使用 rotate() 的替代方法，直接设置乌龟的朝向❼。朝向就是乌龟行进的方向。注意，默认的"标准模式"方向是指东边，而不是北边（表 6-1）。

表 6-1　标准模式下乌龟模块的常用方向（度数）

度数	方向
0°	东
90°	北
180°	西
270°	南

盖上另一个图章，然后放下笔，再一次绘制乌龟身后的路径❽。将 steve 向前移动 50 个位置，然后把它的形状改成三角形❾。这就完成了绘制工作。

不要被我们目前所做的简单工作所愚弄。通过正确的命令，我们可以绘制复杂的设计，如图 6-7 中的彭罗斯镶嵌（Penrose tiling）。

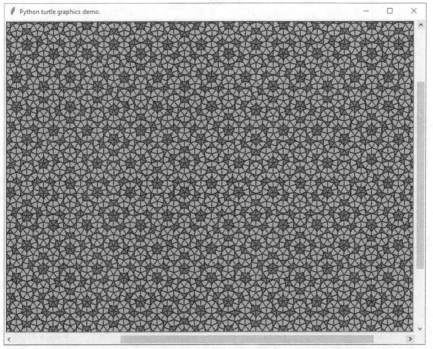

图 6-7　由 turtle 模块演示制作的彭罗斯镶嵌（penrose.py）

turtle 模块是 Python 标准库的一部分，用户可以在 Python 官方网站的"turtle—Turtle graphics"页面找到相关官方文档。如果需要一个快速教程，用户可以在网上搜索 Al Sweigart 的"Simple Turtle Tutorial for Python"。

6.2.2 策略

我们现在已经做出了策略型决定,即用 turtle 来绘制模拟图,但是模拟图看起来应该是怎样的呢?方便起见,我建议以图 6-3 为基础。我们将从 CSM 在围绕地球的相同停车轨道位置(R_0)和月球在相同的近似相位角(γ_0)开始。我们可以使用图像来表示地球和月球,并用自定义的乌龟形状来构建 CSM。

此时,另一个重要决定是使用过程式编程还是面向对象编程(Object-Oriented Programming, OOP)。当我们计划生成多个行为相似并相互交互的对象时,OOP 是一个不错的选择。可以使用一个 OOP 类作为地球、月球和 CSM 对象的蓝图,并在模拟运行时自动更新对象属性。

我们可以使用时间步长(time step)来运行模拟。基本上,每个程序循环将代表一个单位的无量纲时间。在每个循环中,我们需要计算每个对象的位置,并在屏幕上更新(重画)它。这就需要解决三体问题。幸运的是,不仅已经有人做到了这一点,而且他们已经用 turtle 做到了。

Python 模块通常包含一些示例脚本,告诉你如何使用该产品。例如,matplotlib 的 gallery 包含了制作大量图表和图的代码片段和教程。同样的,turtle 模块带有 turtle-example-suite,其中包含了 turtle 应用的演示。

其中一个演示 planet_and_moon.py,提供了一个很好的"菜谱",用于在 turtle 中处理三体问题(图 6-8)。要查看这些演示,可打开 PowerShell 或终端窗口并输入 `python -m turtledemo`。根据你的平台和安装的 Python 版本,你也许需要使用 `python3 -m turtledemo`。

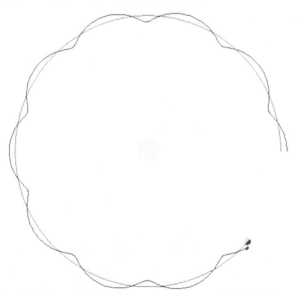

图 6-8   turtle 演示 planet_and_moon.py 的屏幕截图

这个演示解决的是"日-地-月"三体问题,但可以很容易地改编为处理"地-月-CSM"问题。同样,针对阿波罗 8 号的具体情况,我们将用图 6-3 来指导程序的开发。

6.2.3 阿波罗 8 号自由返回的代码

apollo_8_free_return.py 程序使用 turtle 图形来生成阿波罗 8 号 CSM 离开地球轨道，绕月球一圈，然后返回地球的俯视图。该程序的核心是基于 6.2.2 节讨论的 planet_and_moon.py 演示程序。

可以在本书配套文件中的 Chapter_6 文件夹（可以从本书网站下载）中找到这个程序。你还需要在那里找到地球和月球的图像（图 6-9）。确保将它们与代码放在同一个文件夹中，并且不要重命名它们。

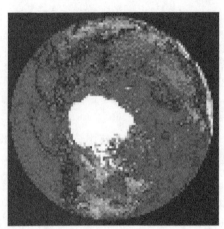

图 6-9　模拟中使用的 earth_100x100.gif 和 moon_27×27.gif 图像

1.　导入 turtle 并赋值常量

代码清单 6-1 导入了 turtle 模块，并赋值了代表关键参数的常量：重力常数、运行主循环的次数，以及 R_0 和 V_0 的 x 和 y 值（图 6-3）。将这些值列在程序顶部附近，便于以后查找和更改。

代码清单 6-1　导入 turtle 并赋值常量

apollo_8_free_return.py, part 1

```
from turtle import Shape, Screen, Turtle, Vec2D as Vec

# User input:
G = 8
NUM_LOOPS = 4100
Ro_X = 0
Ro_Y = -85
Vo_X = 485
Vo_Y = 0
```

我们需要从 turtle 导入 4 个辅助类。我们将使用 Shape 类来制作一个自定义乌龟，它看起来像 CSM。Screen 子类用于制作屏幕（在 turtle 中被称为画板）。Turtle 子类用于创建乌龟对象。Vec2D 用于导入一个二维向量类。它将帮助我们把速度定义为大小和方向的向量。

接下来，赋值一些用户以后可能要调整的变量。从重力常数（在牛顿的重力方程中使用开始），以确保单位正确。将它赋值为 8，即乌龟演示中使用的值。把它看成一个缩放过的（scaled）重力常数。我们不能使用真正的常数，因为模拟没有使用现实世界的单位。

我们将在一个循环中运行模拟，每一次迭代将代表一个时间步长。每走一步，程序就会重新计算 CSM 的位置，因为它在地球和月球的重力场中移动。值 4100 是通过试错得到的，它使得航天器返回地球后停止模拟。

在 1968 年，往返月球大约需要 6 天。由于每循环一次，时间单位递增 0.001，而且运行 4100 次循环，这意味着模拟中的一个时间步长代表了现实世界中大约两分钟的时间。时间步长越大，模拟速度越快，但结果越不准确，因为小误差会随着时间的推移而累积。在实际的飞行路径模拟中，我们可以优化时间步长，先运行一个小步长，以达到最大的精度，然后利用该结果找到产生类似结果的最大时间步长。

接下来的两个变量 Ro_X 和 Ro_Y 代表了 CSM 在月球转移轨道射入时的(x, y)坐标（见图 6-3）。同样，Vo_X 和 Vo_Y 代表月球转移轨道射入速度的 x 和 y 方向分量，由土星五号火箭第三级实现。这些数值最初是最好的猜测，经过反复模拟后得到了优化。

2. 创建重力系统

因为地球、月球和 CSM 形成了一个持续互动的重力系统，我们需要一种方便的方法来表示它们和它们各自的力。为此，我们需要两个类，一个用来创建重力系统，另一个用来创建其中的物体。代码清单 6-2 定义了 GravSys 类，它可以帮助我们创建一个迷你太阳系。这个类将使用一个列表来跟踪所有运动中的物体，并通过一系列的时间步长来循环遍历它们。它基于 turtle 库中的 planet_and_moon.py 演示程序。

代码清单 6-2　定义 GravSys 类来管理重力系统中的物体

apollo_8_free_return.py, part 2

```
class GravSys():
    """Runs a gravity simulation on n-bodies."""

    def __init__(self):
        self.bodies = []
        self.t = 0
        self.dt = 0.001

  ❶ def sim_loop(self):
        """Loop bodies in a list through time steps."""
        for _ in range(NUM_LOOPS):
            self.t += self.dt
            for body in self.bodies:
                body.step()
```

GravSys 类定义了模拟将运行多长时间，时间步长（循环）之间将经过多少时间，以及将涉及哪些物体。它还调用了代码清单 6-3 中定义的 Body 类的 step() 方法。这个方法将更新每个体（body）的位置，这是重力加速的结果。

定义初始化方法，按照惯例，向它传入 self 作为参数。self 参数代表了稍后将在 main() 函数中创建的 GravSys 对象。

创建一个名为 bodies 的空列表，用来存放地球、月球和 CSM 对象。然后赋值一些属性，表示模拟开始的时间，以及每次循环增加的时间量，即时间增量（delta time）dt。设置起始时间为 0，设置 dt 时间步长为 0.001。如前文所述，这个时间步长将对应于现实世界中约两分钟，这将产生流畅、准确、快速的模拟。

最后一个方法控制了模拟中的时间步长❶。它使用一个 for 循环，范围设置为 NUM_LOOPS 变量。它使用一个下划线（_）而不是 i 来表示使用一个无关紧要的变量（详见代码清单 5-3）。

在每个循环中，将重力系统的时间变量递增 dt。然后，循环遍历物体列表并调用 body.step()方法（稍后将在 Body 类中定义该方法），将时间推移应用到每个物体上。由于重力的作用，这个方法会更新天体的位置和速度。

3. 创建天体

代码清单 6-3 定义了 Body 类，用于构建地球、月球和 CSM 的 Body 对象。虽然没有人会把行星误认为小型航天器，但从重力的角度来看，它们并没有太大的区别，可以用同一个模子把它们都复制出来。

代码清单 6-3　定义 Body 类来创建地球、月球和 CSM 的对象

apollo_8_free_return.py, part 3

```
class Body(Turtle):
    """Celestial object that orbits and projects gravity field."""
    def __init__(self, mass, start_loc, vel, gravsys, shape):
        super().__init__(shape=shape)
        self.gravsys = gravsys
        self.penup()
        self.mass = mass
        self.setpos(start_loc)
        self.vel = vel
        gravsys.bodies.append(self)
        #self.resizemode("user")
        #self.pendown() # Uncomment to draw path behind object.
```

定义一个新类，用 Turtle 类作为它的祖先。这意味着 Body 类将方便地继承 Turtle 类的所有方法和属性。

接下来，为 Body 对象定义一个初始化方法。我们将使用这个方法在模拟中创建新的 Body 对象，这个过程在 OOP 中称为实例化。初始化方法的参数是该对象自己、质量属性、起始位置、起始速度、重力系统对象和形状。

super()函数让我们可以调用超类的方法来获得从祖先类继承的方法。这允许 Body 对象使用预建的 Turtle 类的属性。向它传入 shape 属性，这将允许我们在 main()函数中构建 Body 时，将自定义的形状或图像传给它们。

接下来，为 gravsys 对象分配一个实例属性。这将允许重力系统和物体互动。注意，最好通过__init__()方法来初始化属性，就像我们在本例中做的那样，因为它是对象创建后调用的第一个方法。这样一来，这些属性就会立即被类中的任何其他方法所使用，而且其他开发者可以在一个地方看到所有属性的列表。

下面的 Turtle 类的 penup()方法将移除绘图笔，这样对象在移动时就不会在后面留下路径。这让我们可以选择在有和没有可见轨道路径的情况下运行模拟。

为物体初始化一个 mass 属性。我们需要用它来计算重力。接下来，使用 Turtle 类的 setpos()方法指定物体的起始位置。每个物体的起始位置将是一个(x,y)元组。原点(0, 0)将在屏幕的中心。x 坐标向右增加，y 坐标向上增加。

为速度指定一个初始化属性。这将保持每个对象的起始速度。对 CSM 来说，当飞船在地球和月球的重力场中移动时，这个值将在整个模拟过程中改变。

当每个物体被实例化时，使用点符号将它附加到重力系统中的物体列表中。我们将在 main()函数中利用 GravSys()类创建 gravsys 对象。

最后两行注释掉了，允许用户改变模拟窗口的大小，并选择在每个对象后面绘制一条路径。开始时用全屏显示，并保持笔在抬起的位置，让模拟快速运行。

4. 计算因重力而产生的加速度

阿波罗 8 号模拟将在月球转移轨道射入后立即开始。此时，土星五号（Saturn V）的第三级已经点火且分离，CSM 开始向月球航行。所有速度或方向的变化将完全是重力变化的结果。

代码清单 6-4 中的方法循环遍历物体列表中的物体，计算每个物体的重力加速度，并返回一个向量，代表该物体在 x 和 y 方向上的加速度。

代码清单 6-4 计算因重力产生的加速度

apollo_8_free_return.py, part 4

```
def acc(self):
    """Calculate combined force on body and return vector components."""
    a = Vec(0, 0)
    for body in self.gravsys.bodies:
        if body != self:
            r = body.pos() - self.pos()
            a += (G * body.mass / abs(r)**3) * r
    return a
```

还是在 Body 类中，定义加速度方法，名为 acc()，并向它传入 self。在该方法中，命名一个局部变量 a，同样用于加速度，并使用 Vec2D 辅助类将它赋给一个向量元组。一个 2D 向量是一对实数(a,b)，在本例中分别代表 x 分量和 y 分量。Vec2D 辅助类实现的规则允许用向量进行简单的数学运算，如下所示：

- ❑ $(a, b) + (c, d) = (a + c, b + d)$；
- ❑ $(a, b) - (c, d) = (a-c, b-d)$；
- ❑ $(a, b) \times (c, d) = ac + bd$。

接下来，开始循环遍历 bodies 列表中的数据项，其中包含地球、月球和 CSM。我们将使用每个物体的重力来确定要调用 acc()方法的物体的加速度。一个物体对自己进行加速是没有意义的，因此如果该物体和 self 一样，就把它排除掉。

要计算空间中某一点的重力加速度（存储在变量 g 中），我们将使用下面的公式：

$$g = \frac{GM}{r^2}\hat{r}$$

式中，M 是吸引物体的质量；r 是物体间的距离（半径）；G 是前面定义的重力常数；$\hat{r}$ 是吸引

物体质量中心到被加速体质量中心的单位向量。单位向量（unit vector）又称为方向向量（direction vector）或归一化向量（normalized vector），可描述为 *r*/|*r*|，或者：

$$\frac{吸引物体的位置 - 被吸引物体的位置}{|吸引物体的位置 - 被吸引物体的位置|}$$

　　单位向量允许我们记录加速度的方向，它将是正的或负的。要计算单位向量，必须通过使用 turtle 的 pos() 方法来计算物体之间的距离，以 Vec2D 向量的形式获得每个物体的当前位置。如前所述，这是一个（*x*,*y*）坐标的元组。

　　我们将把这个元组输入加速方程中。每次循环经过一个新的物体时，我们将根据被检查物体的重力改变变量 a。例如，地球的重力可能会减慢 CSM 的速度，而月球的重力可能会向相反的方向拉动，使它加速。变量 a 将在循环结束时记录净效应。返回 a，完成这个方法。

5. 逐步模拟

　　代码清单 6-5 仍在 Body 类中，定义了一个解决三体问题的方法。它在每个时间步长中更新重力系统中物体的位置、方向和速度。时间步长越短，解就越准确，尽管这是以计算效率为代价的。

代码清单 6-5　应用时间步长和旋转 CSM

apollo_8_free_return.py, part 5

```
    def step(self):
        """Calculate position, orientation, and velocity of a body."""
        dt = self.gravsys.dt
        a = self.acc()
        self.vel = self.vel + dt * a
        self.setpos(self.pos() + dt * self.vel)
 ❶      if self.gravsys.bodies.index(self) == 2: # Index 2 = CSM.
            rotate_factor = 0.0006
            self.setheading((self.heading() - rotate_factor * self.xcor()))
 ❷          if self.xcor() < -20:
                self.shape('arrow')
                self.shapesize(0.5)
                self.setheading(105)
```

　　定义一个 step() 方法来计算一个物体的位置、方向和速度。将 self 作为它的参数。

　　在方法定义中，为 gravsys 的同名对象 dt 设置一个局部变量 dt。这个变量与任何实时系统没有任何联系，它只是一个浮点数，我们将用它来增加每个时间步长的速度。dt 变量越大，模拟运行的速度就越快。

　　现在调用 self.acc() 方法，计算当前物体由于其他物体的综合重力场而产生的加速度。这个方法返回一个(*x*, *y*)坐标的向量元组。将它乘以 dt，然后将结果添加到 self.vel() 中（这也是一个向量），以更新当前时间步长的物体的速度。回顾一下，在幕后，Vec2D 类负责向量运算。

　　为了更新物体在乌龟图形窗口中的位置，将物体的速度乘以时间步长，并将结果添加到物体的位置属性中。现在每个物体都会根据其他物体的重力而移动。我们刚刚解决了三体问题！

　　接下来，添加一些代码来完善 CSM 的行为。因为推力来自 CSM 的后部，所以在实际任务中，飞船的后部是朝向目标的。这样一来，发动机就可以点火，并使飞船的速度减慢到足以进入月球轨道或地球大气层。在自由返回的轨迹下，这样调整飞船的朝向并不是必须的，但既然阿波罗 8 号计划使发动机点火并进入月球轨道（并且已经这样做了），我们就应该在整个旅程中为飞船正确调整朝向。

首先从物体列表中选择 CSM❶。在 main() 函数中，我们将按大小顺序创建物体，因此 CSM 将是列表中的第三项，位于索引 2。

为了让 CSM 在空间滑行时旋转，我们给一个名为 rotate_factor 的局部变量赋值一个小数字。我是通过试错得出这个数字的。接下来，使用 CSM 乌龟对象的 selfheading 属性设置它的朝向。不要传给它(x,y)坐标，而是调用 self.heading() 方法，该方法以度数为单位返回对象的当前朝向，并从中减去 rotate_factor 变量乘以物体的当前 x 位置，这通过调用 self.xcor() 方法获得。这将使 CSM 在接近月球时加速旋转，以保持其尾部朝向前进的方向。

我们需要在航天器进入地球大气层之前弹出服务舱。要在一个类似于真实阿波罗任务的位置上进行，使用另一个条件语句来检查航天器的 x 坐标❷。该模拟预期地球在屏幕中心附近，坐标为 (0,0)。在 turtle 中，当我们向左移动时，x 坐标会减少，而当我们向右移动时，x 坐标会增加。如果 CSM 的 x 坐标小于-20 像素，你可以认为它正在回家，是时候和服务舱分离了。

我们将通过改变代表 CSM 的乌龟的形状来模拟这一事件。由于 turtle 包含一个标准的形状（称为 arrow），它看起来与指挥舱相似，现在我们需要做的就是调用 self.shape() 方法，并将形状的名称传递给它。然后调用 self.shapesize() 方法，并将箭头的大小减半，使它与 CSM 自定义形状的指挥舱相匹配，我们将在后面制作该形状。当 CSM 通过-20 的 x 位置时，服务舱会神奇地消失，让指挥舱完成回家的旅程。

最后，我们需要让指挥舱的底部，连同其耐热屏蔽，朝向地球。这通过将箭头形状的方向设置为 105° 来实现。

6. 定义 main()、设置屏幕和实例化重力系统

我们使用 OOP 来建立重力系统和其中的物体。为了运行模拟，我们将回到过程式编程并使用 main() 函数。这个函数设置了 turtle 图形屏幕，实例化了重力系统和 3 个物体的对象，为 CSM 建立了一个自定义形状，并调用重力系统的 sim_loop() 方法来走过这些时间步长。

代码清单 6-6 定义了 main() 并设置了屏幕。它还创建了一个重力系统对象来管理迷你太阳系。

代码清单 6-6　在 main() 中设置屏幕并创建一个 gravsys 对象

apollo_8_free_ return.py, part 6

```python
def main():
    screen = Screen()
    screen.setup(width=1.0, height=1.0) # For fullscreen.
    screen.bgcolor('black')
    screen.title("Apollo 8 Free Return Simulation")

    gravsys = GravSys()
```

定义 main()，然后基于 TurtleScreen 子类实例化一个 screen 对象（一个绘图窗口）。然后调用 screen 对象的 setup()方法，将屏幕的大小设置为全屏。这通过设置 width 和 height 参数为 1.0 来实现。

如果不想让绘图窗口占据整个屏幕，可以通过 setup()传递下面代码片段中所示的像素参数。

```
screen.setup(width=800, height=900, startx=100, starty=0)
```

注意，负的 startx 值表示右对齐，负的 starty 值表示底部对齐，默认设置会创建一个居中的窗口。你可以随意试验这些参数，以获得最适合你的显示器的效果。

将屏幕背景色设置为黑色并给它一个标题，完成屏幕的设置。接下来，使用 GravSys 类实例化一个重力系统对象 gravsys。这个对象可以让我们访问 GravSys 类中的属性和参数。稍后将每个物体实例化时，会将这个对象传递给它们。

7. 创造地球和月球

代码清单 6-7 仍然在 main()函数中，使用前面定义的 Body 类为地球和月球创建乌龟对象。地球将在屏幕中心保持静止，而月球将围绕地球旋转。

创建这些对象时，我们会设置它们的起始坐标。地球的起始位置在屏幕中心附近，偏下一点，让月球和 CSM 在窗口顶部附近有互动的空间。

月球和 CSM 的起始位置应该反映在图 6-3 中，CSM 位于地球中心的垂直下方。这样一来，我们只需要在 x 方向上施加推力，而不是计算一个向量分量速度，包括 x 方向上的运动和 y 方向上的运动。

代码清单 6-7   为地球和月球实例化乌龟对象

apollo_8_free_return.py, part 7

```
        image_earth = 'earth_100x100.gif'
        screen.register_shape(image_earth)
        earth = Body(1000000, (0, -25), Vec(0, -2.5), gravsys, image_earth)
        earth.pencolor('white')
        earth.getscreen().tracer(n=0, delay=0)

❶ image_moon = 'moon_27x27.gif'
        screen.register_shape(image_moon)
        moon = Body(32000, (344, 42), Vec(-27, 147), gravsys, image_moon)
        moon.pencolor('gray')
```

首先将本项目文件夹包含的地球图片赋给一个变量。注意，图片应该是 GIF 文件，并且不能旋转，以显示乌龟的朝向。为使 turtle 能识别新的形状，使用 screen.register_shape() 方法将它添加到 TurtleScreen 的 shapelist 中。向它传入引用地球图像的变量。

现在是时候为地球实例化乌龟对象了。我们调用 Body 类，向它传入的参数包括质量、起始位置、起始速度、重力系统和乌龟形状（在本例中是图像）。下面我们更详细地介绍一下每一个参数。

我们在这里没有使用真实世界的单位，因此质量是一个任意的数字。我们从 turtle 演示程序 planet_and_moon.py 中用于太阳的值开始，我们的程序基于这个程序。

起始位置是一个(x,y)元组，将地球置于屏幕中心附近。但是，它偏向下 25 像素，因为大部分的动作将发生在屏幕的上半区域。这样安排位置将在该区域提供更多的空间。

起始速度是一个简单的(x,y)元组，作为 Vec2D 辅助类的参数。正如前面所讨论的，这让后面的方法使用向量运算来改变速度属性。注意，地球的速度不是(0,0)，而是(0,-2.5)。在现实中和模拟中，月球的质量足以影响地球，因此两者之间的重心不在地球中心，而是在较偏的地方。这将导致地球乌龟在模拟过程中摇摇晃晃，移动位置，让人心烦意乱。因为在模拟过程中，月球会在屏幕的上部，所以每次将地球向下移动一小段，就可以抑制晃动。

最后两个参数是我们在前面列表中实例化的 gravsys 对象和地球的图像变量。传递 gravsys 意味着地球乌龟将被添加到物体列表中，并包含在 sim_loop()类方法中。

注意，如果不想在实例化一个对象时使用很多参数，可以在创建一个对象后改变它的属性。例如，当定义 Body 类时，可以设置 self.mass = 0，而不是使用一个质量参数。然后，在实例化地球体之后，可以使用 earth.mass = 1000000 来重新设置质量值。

因为地球会有一点晃动，它的轨道路径会在地球顶部形成一个紧密的圆圈。要想把它隐藏在极地帽中，可以使用 turtle 的 pencolor()方法，并将线条颜色设置为白色。

完成地球乌龟，用代码延迟模拟的开始，从而防止各个乌龟在屏幕上闪烁，因为程序首先绘制并调整它们的大小。getscreen()方法返回乌龟正在绘制的 TurtleScreen 对象。然后可以针对该对象调用 TurtleScreen 方法。在同一行中，调用 tracer()方法，打开或关闭乌龟动画，并设置绘图更新的延时。参数 n 决定了屏幕更新的次数。值为 0 意味着每次循环时屏幕都会更新；较大的值则会逐渐抑制更新。这可以用来加速复杂图形的绘制，但代价是影响图像质量。第二个参数设置屏幕更新之间的延时，单位为毫秒。增加延时会减慢动画的速度。

我们以类似于地球的方式来构建月球乌龟。首先赋值一个新的变量来保存月球的图像❶。月球的质量只有地球质量的百分之几，因此要给月球使用一个小得多的值。我一开始使用的质量是 16000 左右，然后调整该值，直到 CSM 的飞行路径产生一个视觉上令人愉悦的绕月环。

月球的起始位置由图 6-3 所示的相位角控制。与这个图一样，我们在这里创建的模拟也是不按比例的。虽然地球和月球的图像会有正确的相对尺寸，但因为两者之间的距离比实际距离要小，所以相位角需要做相应的调整。我已经减少了模型中的距离，因为太空很大，真的很大。如果你想按比例显示模拟，并将它全部放入计算机显示器，那么必然会得到一个小得可笑的地球和月球（图 6-10）。

图 6-10　地月系统最接近时（或近地点），按比例显示

为了保持两个天体的可识别性，我们将使用更大的、适当缩放的图像，但减少它们之间的距离（图 6-11）。这种方式对观众来说更容易接受，而且仍然能让我们复制自由返回的轨迹。

图 6-11　模拟中的地月系统，只有天体尺寸的比例正确

由于在模拟中地球和月球距离较近，根据开普勒的行星运动第二定律，月球的轨道速度将比现实生活中快。为了弥补这一点，月球的起始位置被设计成减小相位角，比图 6-3 所示的相位角更小。

最后，我们希望在月球后面绘制一条线来追踪它的轨道。使用 turtle 的 pencolor() 方法，将线条颜色设置为 gray。

提示　像质量、初始位置和初始速度这样的参数是全局常量的比较好的候选者。尽管如此，我还是选择将它们作为方法参数输入，以避免在程序开始时给用户带来过多的输入变量。

---

8. 为 CSM 建立一个自定义形状

现在是时候实例化一个乌龟对象来表示 CSM 了。这需要比上两个对象多做一些工作。

首先，没有办法以与地球和月球相同的比例来显示 CSM。要做到这一点，它会比 1 像素还小，这是不可能的。另外，这有什么好玩？因此，再一次，我们会在比例上做文章，把 CSM 做得足够大，让人可以辨认出这是阿波罗飞船。

其次，我们不会像对待其他两个物体那样，为 CSM 使用图像。因为图像形状在乌龟转弯时不会自动旋转，而我们想让 CSM 在它的大部分行程中以尾部朝前，所以必须定制自己的形状。

代码清单 6-8 仍然在 main() 中，通过绘制基本形状（如矩形和三角形）来构建 CSM 的表示，然后将这些基本形状组合成最终的复合形状。

代码清单 6-8　为 CSM 乌龟构建自定义形状

apollo_8_free_ return.py, part 8

```
csm = Shape('compound')
cm = ((0, 30), (0, -30), (30, 0))
csm.addcomponent(cm, 'white', 'white')
sm = ((-60, 30), (0, 30), (0, -30), (-60, -30))
csm.addcomponent(sm, 'white', 'black')
nozzle = ((-55, 0), (-90, 20), (-90, -20))
csm.addcomponent(nozzle, 'white', 'white')
screen.register_shape('csm', csm)
```

命名一个变量 csm 并调用 turtle 的 Shape 类。传入 'compound'，表示希望使用多个组件来构建形状。

第一个组件是指挥舱。命名一个变量 cm，并赋给它一个坐标对的元组，在 turtle 中称为多边形类型。这些坐标构建一个三角形，如图6-12所示。

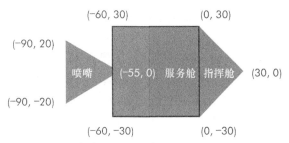

图6-12　CSM复合形状与喷嘴、服务舱和指挥舱的坐标

使用 addcomponent() 方法将这个三角形组件添加到 CSM 形状中，该方法用点符号调用。向它传入 cm 变量，填充颜色和轮廓颜色。好的填充颜色是白色、银色、灰色或红色。

对服务舱的矩形重复这个一般过程。在添加组件以划分服务舱和指挥舱时，将轮廓颜色设置为黑色（见图6-12）。

用另一个三角形作为喷嘴，也称为钟形喷管（engine bell）。添加组件，然后将新的 CSM 复合形状注册到屏幕上。向该方法传入一个形状的名称，然后是引用该形状的变量。

9. 创建 CSM，启动模拟，并调用 main()

代码清单6-9为 CSM 实例化一个乌龟，调用运行时间步长的模拟循环，从而完成 main() 函数。如果程序以独立模式运行，则调用 main() 函数。

代码清单6-9　实例化一个 CSM 乌龟，调用模拟循环和 main()

apollo_8_free_return.py, part 9

```
    ship = Body(1, (Ro_X, Ro_Y), Vec(Vo_X, Vo_Y), gravsys, 'csm')
    ship.shapesize(0.2)
    ship.color('white')
    ship.getscreen().tracer(1, 0)
    ship.setheading(90)

    gravsys.sim_loop()

if __name__ == '__main__':
    main()
```

创建一个名为 ship 的乌龟来代表 CSM。起始位置是一个(x,y)元组，将 CSM 置于屏幕上地球正下方的停车轨道。我们首先近似地计算出停车轨道的合适高度（图6-3中的R_0），然后通过反复运行模拟对其进行微调。注意，我们使用的是程序开始时赋值的常量，而不是实际值。这是为了方便以后对这些值进行试验。

速度参数(Vo_X, Vo_Y)代表土星第三级在月球转移轨道射入期间停火时 CSM 的速度。所

有的推力都在 x 方向，但地球重力会使飞行路径立即向上弯曲。与 R_0 参数一样，输入一个最佳的猜测速度，并通过模拟优化。注意，速度是一个使用 Vec2D 辅助类的元组输入，它允许后面的方法使用向量运算来改变速度。

接下来，用 shapesize() 方法设置 ship 乌龟的大小。然后将它的路径颜色设置为白色，这样它就会与 ship 的颜色相匹配。其他有吸引力的颜色包括银色、灰色和红色。

用代码清单 6-9 中描述的 getscreen() 和 tracer() 方法控制屏幕更新，然后将 ship 的朝向设置为 90°，这将使它在屏幕上指向正东。

这就完成了物体对象的制作。现在剩下的就是使用 gravsys 对象的 sim_loop() 方法启动模拟循环。回到全局空间，完成程序的代码，以导入模块或独立模式运行程序。

以该程序目前的写法，必须手动关闭 Turtle Graphics 窗口。如果希望窗口自动关闭，可以在 main() 中最后一行添加以下命令：

```
screen.bye()
```

6.2.4　运行模拟

当你第一次运行模拟时，笔是提起来的，不会绘制任何一个物体的轨道（图 6-13）。当 CSM 接近月球和地球时，CSM 将平稳地旋转和调整方向。

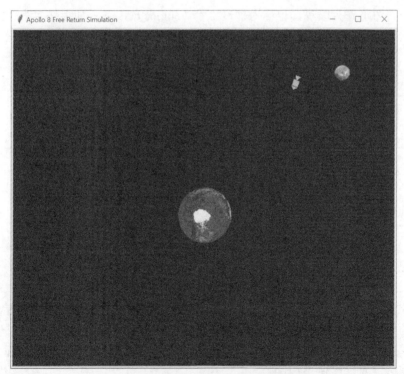

图 6-13　笔提起运行模拟，CSM 接近月球

如果要追踪 CSM 的旅程，可在 **Body** 类的定义中注释掉这一行。

```
self.pendown() # uncomment to draw path behind object
```

现在你应该看到自由返回轨迹的 8 字形（图 6-14）。

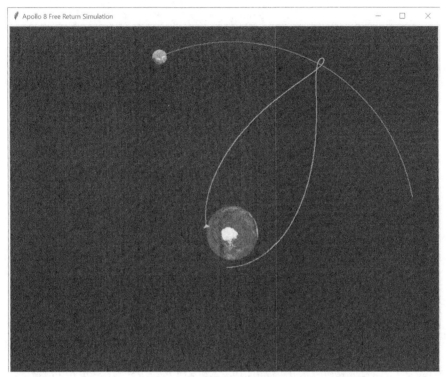

图 6-14　笔落下运行模拟，CSM 在太平洋中溅落

　　我们还可以模拟重力推进（gravity propulsion）（也就是所谓的弹弓机动（slingshot maneuver）），将 Vo_X 速度变量设置为 520～540，并重新运行模拟。这将导致 CSM 从月球后方通过，并从月球获得部分动量，提高飞船的速度，使其飞行路径发生偏移（图 6-15）。再见，阿波罗 8 号！

　　这个项目告诉我们，太空旅行是一场秒和厘米的游戏。如果你继续试验 Vo_X 变量的值，会发现即使是微小的变化也会导致任务失败。如果你没有撞上月球，也可能会太陡峭地重新进入地球大气层，或者完全错过地球！

　　模拟的好处是，如果失败了，可以活着再试一次。NASA 为其所有建议的任务进行了无数次模拟。其结果有助于 NASA 在相互竞争的飞行计划之间做出选择，找到最有效的路线，决定出错时该怎么办等。

　　模拟对于外太阳系的探索尤为重要，因为距离太远，无法进行实时通信。关键事件的时间安排，如启动推进器、拍照或投放探测器，都是根据细致的模拟预先设定的。

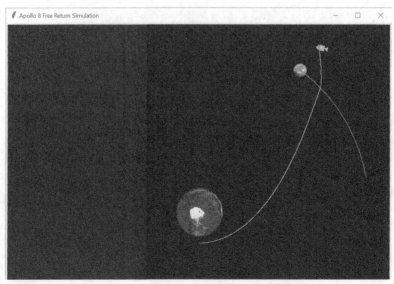

图 6-15　Vo_X=520 时实现的重力弹弓机动

6.3　小结

在本章中，我们学习了如何使用 turtle 绘图程序，包括如何制作自定义的乌龟形状。我们还学习了如何使用 Python 来模拟重力，并解决著名的三体问题。

6.4　延伸阅读

Jeffrey Kluger 所著的 *Apollo 8: The Thrilling Story of the First Mission to the Moon*（Henry Holt and Co.，2017）介绍了历史性的阿波罗 8 号任务，从它不太可能的开始到"难以想象的胜利"。

在网上搜索"PBS Nova How Apollo 8 Left Earth Orbit"，应该会返回一个关于阿波罗 8 号月球转移轨道射入机动的视频短片，标志着人类首次离开地球轨道，前往另一个天体。

NASA Voyager 1 & 2 Owner's Workshop Manual（Haynes，2015），由 Christopher Riley、Richard Corfield 和 Philip Dolling 撰写，提供了关于三体问题和 Michael Minovitch 对太空旅行的诸多贡献的有趣背景。

维基百科的"Gravity assist"页面包含了许多有趣的各种重力辅助机动和历史性行星飞越的动画，有条件的读者可以用阿波罗 8 号模拟重现。

由 Alan Stern 和 David Grinspoon 撰写的 *Chasing New Horizons: Inside the Epic First Mission to Pluto*（Picador，2018），记录了模拟在 NASA 任务中的重要性和普遍性。

6.5　实践项目：模拟搜索模式

在第 1 章中，我们使用贝叶斯法则帮助海岸警卫队搜寻一名在海上失踪的船员。现在，使用 turtle 设计一个直升机搜索模式来寻找失踪的船员。假设监视者可以看到 20 像素，并使长轨迹之间的间距为 40 像素（图 6-16）。

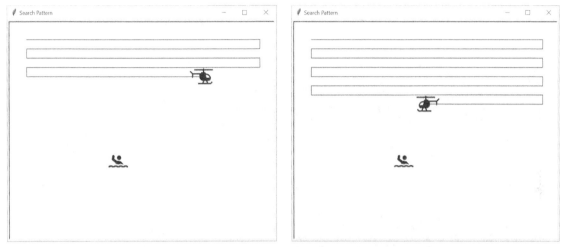

图 6-16　practice_search_pattern.py 的两个屏幕截图

为了好玩，可以添加一只直升机乌龟，每次通过时要正确定位。另外，还可以添加一个随机定位的船员乌龟，找到船员后停止模拟，并将喜讯发布到屏幕上（图 6-17）。

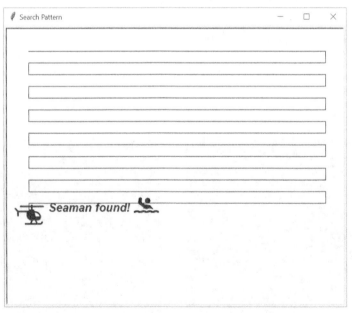

图 6-17　在 practice_search_pattern.py 中发现船员

可以在附录中找到一个解决方案，practice_search_pattern.py。我已经将数字版本及直升机和船员的图片包含在 Chapter_6 文件夹中，用户可以从本书网站下载。

6.6　实践项目：让 CSM 启动

　　重写 apollo_8_free_return.py，让一个移动的月球接近一个静止的 CSM，使 CSM 开始移动，然后把它像秋千一样摇起来并离开。为了好玩，调整 CSM 乌龟的方向，使它始终指向行进的方向，就像它自己在推动一样（图 6-18）。

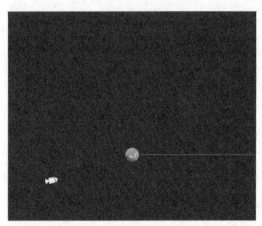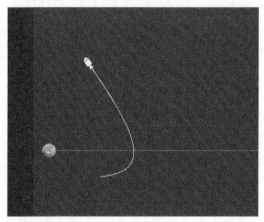

图 6-18　月球接近静止的 CSM（左），然后将它抛向星辰大海（右）

　　解决方法见附录中的 practice_grav_assist_stationary.py，或从本书网站下载。

6.7　实践项目：让 CSM 停下来

　　重写 apollo_8_free_return.py，使 CSM 和月球有交叉轨道，CSM 在月球之前通过，月球的重力使 CSM 的前进速度变慢，同时改变其方向约 90°。与前面的实践项目一样，让 CSM 指向行进方向（图 6-19）。

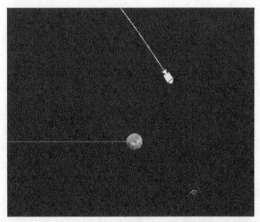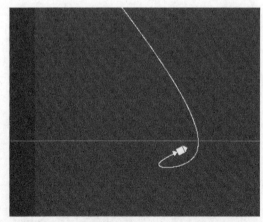

图 6-19　月球和 CSM 轨道交叉，月球让 CSM 减速并转弯

解决方法见附录中的 practice_grav_assist_intersecting.py，或从本书网站下载。

6.8　挑战项目：真实比例模拟

重写 apollo_8_free_return.py，使地球、月球及它们之间的距离都有准确的比例，如图 6-10 所示。使用彩色圆圈而不是图像来表示地球和月球，并使 CSM 不可见（在它后面绘制一条线即可）。利用表 6-2 来帮助确定要使用的相对尺寸和距离。

表 6-2　地月系统的长度参数

项目	长度
地球半径	6371 km
月球半径	1737 km
地月距离	356700 km*

*1968 年 12 月阿波罗 8 号任务时的最近距离。

6.9　挑战项目：真正的阿波罗 8 号

重写 apollo_8_free_return.py，使它模拟整个阿波罗 8 号任务，而不仅仅是自由返回部分。CSM 应该在返回地球之前绕月球 10 次。

## 第 7 章

选择火星着陆点

让航天器在火星上着陆是一件异常困难和充满危险的事情。没有人愿意损失一个价值数十亿美元的探测器，因此工程师必须强调操作安全。他们可能会花费数年时间搜索卫星图像，寻找最安全的着陆点，以满足任务目标，而且他们有很多地方要查看。火星的旱地（dry land）面积几乎和地球一样多！

分析这么大的区域，需要计算机的帮助。在本章中，我们将利用 Python 和喷气推进实验室引以为豪的火星轨道器激光测高仪（Mars Orbiter Laser Altimeter，MOLA）地图，为火星着陆器选择候选着陆点并排列名次。为了从 MOLA 地图中加载和提取有用的信息，我们将使用 Python Imaging Library、OpenCV、tkinter 和 NumPy。

7.1 如何登陆火星

探测器登陆火星的方法有很多，包括使用降落伞、气球、制动火箭和喷气背包。无论采用哪种方式，大多数登陆都遵循同样的基本安全规则。

第一条规则是瞄准低洼地区。探测器进入火星大气层的速度可以达到 27000km/h。要让它慢下来软着陆，需要一个很厚的大气层。然而，火星大气层很薄，只有地球大气层密度的 1%。要想找到足够的大气层来发挥作用，需要瞄准最低的高程，那里的空气更稠密，飞行通过它的时间要尽可能长。

除非有一个特殊的探测器，如为极地帽设计的探测器，否则我们要在赤道附近降落。在这里，你会发现有充足的阳光为探测器的太阳能电池板提供能量，温度也足够高，可以保护探测器的精密机械。

要避开布满巨石的地方，因为这些巨石可能会破坏探测器，阻止它的面板打开，阻挡它的机械臂，或者让它倾斜而不是正对太阳。出于类似的原因，要远离有陡峭斜坡的区域，以及那些有陨石坑的地方。从安全的角度来看，着陆地方平坦一点比较好，枯燥即漂亮。

在火星上着陆的另一个挑战在于，我们无法做到非常精确。火星距地球最近时也有 5000 万千米，探测器很难擦着大气层，准确地降落在你打算的地方。行星际导航的不精确性，以及火星大气层特性的差异，使得击中一个小目标非常不确定。

因此，美国国家航空航天局对每个着陆坐标进行了大量的计算机模拟运行。每一次模拟运行都会产生一个坐标，成千上万次运行所产生的点的散布形成了一个长轴平行于探测器飞行路径的椭圆形状。这些着陆椭圆（landing ellipse）可能相当大（图 7-1），不过随着每一次新的飞行任务的执行，精确度都会提高。

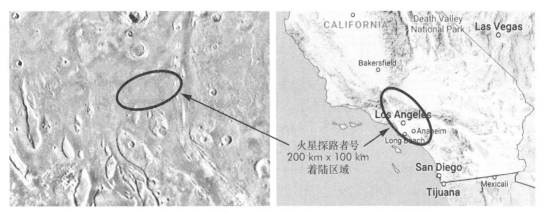

图 7-1   1997 年火星探路者号着陆点（左）与南加利福尼亚州（右）的比例对比

2018 年洞察号（InSight）着陆器的着陆椭圆只有 130km×27km。探测器在该椭圆内某处着陆的概率约为 99%。

7.2   MOLA 地图

为了确定合适的着陆点，我们需要一个火星地图。在 1997 年至 2001 年期间，火星全球勘测器（Mars Global Surveyor，MGS）航天器上的一个工具用激光照射火星，并对其反射进行了 6 亿次计时。由 Maria Zuber 和 David Smith 领导的研究人员根据这些观察结果，绘制了一个详细的火星全球地形图，即 MOLA（图 7-2）。

图 7-2   MOLA 火星晕渲地形图

读者可在网上搜索到彩色版 MOLA。这个地图中的蓝色对应的是数十亿年前火星上可能存在海洋的地方。它们的分布是基于高程高度和诊断性地表特征的组合，如古海岸线。

MOLA 的激光测量的垂直位置精度为 3～13m，水平位置精度约为 100m，像素分辨率为每像素 463m。MOLA 地图本身缺乏安全选择最终着陆椭圆所需的细节，但对于要求你做的考察工作，它是完美的。

7.3 项目 10：选择火星登陆点

假设你是 NASA 的暑期实习生，为 Orpheus 项目工作，这个任务旨在监听火星地震并研究火星内部，就像 2018 年火星洞察号的任务一样。因为 Orpheus 的目的是研究火星内部，表面的有趣特征并不那么重要。安全是首要考虑的问题，因此这项任务让工程师的梦想成真。

你的工作是找到至少十几个区域，让 NASA 的工作人员从中选择较小的候选着陆椭圆。你的主管说，这些区域应该是长 670km（E-W）、宽 335km（N-S）的矩形。为了解决安全问题，这些区域应横跨北纬 30°和南纬 30°之间的赤道，位于低高程地区，并尽可能平滑和平坦。

目标

编写一个 Python 程序，使用 MOLA 地图的图像来选择火星赤道附近 20 个最安全的 670km×335km 的区域，从中选择 Orpheus 登陆器的着陆椭圆。

7.3.1 策略

首先，我们需要一种方法将 MOLA 数字地图划分为矩形区域，并提取高程和表面粗糙度的统计数据。这意味着我们将处理像素，因此需要图像处理工具。我们可以使用免费的开源库，如 OpenCV、Python Imaging Library（PIL）、tkinter 和 NumPy。关于 OpenCV 和 NumPy，参见 1.2.2 节；关于 PIL，参见 3.3.1 节。tkinter 模块预装在 Python 中。

为了尊重高程约束，我们可以简单地计算每个区域的平均高程。对于测量一个曲面在给定尺度下的平整程度，我们有很多选择，其中一些相当复杂。除了基于高程数据的平整度，还可以寻找立体图像中的差异阴影，雷达、激光和微波反射中的散射量，红外图像中的热变化，等等。许多粗糙度的估计都涉及沿横断面的烦琐分析。横断面是在星球表面绘制的线条，我们沿着这些线条可以测量和仔细检查高度的变化。由于你不是真正的暑期实习生，没有 3 个月的时间，因此要保持简单，就使用两种常用测量：标准差和峰-谷，应用于每个矩形区域。

标准差（standard deviation，StD），也被物理学家称为均方根（root-mean-square），是一组数字的分布测量。低标准差表示一组数字中的数值接近平均值；高标准差表示它们分布在更大的范围内。一个地图区域的高程标准差较低，说明该区域地势平坦，与平均高程值差异不大。

从技术上讲，样本群的标准差是与均值的差的平方，再取平均后的平方根，用下面的公式表示：

$$\sigma = \sqrt{\frac{1}{N}\sum_{i=1}^{N}(h_i - h_0)^2}$$

式中，σ 是标准差；N 是样本数；h_i 是当前高度样本；h_0 是所有高度的平均值。

峰-谷（peak-to-valley，PV）统计是指地表上最高点和最低点之间的高度差。它捕捉了表面的最大高程变化。这一点很重要，因为如图 7-3 中的横断面所示，一个表面可能具有相对较低的标准差（表明其平整性），但含有重大危险。

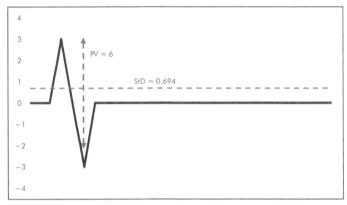

图 7-3　表面轮廓（黑线）及其标准差（StD）和峰-谷（PV）值统计

我们可以用标准差和峰-谷统计作为比较指标。对于每个矩形区域，我们要寻找每个统计数字的最低值。由于每个统计数字记录的东西略有不同，我们将根据每个统计数字找到最好的 20 个矩形区域，然后只选择重叠的矩形，以找到整体上最好的矩形。

7.3.2　地点选择器代码

site_selector.py 程序使用 MOLA 地图的灰度图像（图 7-4）来选择着陆点矩形，并使用彩色晕渲地形图（图 7-2）来发布它们。由于在灰度图像中，高程由单通道表示，因此比三通道（RGB）彩色图像更容易使用。

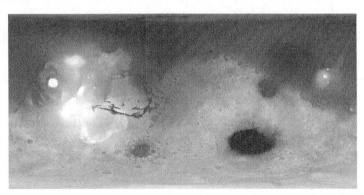

图 7-4　火星 MGS MOLA 数字高程模型 463m v2（mola_1024×501.png）

用户可以在 Chapter_7 文件夹中找到该程序、灰度图像（mola_1024 × 501.png）和彩色图像（mola_color_1024 × 506.png），也可从本书网站下载。将这些文件一起放在同一个文件夹中，不要重命名。

提示   MOLA 地图有多种文件尺寸和分辨率。我们在这里使用最小的尺寸，以加快下载和运行时间。

---

1. 导入模块和赋值用户输入常量

代码清单 7-1 导入模块，并赋值一些常量，代表用户输入的参数。这些参数包括图像文件名、矩形区域的尺寸、最大高程限制和考虑的候选矩形数量。

代码清单 7-1   导入模块和赋值用户输入常量

site_selector.py, part 1

```
import tkinter as tk
from PIL import Image, ImageTk
import numpy as np
import cv2 as cv

# CONSTANTS: User Input:
IMG_GRAY = cv.imread('mola_1024x501.png', cv.IMREAD_GRAYSCALE)
IMG_COLOR = cv.imread('mola_color_1024x506.png')
RECT_WIDTH_KM = 670
RECT_HT_KM = 335
MAX_ELEV_LIMIT = 55
NUM_CANDIDATES = 20
MARS_CIRCUM = 21344
```

首先导入 tkinter 模块，这是 Python 用于开发桌面应用程序的默认 GUI 库。我们将使用它来制作最终的显示：一个窗口，上面是彩色 MOLA 地图，下面是矩形的文本描述。大多数使用 Windows、macOS 和 Linux 操作系统的计算机已经安装了 tkinter。如果你没有安装或者需要最新的版本，可以从 ActiveState 官方网站下载并安装它。该模块的在线文档可以在 Python 官方网站的 "Graphical User Interfaces with Tk" 页面找到。

接下来，从 Python Imaging Library 中导入 Image 和 ImageTK 模块。Image 模块提供了一个表示 PIL 图像的类。它还提供了一些工厂函数，包括从文件加载图像和创建新图像的函数。ImageTK 模块支持从 PIL 图像中创建和修改 tkinter 的 **BitmapImage** 和 **PhotoImage** 对象。同样，我们将在程序结束时，利用这些对象在汇总窗口中放置彩色地图和一些描述性文本。最后，导入 NumPy 和 OpenCV。

现在，赋值一些代表用户输入的常量，这些常量在程序运行时不会改变。首先，使用 OpenCV 的 **imread()** 方法加载灰度 MOLA 图像。注意，必须使用 **cv.IMREAD_GRAYSCALE** 标志，因为该方法默认加载的是彩色图像。不带该标志重复代码，加载彩色图像。然后为矩形尺寸添加一些常量。在接下来的代码清单中，我们会将这些尺寸转换为像素，以便在地图图像中使用。

接下来，为了确保矩形的目标是低高程的平整区域，我们应该将搜索限制在较少坑洞的平坦地形上。这些区域被认为代表了古老的海洋底部。因此，我们需要将最大的平均高程限制设置为灰度值 55，这被认为是靠近古代海岸线遗迹的区域（图 7-5）。

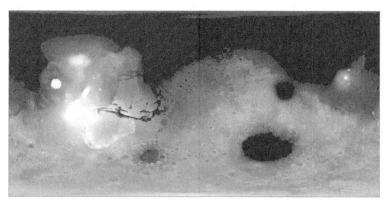

图 7-5　MOLA 地图，像素值≤55，用黑色表示古火星海洋

现在，指定要显示的矩形数量，由 NUM_CANDIDATES 变量表示。稍后，我们将从一个排序的矩形统计列表中选择这些矩形。赋值一个常量来保存火星的周长，单位是千米，完成用户输入的常量。我们稍后将用它来确定每千米的像素数。

2. 赋值派生常量并创建屏幕对象

代码清单 7-2 赋值了从其他常量派生出来的常量。如果用户改变了之前的常量，这些值就会自动更新，例如，为了测试不同的矩形尺寸或高程限制而改变常量。代码清单 7-2 最后为最终的显示创建了 tkinter 的 screen 和 canvas 对象。

代码清单 7-2　赋值派生常量并设置 tkinter 屏幕

site_selector.py, part 2

```
    # CONSTANTS: Derived:
    IMG_HT, IMG_WIDTH = IMG_GRAY.shape
    PIXELS_PER_KM = IMG_WIDTH / MARS_CIRCUM
    RECT_WIDTH = int(PIXELS_PER_KM * RECT_WIDTH_KM)
    RECT_HT = int(PIXELS_PER_KM * RECT_HT_KM)
❶ LAT_30_N = int(IMG_HT / 3)
    LAT_30_S = LAT_30_N * 2
    STEP_X = int(RECT_WIDTH / 2)
    STEP_Y = int(RECT_HT / 2)

❷ screen = tk.Tk()
    canvas = tk.Canvas(screen, width=IMG_WIDTH, height=IMG_HT + 130)
```

首先使用 shape 属性得到图像的高度和宽度。OpenCV 将图像存储为 NumPy 的 ndarrays，它是同一类型元素的 *n* 维数组（或表）。对于一个图像数组，shape 是行数、列数和通道数的元组。高度代表图像中像素的行数，宽度代表图像中像素的列数。通道代表用于表示每像素的分量数（如红、绿、蓝）。对于只有一个通道的灰度图像，shape 就是区域的高度和宽度的元组。

要将矩形尺寸从千米转换为像素，我们需要知道每千米有多少像素。因此，用图像宽度除以圆周，得到赤道处每千米的像素。然后将宽度和高度转换为像素。因为稍后将使用这些常量来推导索引切片的值，所以使用 int() 确保它们是整数。现在这些常量的值应该分别是 32 和 16。

我们要将搜索范围限制在最温暖和阳光充足的地区，这些地区横跨北纬 30° 和南纬 30° 之间的赤道（图 7-6）。从气候标准来看，这个区域相当于地球上的热带地区。

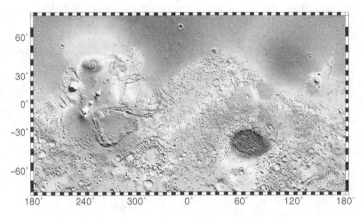

图 7-6   火星上的纬度（y 轴）和经度（x 轴）

纬度值始于赤道的 0°，终于两极的 90°。要找到北纬 30°，要做的就是将图像高度除以 3❶。要找到南纬 30°，就要将找到北纬 30° 的像素数加倍。

将搜索范围限制在火星的赤道区域，有一个有益的附加作用。我们所使用的 MOLA 地图基于圆柱体投影（cylindrical projection），用于将球体表面转移到一个平面上。这将导致经线平行，严重扭曲了两极附近的特征。

幸运的是，这种变形在赤道附近被最小化了，因此不必将它计入矩形尺寸。我们可以通过检查 MOLA 地图上环形山的形状来验证这一点。只要它们是漂亮的圆形（而不是椭圆形），与投影有关的影响就可以忽略。

接下来，我们需要将地图划分为矩形区域。一个合乎逻辑的开始位置是左上角，藏在北纬 30° 线下（图 7-7）。

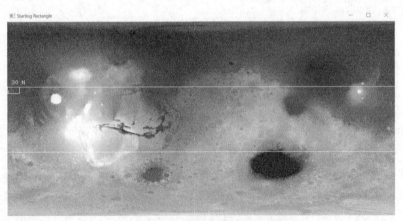

图 7-7   第一个编号矩形的位置

程序将绘制这第一个矩形，给它编号，并计算其中的高程统计。然后程序将向东移动这个矩形，并重复这个过程。每次移动矩形的距离由 STEP_X 和 STEP_Y 常量定义，并取决于所谓的混淆（aliasing）。

混淆是一个分辨率问题。如果没有采集足够的样本来识别一个区域中所有重要的表面特征，就会出现这种情况。这可能会导致我们"跳过"一个特征，如火山口，而无法识别它。例如，在图 7-8（a）中，两个大陨石坑之间有一个适当平整的着陆椭圆。然而，如图 7-8（b）所示，没有一个矩形区域与这个椭圆相对应；附近的两个矩形都部分取样于一个陨石坑边缘。因此，所绘制的矩形没有一个包含合适的着陆椭圆，即使附近存在一个。通过这种矩形的排列，图 7-8（a）中的椭圆是混淆。然而，将每个矩形移动 1/2 的宽度，如图 7-8（c）所示，平整区域就会被正确采样和识别。

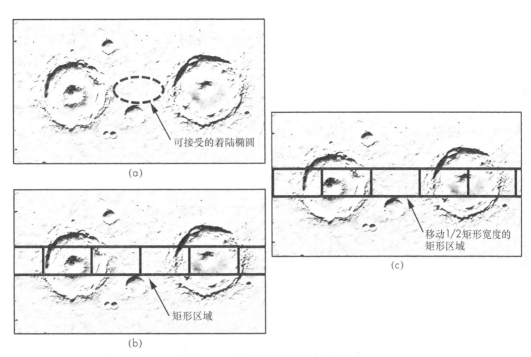

图 7-8　由矩形定位导致的混淆示例

避免混淆的经验法则是，令步长尺寸小于或等于我们要识别的最小特征宽度的一半。对于这个项目，使用矩形宽度的一半，这样显示就不会有太多工作要做。

现在是时候展望一下最终的显示了。创建一个 tkinter 的 Tk() 类的 screen 实例❷。tkinter 应用程序是 Python 对 GUI 工具箱 Tk 的包装层，最初是用一种叫作 TCL 的计算机语言编写的。它需要屏幕窗口链接到一个底层的 Tcl/Tk 解释器，将 tkinter 命令翻译成 Tcl/Tk 命令。

接下来，创建一个 tkinter 的 canvas 对象。这是一个矩形的绘图区域，旨在用于图形、文本、部件和框架的复杂布局。将 screen 对象传递给它，设置它的宽度等于 MOLA 图像，设置它的高度等于 MOLA 图像的高度加 130。图像下方的额外补充部分将留给所显示矩形的统计数据的汇总文本。

比较典型的做法是把刚才所说的 tkinter 代码放在程序的最后，而不是放在开头。我选择把它放在靠近顶部的位置，让代码解释更容易理解。也可以将这段代码嵌入进行最终显示的函数。然而，这可能会给 macOS 用户带来问题。对于 macOS 10.6 或更新的版本，苹果提供的 Tcl/Tk 8.5 存在严重的缺陷，可能会导致应用程序崩溃（参见 Python 官方网站的 "IDLE and tkinter with Tcl/Tk on macOS" 页面）。

3. 定义并初始化 Search 类

代码清单 7-3 定义了一个用来搜索合适的矩形区域的类，然后定义了该类的 __init__() 初始化方法，用于实例化新对象。关于 OOP 的快速概述，参见 1.2.3 节的 "定义 Search 类"，那里也定义了一个 Search 类。

代码清单 7-3　定义 Search 类和 __init( )__ 方法

site_selector.py, part 3

```
class Search():
    """Read image and identify landing rectangles based on input criteria."""

    def __init__(self, name):
        self.name = name
 ❶      self.rect_coords = {}
        self.rect_means = {}
        self.rect_ptps = {}
        self.rect_stds = {}
 ❷      self.ptp_filtered = []
        self.std_filtered = []
        self.high_graded_rects = []
```

定义一个名为 Search 的类。然后定义用于创建新对象的 __init__()。name 参数允许我们以后在 main() 函数中创建对象时，给每一个对象一个个性化的名字。

现在可以开始赋值属性。首先将对象的名称与创建对象时提供的参数联系起来。然后为每个矩形指定 4 个空字典来保存重要的统计数据❶。这些数据包括矩形的角点坐标和它的平均高程、峰-谷和标准差统计。关键的一点是，所有这些字典都将使用连续的数字，从 1 开始。我们希望过滤统计数字以找到最低的值，因此设置两个空列表来保存它们❷。注意，我使用术语 ptp，而不是 ptv 来代表峰-谷统计。这是为了与 NumPy 内置的计算方法保持一致，它被称为峰对峰（peak-to-peak）。

在程序的最后，我们将排好序的标准差和峰-谷列表中出现的矩形，放入一个名为 high_graded_rects 的新列表中。这个列表将包含综合得分最低的矩形的编号。这些矩形将是寻找着陆椭圆的最佳位置。

4. 计算矩形统计

还是在 Search 类中，代码清单 7-4 定义了一个方法，该方法在一个矩形中计算统计量，将统计量添加到相应的字典中，然后移动到下一个矩形并重复这个过程。该方法支持高程限制，只将低洼地区的矩形放入字典。

代码清单 7-4　计算矩形统计并移动矩形

site_selector.py, part 4

```
def run_rect_stats(self):
    """Define rectangular search areas and calculate internal stats."""
    ul_x, ul_y = 0, LAT_30_N
    lr_x, lr_y = RECT_WIDTH, LAT_30_N + RECT_HT
    rect_num = 1

    while True:
     ❶ rect_img = IMG_GRAY[ul_y : lr_y, ul_x : lr_x]
        self.rect_coords[rect_num] = [ul_x, ul_y, lr_x, lr_y]
        if np.mean(rect_img) <= MAX_ELEV_LIMIT:
            self.rect_means[rect_num] = np.mean(rect_img)
            self.rect_ptps[rect_num] = np.ptp(rect_img)
            self.rect_stds[rect_num] = np.std(rect_img)
        rect_num += 1

        ul_x += STEP_X
        lr_x = ul_x + RECT_WIDTH
     ❷ if lr_x > IMG_WIDTH:
            ul_x = 0
            ul_y += STEP_Y
            lr_x = RECT_WIDTH
            lr_y += STEP_Y
     ❸ if lr_y > LAT_30_S + STEP_Y:
            break
```

　　定义 `run_rect_stats()` 方法，它接收 `self` 作为参数。然后为每个矩形的左上角和右下角赋值局部变量。使用坐标和常量的组合来初始化它们。这将沿着图像的左侧放置第一个矩形，其顶部边界为北纬 $30°$。

　　从 1 开始对矩形进行编号，从而对它们进行跟踪。这些数字将作为记录坐标和统计的字典的键。我们也用它们来标识地图上的矩形，如图 7-7 所展示的那样。

　　现在，启动一个 `while` 循环，它将自动完成移动矩形和记录它们的统计数据的过程。当循环运行到矩形超过一半延伸到南纬 $30°$ 以下时，循环就会中断。

　　如前所述，OpenCV 将图像存储为 NumPy 数组。要计算活动矩形内的统计数据，而不是整个图像，就用普通切片创建一个子数组 ❶。这个子数组被称为 `rect_img`，表示"矩形图像"。然后，将矩形编号和这些坐标添加到 `rect_coords` 字典。你要为 NASA 的工作人员保留这些坐标的记录，他们将使用你的矩形作为以后更详细的调查的起点。

　　接下来，启动一个条件语句来检查当前的矩形是否处于或低于为项目指定的最大高程限制。作为该语句的一部分，使用 NumPy 计算 `rect_img` 子数组的平均高程。

　　如果矩形通过了高程测试，则用坐标、峰-谷值和标准差统计量相应地填充 3 个字典。注意，我们可以将计算作为该过程的一部分，使用 `np.ptp` 表示峰-谷值，使用 `np.std` 表示标准差。

　　接下来，将 `rect_num` 变量前进 1，并移动矩形。按步长大小移动左上角的 *x* 坐标，然后按矩形的宽度移动右下角的 *x* 坐标。我们不希望矩形延伸过图像的右侧，因此检查 lr_x 是否比图像宽度更大❷。如果是，则将左上角 *x* 坐标设为 0，将矩形移回屏幕左侧的起始位置。然后将其 *y* 坐标向下移动，使新的矩形沿着新的一行移动。如果这一新行的底部在南纬 30° 以下，超过半个矩形高度，说明我们已经对搜索区域进行了全面采样，可以结束循环❸。

在北纬 30° 和南纬 30° 之间，图像两侧被相对较高的火山口地形所包围，不适合作为着陆点（见图 7-6）。因此，我们可以忽略最后一步，将矩形的宽度移动一半。否则，我们将需要添加代码，将一个矩形从图像的一侧绕回到另一侧，并计算每个部分的统计值。我们将在本章最后的挑战项目中仔细研究这种情况。

提示 当你在图像上绘制一些东西时，如一个矩形，你所绘制的东西会成为图像的一部分。被改变的像素将包括在你运行的所有 NumPy 分析中，因此请务必在标注图像之前，计算好所有统计数字。

---

5. 检查矩形位置

代码清单 7-5 仍然在 Search 类下，定义了一个进行质量控制的方法。它输出所有矩形的坐标，然后将它们绘制在 MOLA 地图上。这让我们验证搜索区域已经被完全评估，并且矩形的大小与期望相符。

代码清单 7-5　在 MOLA 地图上绘制所有的矩形，作为质量控制步骤

site_selector.py, part 5

```
def draw_qc_rects(self):
    """Draw overlapping search rectangles on image as a check."""
    img_copy = IMG_GRAY.copy()
    rects_sorted = sorted(self.rect_coords.items(), key=lambda x: x[0])
    print("\nRect Number and Corner Coordinates (ul_x, ul_y, lr_x, lr_y):")
    for k, v in rects_sorted:
        print("rect: {}, coords: {}".format(k, v))
        cv.rectangle(img_copy,
                     (self.rect_coords[k][0], self.rect_coords[k][1]),
                     (self.rect_coords[k][2], self.rect_coords[k][3]),
                     (255, 0, 0), 1)
    cv.imshow('QC Rects {}'.format(self.name), img_copy)
    cv.waitKey(3000)
    cv.destroyAllWindows()
```

首先定义一个方法在图像上绘制矩形。由于在 OpenCV 中，在图像上绘制的任何东西都会成为图像的一部分，因此首先要在局部空间中制作一个图像的副本。

你要向 NASA 提供每个矩形的识别编号和坐标的输出。要按数字顺序输出这些信息，可使用 lambda 函数对 rect_coords 字典中的数据项进行排序。如果你以前没有使用过 lambda 函数，可以在 5.1.3 节找到一个关于它的简短的描述。

输出列表的头，然后启动一个 for 循环，遍历新排序的字典中的键和值。键是矩形编号，值是坐标列表。输出如下：

```
Rect Number and Corner Coordinates (ul_x, ul_y, lr_x, lr_y):
rect: 1, coords: [0, 167, 32, 183]
rect: 2, coords: [16, 167, 48, 183]

--snip--

rect: 1259, coords: [976, 319, 1008, 335]
rect: 1260, coords: [992, 319, 1024, 335]
```

使用 OpenCV 的 rectangle() 方法在图像上绘制矩形。向它传入要绘制的图像、矩形坐标、颜色和线宽。使用键和列表索引（0=左上角 x，1=左上角 y，2=右下角 x，3=右下角 y）直接从 rect_coords 字典中访问坐标。

要显示图像，调用 OpenCV 的 imshow() 方法，向它传入一个窗口名称及图像变量。这些矩形应该以赤道为中心，形成带状，覆盖火星（图 7-9）。让窗口停留 3 秒，然后销毁它。

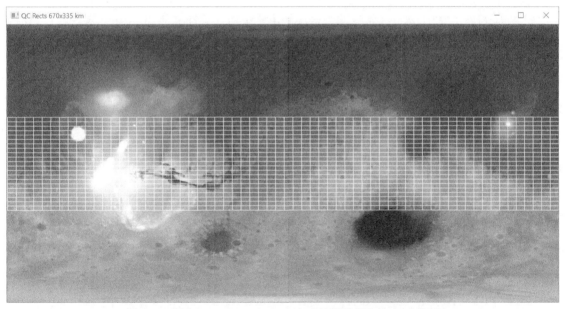

图 7-9　利用 draw_qc_rects() 方法绘制的所有 1260 个矩形

如果比较图 7-9 和图 7-7，你可能会注意到矩形看起来比预期的要小。这是因为我们使用了一半的矩形宽度和高度，将矩形向右和向下移动覆盖图像，导致它们相互重叠。

6. 统计值排序并对矩形按高度评分

继续 Search 类的定义，代码清单 7-6 定义了一个寻找具有最佳潜在着陆点的矩形的方法。该方法对包含矩形统计的字典进行排序，根据峰-谷统计和标准差统计列出最重要的矩形，然后列出这两个列表之间共有的矩形。共有的矩形将是登陆点的最佳候选者，因为它们的峰-谷值和标准差统计数据最小。

代码清单 7-6   根据统计结果对矩形进行排序并按高度评分

site_selector.py, part 6

```python
def sort_stats(self):
    """Sort dictionaries by values and create lists of top N keys."""
    ptp_sorted = (sorted(self.rect_ptps.items(), key=lambda x: x[1]))
    self.ptp_filtered = [x[0] for x in ptp_sorted[:NUM_CANDIDATES]]
    std_sorted = (sorted(self.rect_stds.items(), key=lambda x: x[1]))
    self.std_filtered = [x[0] for x in std_sorted[:NUM_CANDIDATES]]
    for rect in self.std_filtered:
        if rect in self.ptp_filtered:
            self.high_graded_rects.append(rect)
```

定义一个名为 sort_stats() 的方法。用一个 lambda 函数对 rect_ptps 字典进行排序，该函数对值而不是键进行排序。这个字典中的值是峰到谷的测量值。这应该创建一个元组列表，矩形编号在索引 0，峰-谷值在索引 1。

接下来，使用列表解析将 ptp_sorted 列表中的矩形编号填充到 self.ptp_filtered 属性中。根据 NUM_CANDIDATES 常量的规定，使用索引切片只选择前 20 个值。现在我们已经得到了 20 个峰-谷值最低的矩形。对于标准差，重复同样的基本代码，得到标准差最低的 20 个矩形的列表。

循环遍历 std_filtered 列表中的矩形编号，并将它们与 ptp_filtered 列表中的数字进行比较，从而完成该方法。将匹配的数字附加到我们之前用 __init__() 方法创建的 high_graded_rects 实例属性中。

7. 在地图上绘制过滤后的矩形

代码清单 7-7 仍然在 Search 类下，定义了一个在灰度 MOLA 地图上绘制 20 个最佳矩形的方法。我们将在 main() 函数中调用这个方法。

代码清单 7-7   在 MOLA 地图上绘制过滤后的矩形和纬度线

site_selector.py, part 7

```python
    def draw_filtered_rects(self, image, filtered_rect_list):
        """Draw rectangles in list on image and return image."""
        img_copy = image.copy()
        for k in filtered_rect_list:
            cv.rectangle(img_copy,
                         (self.rect_coords[k][0], self.rect_coords[k][1]),
                         (self.rect_coords[k][2], self.rect_coords[k][3]),
                         (255, 0, 0), 1)
            cv.putText(img_copy, str(k),
                       (self.rect_coords[k][0] + 1, self.rect_coords[k][3]- 1),
                       cv.FONT_HERSHEY_PLAIN, 0.65, (255, 0, 0), 1)

 ❶ cv.putText(img_copy, '30 N', (10, LAT_30_N - 7),
               cv.FONT_HERSHEY_PLAIN, 1, 255)
        cv.line(img_copy, (0, LAT_30_N), (IMG_WIDTH, LAT_30_N),
```

```
            (255, 0, 0), 1)
cv.line(img_copy, (0, LAT_30_S), (IMG_WIDTH, LAT_30_S),
            (255, 0, 0), 1)
cv.putText(img_copy, '30 S', (10, LAT_30_S + 16),
            cv.FONT_HERSHEY_PLAIN, 1, 255)

return img_copy
```

首先定义该方法，在本例中，它需要多个参数。除了 self，该方法还需要加载的图像和矩形编号的列表。使用一个局部变量复制该图像，然后开始循环遍历 filtered_rect_list 中的矩形编号。每循环一次，通过利用矩形编号访问 rect_coords 字典中的角坐标来绘制一个矩形。

为使我们能够区分一个矩形和另一个矩形，使用 OpenCV 的 putText() 方法在每个矩形的左下角输出矩形编号。它需要图像、文本（作为一个字符串）、左上角 x 和右下角 x 的坐标、字体、线宽和颜色。

接下来，绘制标注的纬度限制，从北纬 30°的文本开始❶。然后使用 OpenCV 的 line() 方法绘制线条。它的参数是一个图像、一对(x,y)坐标（用于线的开始和结束）、一个颜色和一个线宽。对于南纬 30°，重复这些基本指令。

返回标注的图像，结束该方法。基于峰-谷统计和标准差统计的最佳矩形，分别在图 7-10 和图 7-11 中显示。

这两个图展示了每个统计量的前 20 个矩形。这并不意味着它们总是一致的。标准差最低的矩形可能不会出现在峰-谷图中，原因是存在一个小坑。要找到最平坦、最平滑的矩形，我们需要找出这两个图中出现的矩形，并将它们单独显示出来。

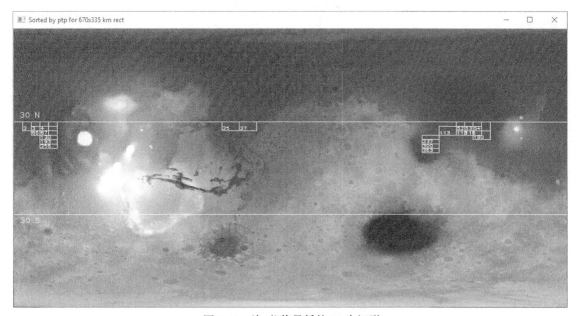

图 7-10　峰-谷值最低的 20 个矩形

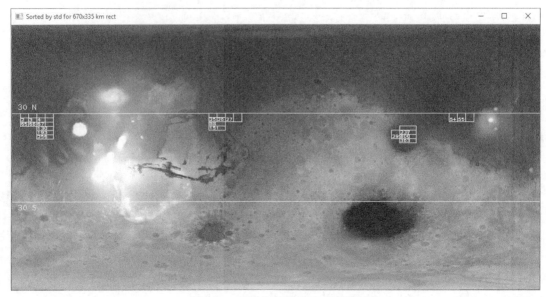

图7-11　标准差最低的20个矩形

8. 制作最终的彩色显示

代码清单7-8定义了一个方法来汇总最佳矩形，完成了 Search 类。它使用 tkinter 来制作一个汇总窗口，包含在彩色 MOLA 图像上绘制的矩形。它还将矩形的统计信息作为文本对象输出在图像下方。这增加了一点工作量，但比起用 OpenCV 直接在图像上发布汇总统计信息，这个解决方案更简捷。

代码清单7-8　使用彩色 MOLA 地图制作最终的显示

site_selector.py, part 8

```
    def make_final_display(self):
        """Use Tk to show map of final rects & printout of their statistics."""
        screen.title('Sites by MOLA Gray STD & PTP {} Rect'.format(self.name))

        img_color_rects = self.draw_filtered_rects(IMG_COLOR,
                                                    self.high_graded_rects)

❶      img_converted = cv.cvtColor(img_color_rects, cv.COLOR_BGR2RGB)
        img_converted = ImageTk.PhotoImage(Image.fromarray(img_converted))
        canvas.create_image(0, 0, image=img_converted, anchor=tk.NW)

❷      txt_x = 5
        txt_y = IMG_HT + 20
        for k in self.high_graded_rects:
            canvas.create_text(txt_x, txt_y, anchor='w', font=None,
                               text="rect={} mean elev={:.1f} std={:.2f} ptp={}"
                               .format(k, self.rect_means[k], self.rect_stds[k],
                                       self.rect_ptps[k]))
            txt_y += 15
❸          if txt_y >= int(canvas.cget('height')) - 10:
                txt_x += 300
                txt_y = IMG_HT + 20
        canvas.pack()
        screen.mainloop()
```

定义完该方法后，给 tkinter 的 `screen` 窗口取一个标题，链接到你的搜索对象的名称。

然后，为了制作最终的彩色图像以供显示，命名一个局部变量 `img_color_rects`，并调用 `draw_filtered_rects()` 方法。将彩色 MOLA 图像和高分矩形列表传递给它。这将返回带有最终矩形和纬度限制的彩色图像。

在 tkinter 画布中绘制这个新的彩色图像之前，我们需要将颜色从 OpenCV 的蓝-绿-红（BGR）格式转换为 tkinter 使用的红-绿-蓝（RGB）格式。这可以通过 OpenCV 的 `cvtColor()` 方法来完成。将图像变量和 `COLOR_BGR2RGB` 标志传递给该方法❶。将结果命名为 `img_converted`。

此时，图像仍然是一个 NumPy 数组，要转换为 tkinter 兼容的照片图像，我们需要使用 PIL ImageTk 模块的 `PhotoImage` 类和 Image 模块的 `fromarray()` 方法。将上一步创建的 RGB 图像变量传递给该方法。

最后 tkinter 准备好图像后，使用 `create_image()` 方法将它放置在 canvas 中。将画布左上角的坐标(0,0)、转换后的图像和西北锚方向传递给该方法。

现在剩下的就是添加汇总文本了。首先为第一个文本对象的左下角赋值一些坐标❷。然后开始循环遍历高分矩形列表中的矩形编号。使用 `create_text()` 方法将文本放置在 canvas 中。向它传递一对坐标、一个左对齐的锚方向、默认字体和一个文本字符串。通过使用矩形编号访问不同的字典数据项，获得统计数据，指定 k 为"键"。

在绘制完每个文本对象后，将文本框的 y 坐标递增 15 像素。然后写一个条件语句来检查文本离 canvas 底部是大于 10 像素，还是在 10 像素以内❸。可以使用 `cget()` 方法获得画布的高度。

如果文本离画布底部太近，就需要开始一个新的列。将 `txt_x` 变量移动 300 像素，并将 `txt_y` 重置为图像高度加 20 像素。

打包 `canvas`，然后调用屏幕对象的 `mainloop()`，从而完成方法定义。打包可以优化对象在画布中的位置。`mainloop()` 是一个无限循环，它运行 tkinter，等待事件发生，并处理该事件，直到窗口关闭。

提示　彩色图像的高度（506 像素）比灰度图像的高度（501 像素）稍大。我选择忽略这一点，但是如果你是一个追求精确性的人，可以使用 OpenCV 来缩小彩色图像的高度（使用 `IMG_COLOR = cv.resize (IMG_COLOR, (1024, 501), interpolation = cv.INTER_AREA)`）。

---

9. 用 main( )运行程序

代码清单 7-9 定义了一个运行程序的 `main()` 函数。

代码清单 7-9　定义并调用 main( )函数，用于运行该程序

site_selector.py, part 9

```
def main():
    app = Search('670x335 km')
    app.run_rect_stats()
    app.draw_qc_rects()
    app.sort_stats()
    ptp_img = app.draw_filtered_rects(IMG_GRAY, app.ptp_filtered)
    std_img = app.draw_filtered_rects(IMG_GRAY, app.std_filtered)
```

```
❶ cv.imshow('Sorted by ptp for {} rect'.format(app.name), ptp_img)
  cv.waitKey(3000)
  cv.imshow('Sorted by std for {} rect'.format(app.name), std_img)
  cv.waitKey(3000)

  app.make_final_display() # Includes call to mainloop().

❷ if __name__ == '__main__':
      main()
```

首先从 Search 类实例化一个 app 对象。将它命名为 670x335 km，以记录正在调查的矩形区域的大小。接下来，依次调用 Search 方法。对矩形进行统计，并绘制质量控制矩形。将统计结果从小到大排序，然后绘制具有最佳峰-谷统计和标准差统计的矩形。显示结果❶，并进行最后的汇总显示，完成函数。

回到全局空间，添加代码，让程序作为导入模块运行或以独立模式运行❷。

图 7-12 展示了最终的显示。它包括高分矩形和基于标准差排序的汇总统计。

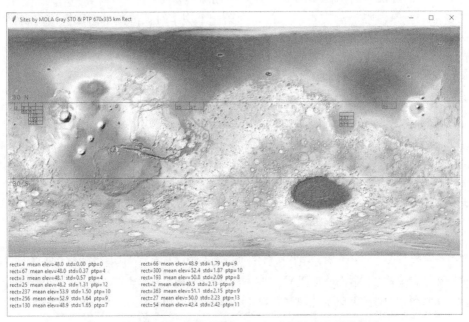

图 7-12 最后显示高分矩形和基于标准差排序的汇总统计

7.3.3 结果

在完成最后的显示后，我们应该做的第一件事是进行正常性检查。确保矩形在允许的纬度和高程限制内，并且它们看起来是在平滑的地形上。同样，分别在图 7-10 和图 7-11 中显示的基于峰-谷统计和标准差统计的矩形应该与约束条件相匹配，并且大多选择相同的矩形。

如前所述，图 7-10 和图 7-11 中的矩形并不完全重合。这是因为我们使用了两个不同的指标来衡量平整度。然而，有一点是可以肯定的：重叠的矩形将是所有矩形中最平整的。

虽然所有的矩形位置在最终的显示中看起来都很合理，但地图最西侧的矩形集中度特别鼓舞人。这是搜索区域中最平整的地形（图 7-13），程序显然认识到了这一点。

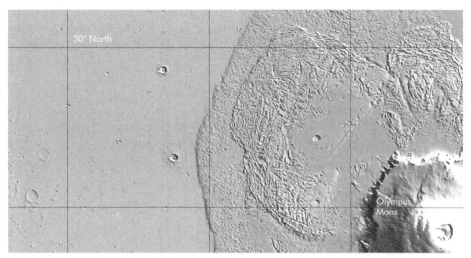

图 7-13　奥林匹斯山熔岩场以西非常平整的地势

　　这个项目的重点是安全问题，但科学目标推动了大多数任务的选址。在本章末尾的实践项目中，你将有机会把另外一个制约因素（地质学）纳入选址方程。

7.4　小结

　　在本章中，我们使用 Python、OpenCV、Python Imaging Library、NumPy 和 tkinter 来加载、分析和显示图像。由于 OpenCV 将图像视为 NumPy 数组，我们可以很容易地从图像的部分中提取信息，并利用 Python 的许多科学库来评估它。

　　我们使用的数据集下载速度很快，运行速度也很快。虽然一个真正的实习生会使用更大、更严格的数据集，如一个由数百万个实际高程测量数据组成的数据集，但你可以用很少的工作量看到这个过程如何工作，并取得合理的结果。

7.5　延伸阅读

　　喷气推进实验室有几个关于登陆火星的短小有趣的视频。在线搜索"Mars in a Minute: How Do You Choose a Landing Site?"、"Mars in a Minute: How Do You Get to Mars?"和"Mars in a Minute: How Do You Land on Mars?"就可以找到这些视频。

　　Oliver Morton 所著的 *Mapping Mars: Science, Imagination, and the Birth of a World*（Picador, 2002）讲述了当代探索火星的故事，包括 MOLA 地图的产生。

　　The Atlas of Mars: Mapping Its Geography and Geology（Cambridge University Press, 2019），由 Kenneth Coles、Kenneth Tanaka 和 Philip Christensen 撰写，是一本壮观的火星全方位参考图集，包括地形、地质、矿物学、热特性、近地表水冰等地图。

项目 10 中使用的 MOLA 地图的数据页面可以通过搜索"Mars MGS MOLA DEM 463m v2"找到。

详细的火星数据集可在圣路易斯的华盛顿大学 PDS 地球科学节点制作的火星轨道数据浏览网站上查阅。

7.6　实践项目：确认绘画成为图像的一部分

编写一个 Python 程序，验证添加到图像中的绘画，如文本、线条、矩形等，会成为该图像的一部分。使用 NumPy 计算 MOLA 灰度图像中一个矩形区域的平均值、标准差和峰-谷统计，但不要绘制矩形轮廓。然后在该区域周围绘制一条白线，重新运行统计。两次运行的结果是否一致？

用户可以在附录或 Chapter_7 文件夹中找到一个解决方案，即 practice_confirm_drawing_part_of_image.py，也可以从本书网站下载。

7.7　实践项目：提取高程剖面图

高程剖面图是地形的二维横断面图。它提供了沿着地图上不同位置之间的线绘制的地形地势的侧视图。地质学家可以利用剖面图来研究地表的平整程度，并直观地了解其地形。在这个实践项目中，请绘制一个从西向东的剖面图，该剖面图穿过太阳系中最大的火山奥林匹斯山的火山口（图 7-14）。

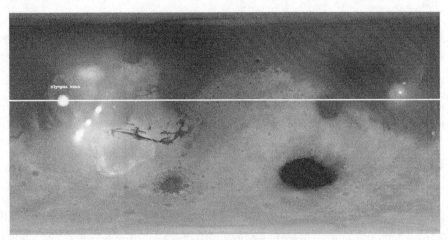

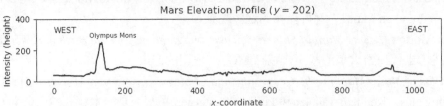

图 7-14　纵向夸大的西-东剖面图，穿过奥林匹斯山

使用图 7-14 所示的 Mars MGS MOLA - MEX HRSC Blended DEM Global 200m v2 地图。这个版本地图的横向分辨率比我们在项目 10 中使用的版本更好。它还使用了 MOLA 数据中的全部高程范围。用户可以在 Chapter_7 文件夹中找到一个副本，即 mola_1024 × 512_200mp.jpg，也可以从本书网站上下载。用户在同一文件夹和附录中可以找到一个解决方案，即 practice_profile_olympus.py。

7.8　实践项目：3D 绘图

火星是一颗不对称的行星，南半球以古老的火山口高地为主，而北半球则以光滑、平坦的低地为特征。为了使这一点更加明显，可使用 matplotlib 中的三维绘图功能，显示我们在 7.7 节的实践项目中使用的 mola_1024 × 512_200mp.jpg 图片（图 7-15）。

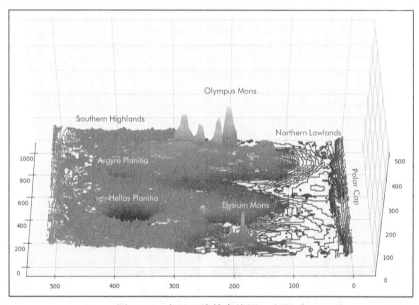

图 7-15　火星三维等高线图，向西看

使用 matplotlib，我们可以用点、线、等高线、线框和曲面制作三维地势图。这些图虽然有点粗糙，但可以快速生成。我们还可以使用鼠标交互式地抓取图形并改变视角。它们对于那些难以从二维地图中想象出地形的人特别有用。

在图 7-15 中，夸大的垂直比例尺使得从南到北的高程差异很明显。我们也很容易发现最高的山（奥林匹斯山，Olympus Mons）和最深的火山口（赫拉斯盆地，Hellas Planitia）。

用户可以用附录或 Chapter_7 文件夹中的 practice_3d_plotting.py 程序，重现图 7-15 中的图形（没有标注）。用户可从本书网站上下载该文件夹。地图图像可以在同一文件夹中找到。

7.9　实践项目：混合地图

建立一个新项目，给选址过程增加一点科学性。将 MOLA 地图与彩色地质图结合起来，在塔尔西斯山群（Tharsis Montes）的火山沉积物中找到最平滑的矩形区域（见图 7-16 中的箭头）。

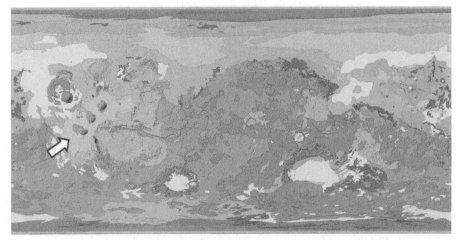

图 7-16　火星地质图，箭头指向塔尔西斯山群的火山沉积物

　　因为塔尔西斯山群地区位于高程较高的地区，所以要重点寻找火山沉积物中最平坦、最平整的部分，而不是以最低高程为目标。为了隔离火山沉积物，可以考虑对灰度地图进行阈值化处理。阈值化（thresholding）是一种分割技术，可以将图像分割成前景和背景。

　　通过阈值化，可以将灰度图像转换为二进制图像，其中高于或介于指定阈值之间的像素被设置为 1，而所有其他像素被设置为 0。可以使用这种二进制图像来过滤 MOLA 地图，如图 7-17 所示。

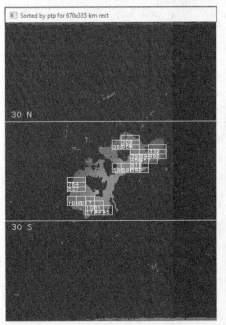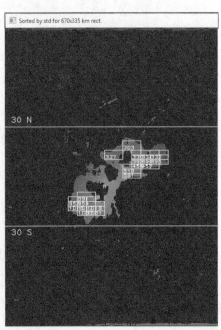

图 7-17　塔尔西斯山群地区过滤后的 MOLA 地图，包括 ptp（左）和 std（右）矩形

用户可以在本书网站的 Chapter_7 文件夹中找到地质图，即 Mars_Global_Geology_Mariner9_1024.jpg，可从本书网站下载该文件夹。火山沉积物的颜色会是淡粉色的。对于高程图，可用来自 7.7 节的"提取高程剖面图"实践项目的 mola_1024×512_200mp.jpg。

用户可以在同一个文件夹和附录中找到一个解决方案，包含在 practice_geo_map_step_1of2.py 和 practice_geo_map_step_2of2.py 中。用户可以先运行 practice_geo_map_step_1of2.py 程序，生成步骤 2 的过滤器。

7.10　挑战项目：三人成列

编辑"提取高程剖面图"项目，使剖面图穿过塔尔西斯山群上的 3 座火山，如图 7-18 所示。

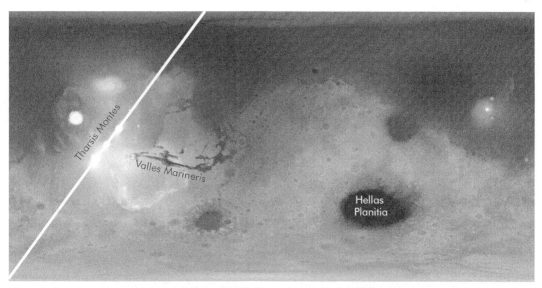

图 7-18　塔尔西斯山群上 3 座火山的对角线剖面图

其他有趣的特征是水手谷（Valles Marineris），这个峡谷的长度是大峡谷的 9 倍，深度是大峡谷的 4 倍，还有赫拉斯盆地（Hellas Planitia），其被认为是太阳系第三或第四大撞击坑（图 7-18）。

7.11　挑战项目：绕回矩形

编辑 site_selector.py 代码，使它能够适应那些没有将 MOLA 图片宽度平均划分的矩形尺寸。一种方法是添加代码，将矩形分割成两块（一块沿着地图的右边缘，另一块沿着左边缘），计算每块的统计数据，然后将它们重新组合成一个完整的矩形。另一种方法是复制图像并将其"缝合"（stitch）到原始图像上，如图 7-19 所示。这样一来，就不必拆分矩形，只需决定何时停止在地图上向右移动矩形。

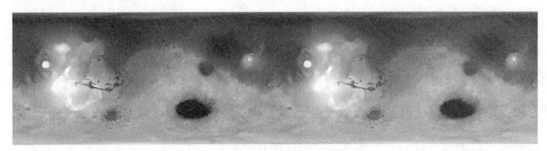

图 7-19　灰度 MOLA 图像的复制和重复

当然，为了提高效率，你不必重复整个地图。只需要沿着东边的边缘有一条足够宽的地带，以容纳最后重叠的矩形。

第8章 探测遥远的系外行星

太阳系外行星，简称系外行星，是指围绕外星太阳运行的行星。截至 2019 年底，人类已经发现了 4000 多颗系外行星。人类自 1992 年首次确认发现系外行星以来，平均每年发现 150 颗行星！如今，寻找一颗遥远的行星似乎就像感冒一样容易，然而，人类几乎用了所有的历史——直到 1930 年，才发现了构成我们自己太阳系的 8 颗行星（包括冥王星）。

天文学家通过观察引力引起的恒星运动的晃动来发现第一颗系外行星。现在，他们主要依靠系外行星经过恒星和地球之间时导致的恒星的轻微暗淡现象来发现系外行星。借助詹姆斯·韦伯太空望远镜等强大的下一代设备，他们将直接对系外行星进行成像，并了解其自转、季节、天气、植被等情况。

在本章中，我们将使用 OpenCV 和 matplotlib 来模拟一颗系外行星在其太阳前经过的过程。我们将记录行星的光度曲线，然后用它来探测行星并估计其直径。然后，我们将模拟一颗系外行星在詹姆斯·韦伯太空望远镜中的样子。在"实践项目"部分，我们将研究不寻常的光度曲线，这些曲线可能代表着巨大的外星巨型结构，这些结构旨在利用恒星的能量。

8.1 凌星测光法

在天文学中，当一个相对较小的天体直接从一个较大天体的圆盘和观测者之间穿过时，凌星（transit）现象就发生了。当小天体在大天体的表面移动时，大天体会稍微变暗。最著名的凌星是水星和金星的凌日（图 8-1）。

图 8-1 2012 年 6 月，云层和金星（图中黑点）在太阳前经过

利用现在的技术，天文学家可以探测到遥远的恒星在凌星事件中光线的微弱变化。这种技术称为**凌星测光法**，会输出恒星亮度随时间的变化图（图 8-2）。

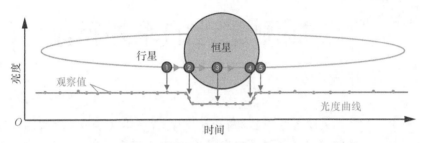

图 8-2　探测系外行星的凌星测光技术

在图 8-2 中，光度曲线图上的点代表恒星所发出的光的测量值。当行星不在恒星上方时❶，测量的亮度是最大的。（我们将忽略系外行星在其相位变化时反射的光线，因为这将会稍微增加恒星的表观亮度。）当行星的前缘移动到圆盘上时❷，发射的光会逐渐变暗，形成一条光度曲线。当整个行星在圆盘上可见时❸，光度曲线变平，直到行星开始离开圆盘的另一端为止。这就形成了另一个斜坡❹，光度曲线上升到行星完全离开圆盘为止❺。这时，由于恒星不再被遮挡，因此光度曲线变平，恢复最大值。

因为在凌星过程中被遮挡的光量与行星圆盘的大小成正比，所以可以用下面的公式来计算行星的半径。

$$R_p = R_s \sqrt{深度}$$

式中，R_p 是行星的半径；R_s 是恒星的半径。天文学家通过恒星的距离、亮度和颜色来确定恒星的半径，这与它的温度有关。深度（depth）指的是凌星期间的总亮度变化（图 8-3）。

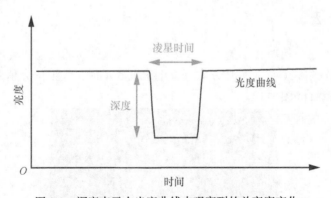

图 8-3　深度表示在光度曲线中观察到的总亮度变化

当然，这些计算是假设整个系外行星（而不仅仅是其中的一部分）在恒星的表面上移动。如果系外行星掠过恒星的顶部或底部（从我们的角度看），就可能出现部分掠过的情况。我们将在 8.2.3 节中研究这种情况。

8.2 项目 11：模拟系外行星的凌星过程

在飞往爱达荷州拍摄 2017 年美国大日食之前，我做了不少功课。全食事件（即月亮完全遮挡太阳）只持续了 2 分 10 秒。这让我没有时间去体验、测试或在飞行中摸索。为了成功地拍摄到半影、本影、太阳耀斑和钻石指环效应的图像（图 8-4），我必须准确地知道要带什么设备，使用什么相机设置，以及这些事件何时会发生。

图 8-4　2017 年日食，全食结束时的钻石指环效应

类似地，计算机模拟也让我们为观察自然界做好准备。它们可以帮助我们了解会发生什么，何时会发生，以及如何校准仪器。在这个项目中，我们将对一个系外行星的凌星事件进行模拟。我们可以用不同大小的行星来运行这个模拟，以了解凌星的大小对光度曲线的影响。稍后，我们将使用这个模拟来评估与小行星场和可能的外星巨型设施有关的光度曲线。

目标

编写一个 Python 程序，模拟系外行星的凌星过程，绘制产生的光度曲线，并计算系外行星的半径。

8.2.1　策略

要生成一条光度曲线，我们需要测量亮度的变化。我们可以通过对像素进行数学运算来实现，如用 OpenCV 寻找平均值、最小值和最大值。

我们不需要使用真实的凌星点和恒星的图像，而是在一个黑色的矩形上绘制圆，就像第 7章在火星地图上绘制矩形一样。要绘制光度曲线，我们可以使用 matplotlib，它是 Python 的主要绘图库。我们在 1.2.2 节中安装了 matplotlib，并从第 2 章开始用它来制作图形。

8.2.2　凌星代码

transit.py 程序使用 OpenCV 生成一个系外行星穿越恒星的视觉模拟，用 matplotlib 绘制结果的光度曲线，并使用 8.1 节的行星半径方程估算行星的大小。你可以自己输入代码，或从本书网站下载。

1. 导入模块并赋值常量

代码清单 8-1 导入模块并赋值常量，它们代表用户的输入值。

代码清单 8-1　导入模块并赋值常量

transit.py, part 1

```
import math
import numpy as np
import cv2 as cv
import matplotlib.pyplot as plt

IMG_HT = 400
IMG_WIDTH = 500
BLACK_IMG = np.zeros((IMG_HT, IMG_WIDTH, 1), dtype='uint8')
STAR_RADIUS = 165
EXO_RADIUS = 7
EXO_DX = 3
EXO_START_X = 40
EXO_START_Y = 230
NUM_FRAMES = 145
```

导入 math 模块用于计算行星半径方程，导入 NumPy 用于计算图像的亮度，导入 OpenCV用于绘制模拟图，导入 matplotlib 用于绘制光度曲线。然后开始赋值常量，它们代表用户的输入值。

首先为模拟窗口设定高度和宽度。窗口将是一个黑色的矩形图像，使用 np.zeros() 方法创建，它返回一个给定形状和类型的数组（里面填满了 0）。

回想一下，OpenCV 图像是 NumPy 数组，数组中的项目必须具有相同的类型。uint8 数据类型代表 0～255 的无符号整数。用户可以在 NumPy 官方网站的 "Data types" 页面找到一个有用的其他数据类型的列表，以及它们的描述。

接下来，为恒星和系外行星赋值半径值，单位为像素。当 OpenCV 绘制代表它们的圆时，将使用这些常量。

太阳系外行星将在恒星的表面移动，我们需要定义它的移动速度。**EXO_DX** 常量将在每次编程循环中让系外行星的 *x* 位置增加 3 像素，使系外行星从左到右移动。

赋值两个常量来设置系外行星的起始位置。然后赋值一个 **NUM_FRAMES** 常量来控制模拟更新的次数。虽然可以计算这个数字（**IMG_WIDTH/EXO_DX**），但指定它可以让我们微调模拟的持续时间。

2. 定义 main( )函数

代码清单 8-2 定义了用于运行程序的 **main()** 函数。尽管可以在任何地方定义 **main()** 函数，但是把它放在程序的开始，可以让它作为整个程序的汇总，从而为后面定义的函数提供上下文。作为 **main()** 的一部分，我们将计算系外行星的半径，将公式嵌套在调用 **print()** 函数的过程中。

代码清单 8-2　定义 main( )函数

transit.py, part 2

```python
def main():
    intensity_samples = record_transit(EXO_START_X, EXO_START_Y)
    relative_brightness = calc_rel_brightness(intensity_samples)
    print('\nestimated exoplanet radius = {:.2f}\n'
          .format(STAR_RADIUS * math.sqrt(max(relative_brightness)
                                    - min(relative_brightness))))
    plot_light_curve(relative_brightness)
```

定义 **main()** 函数后，命名一个变量 **intensity_samples**，并调用 **record_transit()** 函数。强度（intensity）指的是光量，用像素的数值来表示。**record_transit()** 函数将模拟绘制到屏幕上，测量其强度，将测量值附加到一个名为 **intensity_samples** 的列表中，并返回该列表。它需要系外行星的起始点 (*x, y*) 坐标。向它传入起点坐标 **EXO_START_X** 和 **EXO_START_Y**，这将使行星处于类似图 8-2 所示的位置。注意，如果你显著地增加了系外行星的半径，可能需要将起点向左移动得更远（负值是可以接受的）。

接下来，命名一个变量 **relative_brightness**，并调用 **calc_rel_brightness()** 函数。顾名思义，这个函数计算的是相对亮度，也就是测量的强度除以最大记录的强度。它将强度测量值的列表作为参数，将测量值转换为相对亮度，并返回新的列表。

我们将利用 8.1 节的公式，使用相对亮度值列表来计算系外行星的半径，单位是像素。我们可以将计算作为 **print()** 函数的一部分来运行。使用 **{:.2f}** 格式将答案显示到小数点后两位。

在 **main()** 函数结束时，调用函数来绘制光度曲线。向它传入相对亮度列表。

3. 记录凌星事件

代码清单 8-3 定义了一个函数，用于模拟和记录凌星事件。它在黑色矩形图像上绘制恒星和系外行星，然后移动系外行星。它还计算并显示每次移动时图像的平均强度，将强度添加到一个列表中，最后返回该列表。

代码清单 8-3 绘制模拟图，计算图像强度，并以列表形式返回

transit.py, part 3

```
def record_transit(exo_x, exo_y):
    """Draw planet transiting star and return list of intensity changes."""
    intensity_samples = []
    for _ in range(NUM_FRAMES):
        temp_img = BLACK_IMG.copy()
        cv.circle(temp_img, (int(IMG_WIDTH / 2), int(IMG_HT / 2)),
                  STAR_RADIUS, 255, -1)
❶     cv.circle(temp_img, (exo_x, exo_y), EXO_RADIUS, 0, -1)
        intensity = temp_img.mean()
        cv.putText(temp_img, 'Mean Intensity = {}'.format(intensity), (5, 390),
                   cv.FONT_HERSHEY_PLAIN, 1, 255)
        cv.imshow('Transit', temp_img)
        cv.waitKey(30)
❷     intensity_samples.append(intensity)
        exo_x += EXO_DX
    return intensity_samples
```

`record_transit()`函数使用一对(*x*, *y*)坐标作为参数。这些坐标代表系外行星的起点，或者更具体地说，代表模拟中绘制的第一个圆圈的中心像素。它不应该与恒星的圆圈重叠，恒星的圆圈将在图像中居中。

接下来，创建一个空列表来保存强度测量值。然后启动一个 for 循环，使用 NUM_FRAMES 常量来重复一定次数的模拟。模拟的时间应该比系外行星离开恒星表面所需的时间稍长。这样一来，就可以得到一条完整的光度曲线，其中包括凌星过程结束后的测量结果。

用 OpenCV 在图像上放置的绘图和文字会成为该图像的一部分。因此，需要在每次循环的时候，将原来的 BLACK_IMG 复制到一个名为 temp_img 的本地变量中，从而替换之前的图像。

现在可以用 OpenCV 的 circle( )方法来绘制恒星。向它传入临时图像、与图像中心相对应的圆心的(*x,y*)坐标、STAR_RADIUS 常量、白色填充色和线条宽度。使用负数作为宽度，可以给圆圈填充颜色。

接下来绘制系外行星。将 exo_x 和 exo_y 坐标作为它的起点，EXO_RADIUS 常量作为它的大小，填充颜色为黑色❶。

在这里，应该记录图像的强度。由于像素已经代表了强度，因此要做的就是取图像的平均值。我们所采取的测量次数取决于 EXO_DX 常量。这个值越大，系外行星的移动速度就越快，记录平均强度的次数就越少。

使用 OpenCV 的 putText()方法在图像上显示强度读数。向它递入一个临时图像、一个包含测量结果的文本字符串、文本字符串左下角的(*x,y*)坐标、一个字体、一个文本大小和一个颜色。

现在，将窗口命名为 Transit，用 OpenCV 的 imshow()方法来显示它。图 8-5 展示了一次循环迭代。

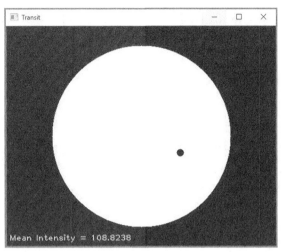

图 8-5　系外行星凌星

显示图像后，使用 OpenCV 的 waitKey() 方法每 30ms 更新一次图像。传入 waitKey() 的数字越低，系外行星在恒星上移动的速度就越快。

将平均强度测量值附加到 intensity_samples 列表中，然后通过 EXO_DX 常量递增 exo_x 值来推进系外行星圆圈❷。返回平均强度测量值列表，完成该函数。

4. 计算相对亮度并绘制光度曲线

代码清单 8-4 定义了一个函数，用于计算每个强度样本的相对亮度并显示光度曲线图。如果程序没有在其他程序中作为模块使用，就调用 main() 函数。

代码清单 8-4　计算相对亮度，绘制光度曲线，调用 main( )函数

transit.py, part 4

```
    def calc_rel_brightness(intensity_samples):
        """Return list of relative brightness from list of intensity values."""
        rel_brightness = []
        max_brightness = max(intensity_samples)
        for intensity in intensity_samples:
            rel_brightness.append(intensity / max_brightness)
        return rel_brightness

❶   def plot_light_curve(rel_brightness):
        """Plot changes in relative brightness vs. time."""
        plt.plot(rel_brightness, color='red', linestyle='dashed',
                 linewidth=2, label='Relative Brightness')
        plt.legend(loc='upper center')
        plt.title('Relative Brightness vs. Time')
        plt.show()

❷   if __name__ == '__main__':
        main()
```

光度曲线显示的是随时间变化的相对（relative）亮度，因此，一颗未被遮挡的恒星的亮度值为 1.0，而一颗被完全遮挡的恒星的亮度值为 0.0。为了将平均强度测量值转换为相对值，我

们定义了 `calc_rel_brightness()` 函数，它以平均强度测量值的列表作为参数。

在该函数中，启动一个空列表来保存转换后的值，然后利用 Python 内置的 `max()` 函数在 `intensity_samples` 列表中找到最大值。为了得到相对亮度，循环遍历这个列表中的数据项，并将它们除以最大值。将结果附加到 `rel_brightness` 列表中。返回新的列表，结束函数。

定义第二个函数来绘制光度曲线，并向它传入 `rel_brightness` 列表❶。使用 matplotlib 的 `plot()` 方法，并将列表、线的颜色、线的样式、线的宽度和用作图例的标签传递给它。添加图例和图的标题，然后显示该图（图 8-6）。

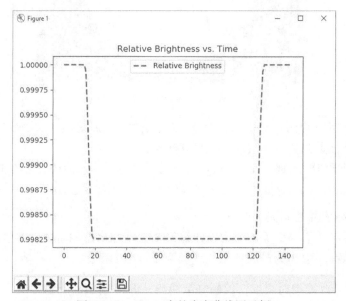

图 8-6   transit.py 中的光度曲线图示例

乍一看，图上的亮度变化似乎很极端，但如果仔细观察 y 轴（纵轴），你会发现，系外行星只让恒星的亮度降低了 0.175%！在恒星的绝对亮度图上，我们可以看到这个变化（图 8-7）。要想知道这在恒星的绝对亮度图上是什么样子的（图 8-7），可在 `plt.show()` 之前添加如下代码：

```
plt.ylim(0, 1.2)
```

凌星造成的光度曲线的偏转是很小的，但可以探测到。不过，我们还是不希望眯着眼睛去看光度曲线，因此继续让 matplotlib 自动拟合 y 轴，像图 8-6 那样。

调用 `main()` 函数，完成程序❷。除光度曲线之外，还应该在 shell 中看到系外行星的估计半径。

```
estimated exoplanet radius = 6.89
```

这就是它的全部内容。只用了不到 50 行 Python 代码，我们就开发出了一种发现系外行星的方法！

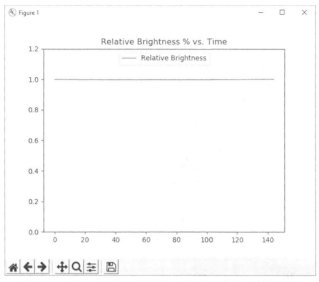

图 8-7　图 8-6 中的光度曲线，重新调整了 y 轴的坐标

8.2.3　凌星测光实验

现在我们已经有了一个有效的模拟，可以用它来模拟凌星过程的行为，这让我们能够更好地分析将来要进行的实际的观察。一种方法是运行很多可能的情况，并产生一个预期的系外行星反应的"图谱"。研究人员可以利用这个图谱，帮助他们解释实际的光度曲线。

例如，如果一颗系外行星的轨道平面相对于地球倾斜，使得系外行星在凌星期间只部分地穿过恒星会怎样？研究人员能否从它的光度曲线特征中探测到它的位置，或者它看起来就像一颗较小的系外行星在进行完整的凌星过程？

如果用一颗半径为 7 的系外行星运行模拟，让它掠过恒星的底部，应该得到一条 U 形曲线（图 8-8）。

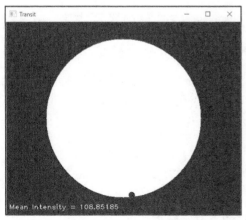
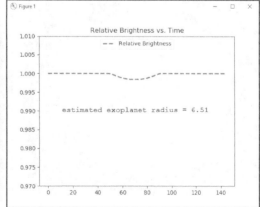

图 8-8　半径为 7 的系外行星仅部分穿过恒星时的光度曲线

如果系外行星半径为 5，让系外行星完全从恒星表面经过，再次运行模拟，则可得到图 8-9 所示的图形。

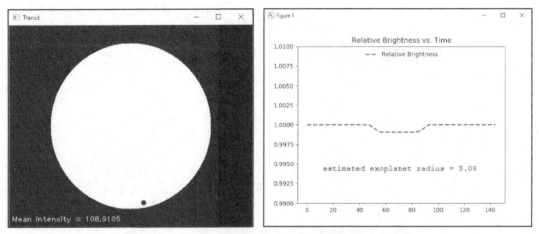

图 8-9   半径为 5 的系外行星完全穿过恒星时的光度曲线

当一颗系外行星掠过恒星的侧面，从未完整通过恒星，则重叠区域会不断变化，产生图 8-8 中的 U 形曲线。如果整个系外行星都从恒星表面掠过，曲线的底部就会比较平坦，如图 8-9 所示。因为在部分凌星过程中，在恒星背景下永远看不到行星的完整圆盘，所以没有办法测量它的真实大小。因此，如果光度曲线缺乏一个平坦的底部，那么对大小的估计就应该要打折扣。

如果尝试一系列的系外行星尺寸，你会发现光度曲线会以可预测的方式变化。随着深度的增加，曲线会变深，两边会有较长的斜坡，因为较大部分的恒星亮度被减弱了（图 8-10 和图 8-11）。

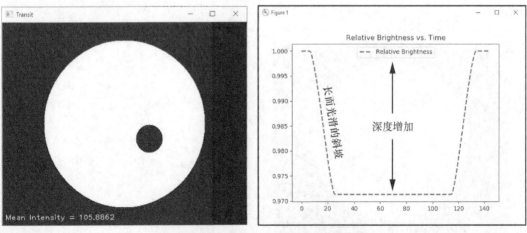

图 8-10   EXO_RADIUS=28 时的光度曲线

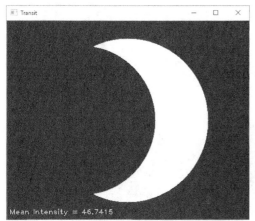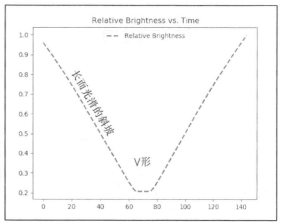

图 8-11 EXO_RADIUS=145 时的光度曲线

由于系外行星是边缘光滑的圆形物体，它们应该产生具有平滑坡度的光度曲线，并且光度曲线会不断增加或减少。这是重要的知识，因为天文学家在寻找系外行星时，已经记录了决定性的凹凸曲线。在本章末尾的"实践项目"部分，你将使用程序来探索可能由外星工程解释的奇形怪状的光度曲线！

8.3 项目 12：系外行星成像

到 2025 年，3 台强大的望远镜（两台在地球上，一台在太空中）将利用红外线和可见光直接对地球大小的系外行星进行成像。在最好的情况下，系外行星将显示为单一的、饱和的像素，并有一些部分渗入周围的像素，但这足以判断该行星是否在自转，是否有大陆和海洋，是否经历了天气变化和季节交替，以及是否可以支持我们所知道的生命！

在这个项目中，我们将模拟分析这些望远镜拍摄的图像的过程。我们将用地球作为一个遥远的系外行星的替身。这样，我们可以很容易地将已知的特征，如大陆和海洋，与我们在单像素中看到的东西联系起来。我们将专注于反射光的颜色组成和强度，并对系外行星的大气、表面特征和自转做出推断。

目标

编写一个 Python 程序，将地球的图像像素化，并绘制红、绿、蓝三色通道的强度。

8.3.1 策略

为了证明可以用一个饱和的像素捕捉不同的地表特征和云层，我们只需要两个图像：一个是西半球的，另一个是东半球的。方便的是，NASA 已经从太空拍摄到了地球的两个半球（图 8-12）。

earth_west.png   earth_east.png

图 8-12   西半球和东半球的图像

这些图像的大小为 474 像素×474 像素。对于未来的系外行星图像，这个分辨率太高了，预计系外行星将占据 9 像素，只有中心像素完全被该行星覆盖（图 8-13）。

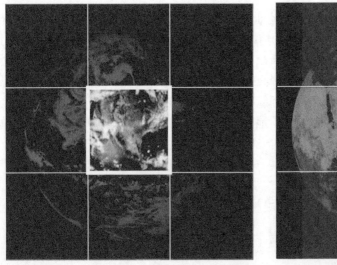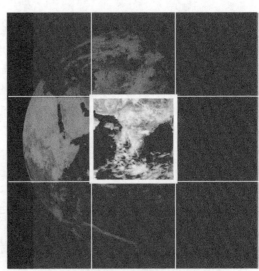

图 8-13   earth_west.png 和 earth_east.png 图像与 9 像素的网格重叠

我们需要将地球图像映射到一个 3×3 的数组中，让它降级。由于 OpenCV 使用的是 NumPy，因此这很容易做到。为了探测系外行星表面的变化，我们需要提取主要的颜色（蓝色、绿色和红色）。OpenCV 会让我们对这些颜色通道进行平均。然后我们可以用 matplotlib 来显示结果。

8.3.2 Pixelator 代码

pixelator.py 程序加载了两个地球图像，将其调整为 3 像素×3 像素，然后再次将其调整为 300 像素×300 像素。这些最终的图像只是为了可视化，它们的颜色信息与 3 像素×3 像素的图像相同。该程序会对两个调整后的图像中的颜色通道进行平均，并将结果绘制成饼图，我们可以进行比较。用户可以从本书网站上下载代码和两个图像（earth_west.png 和 earth_east.png）。将它们放在同一个文件夹里，不要重命名图像。

1. 导入模块和缩小图像

代码清单 8-5 导入了绘图和图像处理模块，然后加载两个地球图像并降低它们的质量。代码首先将每个图像缩小到 3×3 阵列中的 9 像素；然后将降级后的图像放大到 300 像素×300 像素，使它足够大，以便于观看，并将它发布到屏幕上。

代码清单 8-5　导入模块，加载、降级和显示图像

pixelator.py, part 1

```
import numpy as np
import cv2 as cv
from matplotlib import pyplot as plt

files = ['earth_west.png', 'earth_east.png']

for file in files:
    img_ini = cv.imread(file)
    pixelated = cv.resize(img_ini, (3, 3), interpolation=cv.INTER_AREA)
    img = cv.resize(pixelated, (300, 300), interpolation=cv.INTER_AREA)
    cv.imshow('Pixelated {}'.format(file), img)
    cv.waitKey(2000)
```

导入 NumPy 和 OpenCV 来处理图像，并使用 matplotlib 将它们的颜色成分绘制成饼图。然后创建一个包含两个地球图像的文件名列表。

现在开始循环遍历列表中的文件，并使用 OpenCV 将它们加载为 NumPy 数组。回想一下，因为 OpenCV 默认加载彩色图像，所以不需要为此添加一个参数。

我们的目标是将地球的图像还原成单个饱和像素，它由一些部分饱和像素包围。要将图像从原来的 474 像素×474 像素大小降级为 3 像素×3 像素，使用 OpenCV 的 `resize()` 方法。首先，将新的图像命名为 `pixelated`，并将当前图像、新的宽度和高度（以像素为单位）及一个插值方法传递给该方法。当我们调整图像的大小并使用已知数据来估计未知点的值时，插值（interpolation）就会发生。OpenCV 的文档推荐使用 INTER_AREA 插值方法来缩小图像（参见 OpenCV 4.3.0 官方文档的 "Geometric Image Transformations" 页面，该页面解释了几何图像变换）。

此时，我们得到了一个小图像。它太小了，无法可视化，因此再把它调整到 300 像素×300 像素，这样我们就可以检查结果。使用 INTER_NEAREST 或 INTER_AREA 作为插值方法，因为这些方法会保留像素的边界。

显示该图像（图 8-14），并使用 `waitKey()` 将程序延迟两秒。

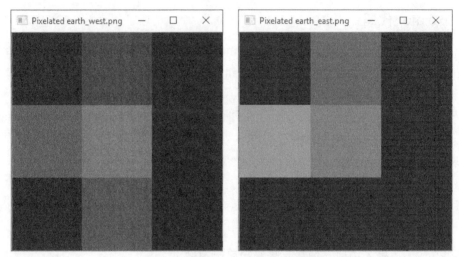

图 8-14   像素化彩色图像的灰度视图

　　注意，我们无法通过将图像大小调整为 474 像素×474 像素来将其恢复到原始状态。一旦将像素值平均并缩小到 3 像素×3 像素矩阵，所有的细节信息就会永远丢失。

2.　平均颜色通道和制作饼图

　　还是在 `for` 循环中，代码清单 8-6 生成并显示每个像素化图像的蓝色、绿色和红色分量的饼图。我们可以通过这些图来推断地球的天气、地貌和自转等。

代码清单 8-6　分离颜色通道并求均值，制作颜色饼图

pixelator.py, part 2

```
        b, g, r = cv.split(pixelated)
        color_aves = []
        for array in (b, g, r):
            color_aves.append(np.average(array))

        labels = 'Blue', 'Green', 'Red'
        colors = ['blue', 'green', 'red']
        fig, ax = plt.subplots(figsize=(3.5, 3.3)) # size in inches
❶       _, _, autotexts = ax.pie(color_aves,
                                  labels=labels,
                                  autopct='%1.1f%%',
                                  colors=colors)
        for autotext in autotexts:
            autotext.set_color('white')
        plt.title('{}\n'.format(file))

plt.show()
```

　　使用 OpenCV 的 `split()` 方法来分离像素化图像中的蓝色、绿色和红色通道，并将结果解包到 b、g 和 r 变量中。这些变量都是数组，如果调用 `print(b)`，应该看到这样的输出。

```
[[ 49 93 22]
 [124 108 65]
 [ 52 118 41]]
```

每一个数字代表在 3×3 像素化图像中的 1 像素（具体来说，该像素的蓝色值）。要对数组进行平均，首先要制作一个空列表来保存平均数，然后在数组中循环，并调用 NumPy 的 average() 方法，将结果追加到列表中。

现在我们已经准备好为每个像素图像中的颜色平均值制作饼图了。首先将颜色名称赋给一个名为 labels 的变量，我们用它来注释饼图。接下来，指定要在饼图中使用的颜色。这些颜色将覆盖 matplotlib 的默认选择。要制作图表，请使用 fig、ax 命名惯例来命名图和轴，调用 subplots() 方法，向它传入一个图的尺寸，以英寸为单位。

因为图像之间的颜色只会有细微的差别，所以要在它的饼图楔形块中给出每种颜色的百分比，这样就可以很容易地看到它们之间是否有差别。不幸的是，matplotlib 默认使用黑色文本（在黑暗的背景下很难看清）。为了解决这个问题，我们调用 ax.pie() 方法来制作饼图，并使用它的 autotexts 列表❶。该方法返回 3 个列表，一个是关于饼图楔形块的，一个是关于标签的，还有一个是关于数字标签的，称为 "auto-texts"（自动文本）。我们只需要最后一个列表，因此将前两个列表分量赋给下划线符号，将它们作为未使用的变量。

将颜色平均值列表和标签列表传递给 ax.pie()，并将其 autopct 参数设置为显示数字到小数点后一位。如果该参数设置为 None，则不会返回 autotexts 列表。传递用于饼图楔形的颜色列表，完成参数的设置。

第一个图像的 autotexts 列表是这样的：

```
[Text(0.1832684031431146, 0.5713253822554821, '40.1%'), Text(-0.5646237442340427,
-0.20297789891298565, '30.7%'), Text(0.36574010704848686, -0.47564080364930983, '29.1%')]
```

每个 Text 对象都有(x,y)坐标和一个百分比值作为文本字符串。这些仍然会以黑色显示，因此我们需要循环遍历这些对象，并利用它们的 set_color() 方法将颜色改为白色。现在我们需要做的就是将图标题设置为文件名，并显示该图（图 8-15）。

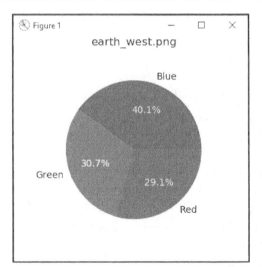
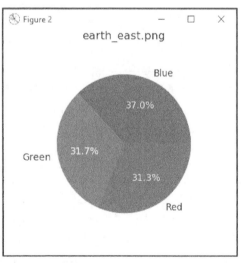

图 8-15　pixelator.py 制作的饼图

虽然这些饼图相似，但差异是有意义的。如果对比一下原色图片，你就会发现 earth_west.png 照片包含了更多的海洋，应该产生更大的蓝色楔形。

3. 为单像素绘图

图 8-15 中的饼图是针对整个图像的，其中包括一个黑色空间的样本。对于一个未被污染的样本，我们可以使用每个图像中心的单个饱和像素，如代码清单 8-7 所示。

这段代码是 pixelator.py 的一个编辑过的副本（对改变的行进行了注释）。用户可以在 Chapter_8 文件夹中找到一个数字副本，名为 pixelator_saturated_only.py。

代码清单 8-7 绘制像素化图像中心像素的颜色饼图

pixelator_saturated_only.py

```
import cv2 as cv
from matplotlib import pyplot as plt

files = ['earth_west.png', 'earth_east.png']

# Downscale image to 3x3 pixels.
for file in files:
    img_ini = cv.imread(file)
    pixelated = cv.resize(img_ini, (3, 3), interpolation=cv.INTER_AREA)
    img = cv.resize(pixelated, (300, 300), interpolation=cv.INTER_NEAREST)
    cv.imshow('Pixelated {}'.format(file), img)
    cv.waitKey(2000)

❶  color_values = pixelated[1, 1] # Selects center pixel.

    # Make pie charts.
    labels = 'Blue', 'Green', 'Red'
    colors = ['blue', 'green', 'red']
    fig, ax = plt.subplots(figsize=(3.5, 3.3)) # Size in inches.
❷  _, _, autotexts = ax.pie(color_values,
                              labels=labels,
                              autopct='%1.1f%%',
                              colors=colors)
    for autotext in autotexts:
        autotext.set_color('white')
❸  plt.title('{} Saturated Center Pixel \n'.format(file))

plt.show()
```

代码清单 8-6 中分割图像并求颜色通道平均值的 4 行代码可以用代码清单 8-7 中的 1 行代替❶。`pixelated` 变量是一个 NumPy 数组，[1,1]代表数组中的第 1 行、第 1 列。记住，Python 从 0 开始计数，因此这些值对应于一个 3×3 阵列的中心。如果输出 `color_values` 变量，你就会看到另一个数组。

```
[108 109 109]
```

这些是中心像素的蓝色、绿色和红色通道值，可以直接将它们传递给 matplotlib❷。为清楚起见，请更改绘图标题，表明我们只分析中心像素❸。图 8-16 展示了最终的图。

图 8-15 和图 8-16 中西半球和东半球之间的颜色差异很小，但我们知道它们是真实的，因为我们对响应进行了正向建模（forward modeled）。也就是说，我们从实际的观察中得出了结果，因此知道结果是有意义的、可重复的、唯一的。

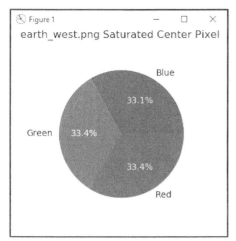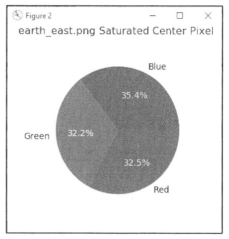

图 8-16　由 pixelelator_saturated_only.py 制作的单像素饼图

在真正的系外行星研究中，我们会希望拍摄尽可能多的图像。如果类似的强度和颜色模式随着时间的推移持续存在，那就可以排除随机效应，如天气。如果颜色模式在很长一段时间内发生可预测的变化，我们就可能会看到季节的影响，如冬季白色极地帽的存在，以及春季和夏季绿色植被的蔓延。

如果测量结果在相对较短的时间跨度内周期性地重复，我们就可以推断出该星球正在绕其轴自转。在本章末尾的"实践项目"部分，你将有机会计算系外行星一天的长度。

8.4　小结

在本章中，我们使用了 OpenCV、NumPy 和 matplotlib 来创建图像并测量它们的属性。我们还调整了图像的大小以适应不同的分辨率，并绘制了图像强度和颜色通道信息。通过简短的 Python 程序，我们模拟了天文学家用来发现和研究遥远的系外行星的重要方法。

8.5　延伸阅读

行星协会编写的 *How to Search for Exoplanets* 很好地概述了用于搜索系外行星的技术，包括每种方法的优缺点。

Andrew Vanderburg 的 *Transit Light Curve Tutorial* 解释了凌星测光方法的基础知识，并提供了开普勒空间天文台凌星数据的链接。

NASA Wants to Photograph the Surface of an Exoplanet（Wired，2020），作者是 Daniel Oberhaus，描述了将太阳变成一个巨大的相机镜头来研究系外行星的努力。

Dyson Spheres: How Advanced Alien Civilizations Would Conquer the Galaxy（Space 网站，2014），作者是 Karl Tate。这是一个信息图，介绍了先进文明如何利用庞大的太阳能电池板阵列获取恒星的能量。

Larry Niven 所著的 *Ringworld*（Ballantine Books，1970）是科幻小说中的经典之一。它讲述了一个任务的故事：前往一个巨大的废弃的外星建筑（环形世界），它环绕着一颗外星。

8.6　实践项目：探测外星巨型建筑

2015 年，从事开普勒太空望远镜数据工作的公民科学家注意到位于天鹅座的塔比（Tabby）星有些奇怪。在 2013 年记录的有关这颗恒星的光度曲线表现出不规则的亮度变化，其亮度变化幅度太大，不可能是行星造成的（图 8-17）。

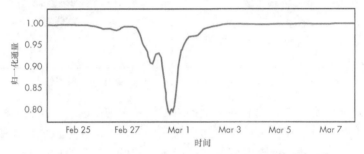

图 8-17　塔比星的光度曲线，由开普勒空间观测站测量

除亮度急剧下降之外，光度曲线也是不对称的，还包括了典型的行星凌星过程中看不到的奇怪颠簸。科学家给出的解释是，光度曲线是由一颗行星被恒星吞噬造成的，也有可能是一团解体彗星的凌星，还有可能是带有一群小行星的带环大恒星，或者是一个外星的巨型建筑（alien megastructure）。

科学家们推测，这种规模的人工结构很可能是外星文明试图从恒星中收集能量。科学文献和科幻小说都描述了这些大得惊人的太阳能电池板项目。例子包括戴森群（Dyson swarm）、戴森球、环形世界和波克罗夫斯基壳（Pokrovsky shell）（图 8-18）。

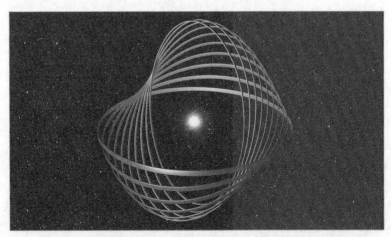

图 8-18　围绕恒星的波克罗夫斯基壳系统，旨在拦截恒星的辐射

　　在这个实践项目中，使用 transit.py 程序来近似模拟塔比星光度曲线的形状和深度。用其他简单的几何形状代替程序中使用的圆形系外行星。你不需要完全匹配曲线，只要抓住关键特征就可以了，如不对称性、2 月 28 日前后看到的"凸起"及亮度的大幅下降。

　　用户在本书网站下载的 Chapter_8 文件夹和附录中，可以找到我的尝试，即 practice_tabbys_star.py。它产生的光度曲线如图 8-19 所示。

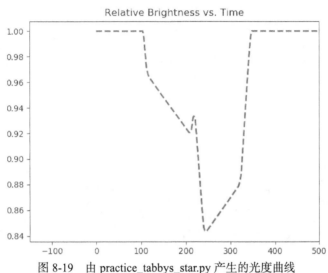

图 8-19　由 practice_tabbys_star.py 产生的光度曲线

　　我们现在知道，不管是什么东西在塔比星的轨道上运行，塔比星都允许某些波长的光通过，因此它不可能是一个固体物体。根据这种行为和它所吸收的波长，科学家们认为尘埃是造成这颗恒星光度曲线奇怪形状的原因。然而，其他的恒星，如天秤座的 HD 139139，也有奇异的光度曲线，在本书撰写时仍未得到解释。

8.7　实践项目：探测小行星凌星

　　小行星场可能是造成一些凹凸不平和不对称的光度曲线的原因。这些碎片带通常来源于行星碰撞或太阳系的形成，如木星轨道上的特洛伊群小行星（图 8-20）。用户可以在"Lucy: The First Mission to the Trojan Asteroids"（露西：特洛伊群小行星的首次任务）的网页中找到关于特洛伊群小行星的有趣动画。

　　修改 transit.py 程序，让它随机创建半径为 1～3 的小行星，严重偏向 1。用户可以输入小行星的数量。不要去计算系外行星的半径，因为这个计算假设你面对的是一个单一的球形物体，而现在不是。实验一下小行星的数量、小行星的大小和分散情况（小行星存在的 x 范围和 y 范围），看看对光度曲线的影响。图 8-21 就是这样一个例子。

　　用户可以在附录和本书的网页上找到一个解决方案，即 practice_asteroids.py。这个程序使用面向对象编程（OOP）来简化多个小行星的管理。

图 8-20　超过 100 万颗特洛伊群小行星共享木星轨道

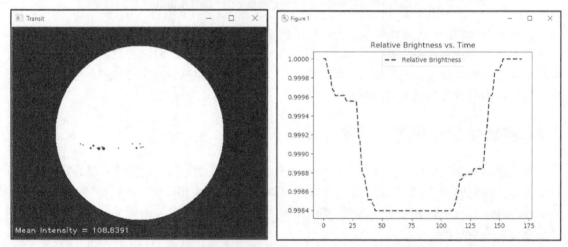

图 8-21　随机产生的小行星场产生的不规则、不对称的光度曲线

8.8　实践项目：考虑临边昏暗

　　光球（photosphere）是恒星的发光外层，它辐射光和热。因为光球的温度随着距离恒星中心的距离的增加而下降，所以恒星圆盘边缘的测温度比恒星中心的温度低，因此看起来比恒星中心更暗（图 8-22）。这种效应被称为临边昏暗（limb darkening）。

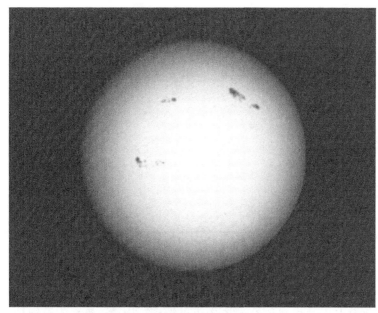

图 8-22　太阳的临边昏暗和太阳黑子

　　重写 transit.py 程序，让它能够解决临边昏暗的问题。用户不必绘制恒星，可使用 Chapter_8 文件夹中的图片 limb_darkening.png，可以从本书网站上下载。

　　临边昏暗会影响行星凌星产生的光度曲线。与我们在项目 11 中制作的理论曲线相比，它们会显得不那么方正，边缘更圆润、更柔和，底部也更弯曲（图 8-23）。

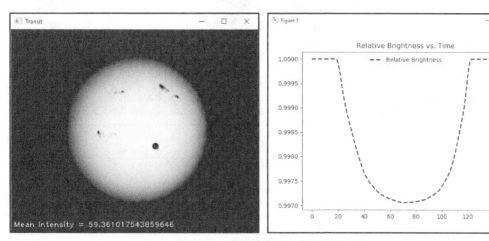

图 8-23　临边昏暗对光度曲线的影响

　　使用修改后的程序，重做 8.2.3 节的"凌星测光实验"，其中我们分析了部分凌星产生的光度曲线。你应该会看到，与部分凌星相比，完全凌星仍然会产生较宽的倾角和较平的底部（图 8-24）。

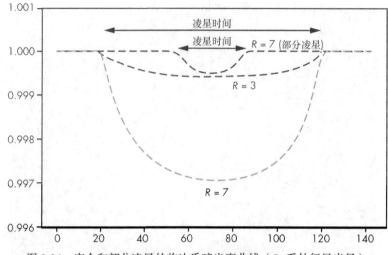

图 8-24　完全和部分凌星的临边昏暗光度曲线（*R*=系外行星半径）

如果一颗小行星的完整凌星发生在恒星的边缘附近，临边昏暗就可能会使其难以与一颗大行星的部分凌星区分开来。我们在图 8-25 中可以看到这一点，箭头表示行星的位置。

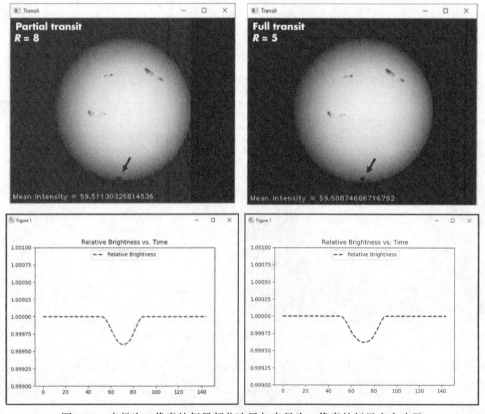

图 8-25　半径为 8 像素的行星部分凌星与半径为 5 像素的行星完全凌星

天文学家有许多工具来提取缠绕在光度曲线中的信息。通过记录多个凌星事件，他们可以确定一个系外行星的轨道参数，如行星与恒星之间的距离。他们可以利用光度曲线的微妙变化，计算出行星完全覆盖恒星表面的时间长度。他们可以估算出理论上的临边昏暗量，并且他们可以使用模型，就像你在这里做的那样，把所有的东西整合在一起，并根据实际观测结果来测试他们的假设。

用户可以在附录和本书网站的 Chapter_8 文件夹中找到一个解决方案，即 practice_limb_darkening.py。

8.9　实践项目：探测星斑

太阳黑子（在外星太阳上叫星斑（starpot））是由恒星磁场变化引起的表面温度降低的区域。星斑可以使恒星的表面变暗，并对光度曲线做一些有趣的事情。在图 8-26 中，一颗外星行星经过星斑，造成光度曲线的"凸起"。

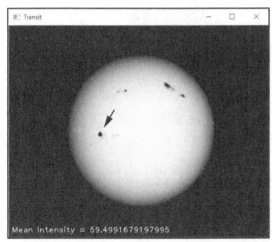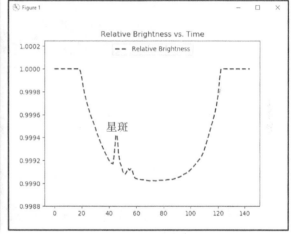

图 8-26　一颗系外行星（左图箭头所指位置）经过一颗星斑时，会在光度曲线上产生一个凸起

要对星斑进行实验，可使用之前实践项目中的代码 practice_limb_darkening.py，并对其进行编辑，使一颗与星斑大小大致相同的系外行星在其凌星时经过星斑。重现图 8-26，使用 EXO_RADIUS = 4、EXO_DX = 3 和 EXO_START_Y = 205。

8.10　实践项目：探测外星舰队

BR549 系外行星上的超级进化海狸们一直在忙碌着，就像所有的海狸一样。它们已经聚集了一支由巨大的殖民船组成的舰队，现在已经满载，准备离开轨道。多亏了它们自己检测到的一些系外行星，他们决定放弃被它们咬碎的家园，奔向地球上郁郁葱葱的绿色森林！

编写一个 Python 程序，模拟多艘飞船在恒星上的凌星过程。给予飞船不同的尺寸、形状和速度（如图 8-27 中的飞船）。

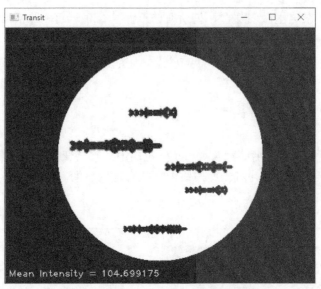

图 8-27　准备入侵地球的外星殖民舰队

将所得的光度曲线与塔比星（图 8-17）和小行星群实践项目中的曲线进行比较。这些飞船是否产生了独特的曲线，或者你可以从小行星群、星斑或其他自然现象中得到类似的模式？

用户可以在附录和本书网站的 Chapter_8 文件夹中找到一个解决方案：practice_alien_armada.py。

8.11　实践项目：探测有月亮的行星

一个有卫星运行的系外行星会产生怎样的光度曲线？编写一个 Python 程序，模拟一个小的系外卫星绕着大的系外行星运行，并计算所产生的光度曲线。用户可以在附录和本书网站上找到一个解决方案：practice_planet_moon.py。

8.12　实践项目：测量系外行星的日长

你的天文学家老板给了你 34 个系外行星的图像，编号为 BR549。这些图像是间隔 1 小时拍摄的。请编写一个 Python 程序，按顺序加载图像，测量每个图像的强度，并将测量值绘制成一条光度曲线（图 8-28）。使用该曲线来确定 BR549 上一天的时长。

可以在附录中找到一个解决方案，即 practice_length_of_day.py。代码的数字版及图像的文件夹（br549_pixelated），都在本书网站的 Chapter_8 文件夹中。

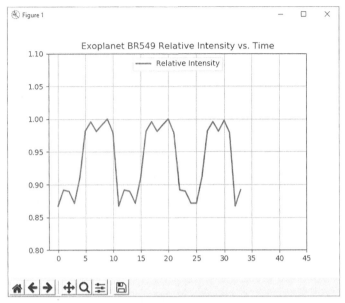

图 8-28　系外行星 BR549 的 34 个图像的复合光度曲线

8.13　挑战项目：生成动态光度曲线

重写 transit.py，使光度曲线在模拟运行时动态更新，而不是仅仅出现在最后。

第 9 章

识别朋友或敌人

人脸检测是一种在数字图像中定位人脸的机器学习技术。它是人脸识别（recognition）过程的第一步，是一种使用代码识别单个人脸的技术。人脸检测和识别方法有广泛的应用，如在社交媒体上标记照片、自动对焦数码照相机、解锁手机、寻找失踪儿童、追踪恐怖分子及方便安全地支付等。

在本章中，我们将使用 OpenCV 中的机器学习算法为一个机器人哨兵炮编程。因为我们要区分人类和异次元变种人，所以只需要检测人脸的存在，而不是识别特定的个体。在第 10 章中，我们将再进一步，通过人脸来识别人的身份。

9.1 检测照片中的人脸

人脸检测之所以能够实现，是因为人脸具有相似的模式。一些常见的面部模式是眼睛比脸颊深，鼻子比眼睛亮，如图 9-1 的左图所示。

 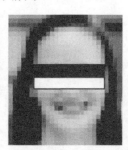 

脸　　　　　　　　　眼睛与脸颊　　　　　　　眼睛与鼻子

图 9-1　人脸中某些一贯的明暗区域示例

我们可以使用图 9-2 中的模板来提取这些模式。这些模板产生了哈尔特征（Haar feature），这是物体识别中使用的数字图像属性的古怪名称。为了计算一个哈尔特征，我们将其中一个模板放在灰度图像上，将与白色部分重叠的灰度像素相加，再从黑色部分重叠的像素之和中减去。因此，每个特征由一个强度值组成。我们可以使用一系列的模板尺寸来对图像上所有可能的位置进行采样，使得系统比例不变。

图 9-2　一些示例的哈尔特征模板

在图 9-1 中间的图像中，一个"边缘特征"模板提取了暗眼睛和亮脸颊之间的关系。在图 9-1 右边的图像中，一个"线条特征"模板提取了暗眼睛和亮鼻子之间的关系。

通过在数千个已知的人脸和非人脸图像上计算哈尔特征，我们可以确定哪种哈尔特征的组合对识别人脸最有效。这个训练过程很慢，但有利于后面的快速检测。由此产生的算法（称为人脸分类器（face classifier））接受图像中的特征值，通过输出 1 或 0 来预测它是否包含人脸。OpenCV 提供了一个基于这种技术的、训练好的人脸检测分类器。

为了应用该分类器，该算法采用了滑动窗口（sliding window）的方法。一个小的矩形区域在图像上逐步移动，并使用由多个阶段的过滤器组成的级联分类器（cascade classifier）进行评估。每个阶段的滤波器都是哈尔特征的组合。如果窗口区域未能通过某个阶段的阈值，就会被拒绝，窗口就会滑动到下一个位置。快速拒绝非人脸区域，如图 9-3 中右图所示，有助于加快整个过程。

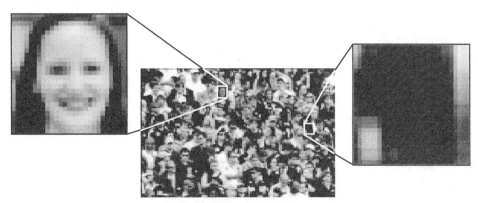

图 9-3　使用矩形滑动窗口搜索人脸的图像

如果一个区域通过了某个阶段的阈值，算法就会处理另一组哈尔特征，并将它们与阈值进行比较，如此下去，直到它拒绝或肯定地识别一个人脸。这将导致滑动窗口在图像上移动时加速或减速。

对于每个检测到的人脸，算法会返回人脸周围的一个矩形角的坐标。可以使用这些矩形作为进一步分析的基础，如识别眼睛。

9.2　项目 13：编写机器人哨兵炮程序

假设你是一名技术人员，你的小队被派往 LV-666 星球上由 Wykham-Yutasaki 公司运营的一个秘密研究基地。在研究一个神秘的外星仪器时，研究人员无意中打开了一个通往地狱般的另一个维度的传送门。任何靠近传送门的人都会变异成怪物，你甚至拍到了变异结果的监控录像（图 9-4）！

图 9-4   5 号走廊的安全摄像头镜头拍摄的变种人

据其余科学家称，这种变异影响的不仅仅是有机物。受害者所穿戴的任何装备，如头盔和护目镜，也会变成奇怪的形状并融入肉体。眼部组织尤其容易受到伤害。到目前为止，所有形成的变种人都是无眼人，但这似乎并不影响它们的行动能力。它们依然凶猛、致命，没有厉害的武器就无法阻挡它们。

这就是你面对的情况。你的任务是建立一个自动射击站来守卫 5 号走廊，这是受损设施的一个关键入口。如果没有它，你们就会面临被大批变种人包围的危险。

射击站由一门 UAC 549-B 自动哨兵炮组成，步兵们称之为机器人哨兵（robot sentry）（图 9-5）。它配备了 4 门 M30 自动炮，有 1000 发子弹和多个传感器，包括一个运动探测器、激光测距装置和光学摄像头。该炮还使用识别敌友（identification friend or foe，IFF）应答器对目标进行询问。所有你的朋友都携带这些应答器，这使他们能够安全地通过正在工作的哨兵炮。

图 9-5   UAC 549-B 自动哨兵炮

不幸的是，因为小队的哨兵炮在降落过程中损坏了，所以应答器不再发挥作用。更糟糕的是，负责申购的下士忘了下载利用视觉询问目标的软件。由于应答器传感器失效，没有办法肯定地识别敌友。你需要尽快解决这个问题，因为你的朋友人数严重不足，而且变种人也在行动！

幸运的是，LV-666 星球上没有土著生物，只需要区分人类和变种人。由于变种人基本没有脸，因此人脸检测算法是最合理的解决方案。

目标

编写一个 Python 程序，当它检测到图像中的人脸时，关闭哨兵炮的射击装置。

9.2.1 策略

在这样的情况下，最好是保持简单，利用现有资源。这意味着依靠 OpenCV 的人脸检测功能，而不是编写自定义代码来识别基地的人类。然而，我们无法确定这些预制程序的效果如何，因此需要引导人类目标的行为，让该工作尽可能简单。

哨兵炮的运动探测器将处理触发光学识别程序的工作。为了让人类安然无恙地通过，需要警告他们停下来，面对摄像头。他们需要几秒的时间来做这件事，在被证明没有问题后，他们还需要几秒的时间来继续通过这门炮。

我们还需要运行一些测试，以确保 OpenCV 的训练集是足够的，并且不会产生任何假阳性，从而让变种人混过去。我们不想用友军的火力杀人，但越谨慎越好。如果有一个变种人过去，大家都可能"完蛋"。

提示　在现实生活中，哨兵炮会使用视频信号。因为我没有自己的电影工作室，没有特效和化妆部门，所以我们会用静态照片来代替。可以将这些看作单独的视频帧。在本章的后面，你将有机会使用计算机的摄像头检测自己的脸。

9.2.2 代码

sentry.py 代码将循环遍历一个图像文件夹，识别图像中的人脸，并显示带有人脸轮廓的图像。然后，它将根据结果开火或不开火。我们将使用 Chapter_9 文件夹中 corridor_5 文件夹中的图像，可从本书网站下载。像以前一样，下载后不要移动或重命名任何文件，从存放它的文件夹中启动 sentry.py。

我们还需要安装两个模块，即 playsound 和 pyttsx3。第一个是一个跨平台的模块，用于播放 WAV 和 MP3 格式的音频文件。我们将用该模块来制作音效，如机枪射击和 "all clear" 语音。第二个是一个跨平台的包装器，在 Windows 和基于 Linux 的操作系统（包括 macOS）上支持本地的文本到语音（text-to-speech）库。哨兵炮用它来发出语音警告和指令。与其他文本到语音库不同，pyttsx3 直接从程序中读取文本，而不是先保存到音频文件。它也可以离线工作，因此对基于语音的项目很可靠。

可以在 PowerShell 或终端窗口中用 pip 安装这两个模块。

```
pip install playsound
pip install pyttsx3
```

如果你在 Windows 上安装 pyttsx3 时遇到错误，如 No module named win32.com.client、No module named win32 或 No module named win32api，那就安装 pypiwin32。

```
pip install pypiwin32
```

在安装之后，可能需要重新启动 Python shell 和编辑器。

关于 playsound 的更多信息，参见 PyPI 官方网站。pyttsx3 的说明文档可以在 pyttsx3 网站的"pyttsx3 - Text-to-speech x-platform"页面和 PyPI 官方网站的"pyttsx3"页面找到。

如果你还没有安装 OpenCV，请参考 1.2.2 节。

1. 导入模块，设置音频，引用分类器文件和走廊图像

代码清单 9-1 导入模块，初始化并设置音频引擎，将分类器文件赋给变量，并将目录改为存放走廊图像的文件夹。

代码清单 9-1　导入模块，设置音频，引用分类器文件和走廊图像

sentry.py, part 1

```
          import os
          import time
      ❶ from datetime import datetime
          from playsound import playsound
          import pyttsx3
          import cv2 as cv

      ❷ engine = pyttsx3.init()
          engine.setProperty('rate', 145)
          engine.setProperty('volume', 1.0)

          root_dir = os.path.abspath('.')
          gunfire_path = os.path.join(root_dir, 'gunfire.wav')
          tone_path = os.path.join(root_dir, 'tone.wav')

      ❸ path= "C:/Python372/Lib/site-packages/cv2/data/"
          face_cascade = cv.CascadeClassifier(path +
                                      'haarcascade_frontalface_default.xml')
          eye_cascade = cv.CascadeClassifier(path + 'haarcascade_eye.xml')

      ❹ os.chdir('corridor_5')
          contents = sorted(os.listdir())
```

除了 datetime、playsound 和 pytts3，如果你已经学习过前面的章节，那么应该对这些导入的内容很熟悉❶。我们将使用 datetime 来记录走廊中检测到入侵者的确切时间。

为了使用 pytts3，先初始化一个 pyttsx3 对象，并将它赋给一个变量，按照惯例，命名为 engine❷。根据 pyttsx3 文档，一个应用程序使用 engine 对象来注册事件回调和取消注册，产生和停止语音，获取和设置语音引擎属性，以及启动和停止事件循环。

在接下来的两行中，设置语音速率和音量属性。这里使用的语速值是通过试错得到的。它应该是快速的，但仍然可以被清楚地理解。音量应该设置为最大值（**1.0**），这样任何跌跌撞撞进入走廊的人类都能轻松听到警告指令。

Windows 上的默认声音是男性声音，但也可以使用其他声音。例如，在使用 Windows 10 操作系统的计算机上，可以用以下语音 ID 切换到女性声音：

```
engine.setProperty('voice',
'HKEY_LOCAL_MACHINE\SOFTWARE\Microsoft\Speech\Voices\Tokens\TTS_MS_EN-US_ZIRA_11.0')
```

要查看你的平台上可用的声音列表，可参考 pyttsx3 网站的"pyttsx3 - Text-to-speech x-platform"页面上的"Changing voices"。

接下来，设置枪声的音频记录，当在走廊上检测到变种人时，我们会播放它。通过生成一个适用于所有平台的目录路径字符串来指定音频文件的位置，可以使用 **os.path.join()** 方法将绝对路径与文件名结合起来。为 tony.wav 文件使用相同的路径，当程序识别出人类时，我们将使用它作为"all clear"信号。

安装 OpenCV 时，应该下载预先训练好的哈尔级联分类器，作为.xml 文件。将包含分类器的文件夹的路径赋给一个变量❸。显示的路径是在我的 Windows 计算机上，你的路径可能不同。例如，在 macOS 上，可以在 opencv/data/haarcascades 下找到它们；也可以在 GitHub 的 opencv 项目中找到它们。

另一个寻找级联分类器路径的方法是使用预装的 **sysconfig** 模块，如下面的代码片段：

```
>>> import sysconfig
>>> path = sysconfig.get_paths()['purelib'] + '/cv2/data'
>>> path
'C:\\Python372\\Lib\\site-packages/cv2/data'
```

这应该适用于虚拟环境内外的 Windows，但是只能在 Ubuntu 的虚拟环境中工作。

要加载一个分类器，可使用 OpenCV 的 **CascadeClassifier()** 方法。使用字符串连接法将路径变量添加到分类器的文件名字符串中，并将结果赋给一个变量。

注意，我只使用了两个分类器，一个用于正面，另一个用于眼睛，以保持简单。另外的分类器可用于轮廓、微笑、眼镜、上半身等。

最后将程序指向你所守护的走廊中拍摄的图像。将目录改为合适的文件夹❹；然后列出文件夹内容，并将结果赋给一个内容变量。由于没有提供文件夹的完整路径，我们需要从包含该文件夹的文件夹启动程序，该文件夹应该比包含图像的文件夹高一级。

2. 发出警告、加载图像和检测人脸

代码清单 9-2 启动一个 **for** 循环来迭代遍历包含走廊图像的文件夹。在现实生活中，一旦有东西进入走廊，哨兵炮上的运动检测器就会启动你的程序。因为我们没有任何运动检测器，所以假设每个循环代表一个新的入侵者的到来。

循环立即准备好哨兵炮并准备开火。然后它用语音要求入侵者停下来，面对摄像头。这将发生在离炮一定的距离处，由运动检测器确定。因此，我们知道这些人脸的大小都是大致相同

的，这使得程序的测试变得容易。

入侵者有几秒的时间来遵守命令。之后，级联分类器被调用，用于搜索人脸。

代码清单 9-2　循环遍历图像，发出语音警告，搜索人脸

sentry.py, part 2

```
for image in contents:
  ❶ print(f"\nMotion detected...{datetime.now()}")
     discharge_weapon = True
  ❷ engine.say("You have entered an active fire zone. \
                Stop and face the gun immediately. \
                When you hear the tone, you have 5 seconds to pass.")
     engine.runAndWait()
     time.sleep(3)

  ❸ img_gray = cv.imread(image, cv.IMREAD_GRAYSCALE)
     height, width = img_gray.shape
     cv.imshow(f'Motion detected {image}', img_gray)
     cv.waitKey(2000)
     cv.destroyWindow(f'Motion detected {image}')

  ❹ face_rect_list = []
     face_rect_list.append(face_cascade.detectMultiScale(image=img_gray,
                                                         scaleFactor=1.1,
                                                         minNeighbors=5))
```

开始循环遍历文件夹中的图像。每个新图像都代表走廊上的一个新入侵者。输出事件的日志和它发生的时间❶。注意字符串开始前的 f。这是 Python 3.6 中新引入的"f-字符串"格式。f-字符串是一个字符串字面量，它包含表达式，如变量、字符串、数学运算，甚至是大括号内的函数调用。当程序输出字符串时，会用表达式的值替换表达式。这些是 Python 中最快、最有效的字符串格式化方法，我们当然希望这个程序能快一点！

假设每个入侵者都是变种人，并准备武器开火。然后，语音警告入侵者停下来，接受扫描。

使用 pyttsx3 的 engine 对象的 say() 方法来说话❷。它需要一个字符串作为参数。紧接着使用 runAndWait() 方法。这将停止程序运行，刷新 say() 队列，并播放音频。

提示　对于某些 macOS 用户，程序可能会在第二次调用 runAndWait() 时退出。如果出现这种情况，则可从本书网站下载 sentry_for_mac_bug.py 代码。这个程序使用操作系统的文本到语音功能来代替 pyttsx3。我们仍然需要更新这个程序中的哈尔级联路径变量，就像在代码清单 9-1 中所做的那样。

接下来，使用 time 模块将程序暂停 3 秒。这就给了入侵者时间，让他正对着炮的摄像头。

此时，会进行视频采集，只不过我们不使用视频，而是加载 corridor_5 文件夹中的图像。使用 IMREAD_GRAYSCALE 标志调用 cv.imread() 方法❸。

使用图像的 shape 属性来获取它的高度和宽度，单位是像素。当我们在图像上发布文字时，这会很方便。

人脸检测只在灰度图像上工作，但在应用哈尔级联时，OpenCV 会在幕后转换彩色图像。我从一开始就选择使用灰度图像，因为当图像显示时，结果看起来更瘆人。如果想看到彩色图像，只需将前面两行改成如下：

```
img_gray = cv.imread(image)
height, width = img_gray.shape[:2]
```

接下来，显示人脸检测前的图像，保持两秒（输入的单位为毫秒），然后销毁窗口。这是为了进行质量控制，以确保所有的图像都被检测到。稍后在一切按计划工作后，可以将这些步骤注释掉。

创建一个空列表来保存当前图像中发现的所有人脸❹。因为 OpenCV 将图像视为 NumPy 数组，所以这个列表中的数据项是一个矩形的角点坐标(*x*,*y*,宽度,高度)，该矩形框住了脸，如下面的输出片段所示：

```
[array([[383, 169, 54, 54]], dtype=int32)]
```

现在是时候用哈尔级联来检测人脸了，调用 detectMultiscale()方法对 face_cascade 变量进行检测。向该方法传入图像、缩放因子和最小邻域数的值。这些值可以用来在出现错误或无法识别人脸的情况下调整结果。

为了获得好的结果，图像中的人脸大小应该与训练分类器中的人脸大小相同。为了确保它们是相同的，scaleFactor 参数使用一种名为缩放金字塔（scale pyramid）的技术，将原始图像重新缩放到正确的大小（图 9-6）。

缩放金字塔将图像向下调整设定的倍数。例如，scaleFactor 为 1.2 意味着图像将以 20%的增量向下缩小。滑动窗口将在这个较小的图像上重复其移动，并再次检查哈尔特征。这种缩小和滑动将继续进行，直到缩放的图像达到用于训练的图像的大小。这对哈尔级联分类器来说是 20 像素×20 像素（可以通过打开一个.xml 文件来确认这一点）。小于这个尺寸的窗口无法被检测到，调整大小的工作到此结束。

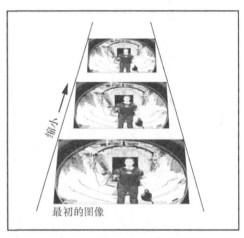

图 9-6 "缩放金字塔"示例

注意，缩放金字塔只会缩小图像尺寸，因为增加尺寸会在调整后的图像中引入伪像。

每次重新缩放时，算法都会计算出很多新的哈尔特征，从而产生很多假阳性。要剔除这些特征，可使用 minNeighbors 参数。

要了解这个过程是如何工作的，参见图 9-7。图中的矩形代表 haarcascade_frontalface_alt2.xml 分类器检测到的人脸，scaleFactor 设置为 1.05，minNeighbors 设置为 0。矩形有不同的大小，这取决于检测人脸时使用的缩放图像（由 scaleFactor 参数决定）。虽然有很多假阳性，但矩形往往聚集在真实的人脸周围。

增加 minNeighbors 参数的值会提高检测的质量，但会使检测的数量减少。如果指定的值为 1，则只保留有一个或多个紧邻的矩形，其他的矩形都会被丢弃（图 9-8）。

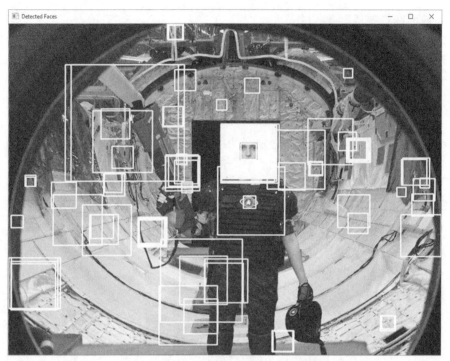

图 9-7　在 minNeighbors=0 的情况下，检测到的人脸矩形

图 9-8　在 minNeighbors=1 的情况下，检测到的人脸矩形

将最小邻域的数量增加到 5 左右，通常可以消除假阳性（图 9-9）。对于大多数应用，这可能已经足够了，但处理可怕的跨次元怪物则需要更严格的要求。

图 9-9　在 `minNeighbors =5` 的情况下，检测到的人脸矩形

要了解原因，请看图 9-10。尽管使用的 `minNeighbors` 值为 5，但变种人的脚趾区域还是被错误地识别为一个人脸。只要稍加想象，你就可以在矩形的顶部看到两只深色的眼睛和一个明亮的鼻子，在底部看到一张深色的直线型嘴。这可以让变种人安然无恙地通过防线。

图 9-10　一个变种人的右脚趾区域被错误地识别为人脸

幸运的是，这个问题很容易补救。解决的办法是不只搜索人脸。

3. 检测眼睛和禁用武器

还是在走廊图像的 for 循环中，代码清单 9-3 使用 OpenCV 内置的眼睛级联分类器在检测到的人脸矩形列表中搜索眼睛。搜索眼睛通过增加第二个验证步骤来减少假阳性。由于变种人没有眼睛，如果至少发现一只眼睛，你可以假设有人类存在，并禁用哨兵炮的开火机制，让他们通过。

代码清单 9-3　检测脸部矩形中的眼睛并禁用武器

sentry.py, part 3

```
print(f"Searching {image} for eyes.")
for rect in face_rect_list:
    for (x, y, w, h) in rect:
      ❶ rect_4_eyes = img_gray[y:y+h, x:x+w]
        eyes = eye_cascade.detectMultiScale(image=rect_4_eyes,
                                            scaleFactor=1.05,
                                            minNeighbors=2)
      ❷ for (xe, ye, we, he) in eyes:
            print("Eyes detected.")
            center = (int(xe + 0.5 * we), int(ye + 0.5 * he))
            radius = int((we + he) / 3)
            cv.circle(rect_4_eyes, center, radius, 255, 2)
            cv.rectangle(img_gray, (x, y), (x+w, y+h), (255, 255, 255), 2)
          ❸ discharge_weapon = False
            break
```

输出正在搜索的图像名称，并开始循环遍历 face_rect_list 中的矩形。如果有一个矩形存在，就开始在坐标元组中循环。使用这些坐标从图像中生成一个子数组，在其中搜索眼睛❶。

在子数组上调用眼睛级联分类器。因为现在搜索的区域更小，所以可以减少minNeighbors参数。

与脸部的级联分类器一样，眼睛级联也会返回一个矩形的坐标。在这些坐标中开始一个循环，命名用 e 结尾（e 代表"眼睛"），以区别于人脸矩形的坐标❷。

接下来，在找到的第一个眼睛周围绘制一个圆。这只是为了你自己从视觉上确认，就算法而言，眼睛已经找到了。计算出矩形的中心，然后计算出一个比眼睛稍大的半径值。使用 OpenCV 的 circle()方法在 rect_4_eyes 子数组上绘制一个白圈。

现在，调用 OpenCV 的 rectangle()方法并向它传入 img_gray 数组，在脸部周围绘制一个矩形。显示图像两秒，然后销毁窗口。因为 rect_4_eyes 子数组是 img_gray 的一部分，所以即使没有明确地将子数组传递给 im_show()方法，圆圈也会显示出来（图 9-11）。

确认了人的身份后，禁用武器❸，中断并跳出 for 循环。只需要确认一只眼睛就可以确认有一个人脸，那么可以继续下一个检查脸部矩形了。

图 9-11　脸部矩形和眼睛圆圈

4. 让入侵者通过或让武器开火

还是在走廊图像的 `for` 循环中，代码清单 9-4 决定了如果武器被禁用或允许开火会发生什么。在禁用的情况下，它显示带有检测到的人脸的图像，并播放 "all clear" 的语音；否则，它将显示图像并播放枪声的音频文件。

代码清单 9-4　确定在禁用或启用哨兵炮时的行动方案

sentry.py, part 4

```
if discharge_weapon == False:
    playsound(tone_path, block=False)
    cv.imshow('Detected Faces', img_gray)
    cv.waitKey(2000)
    cv.destroyWindow('Detected Faces')
    time.sleep(5)

else:
    print(f"No face in {image}. Discharging weapon!")
    cv.putText(img_gray, 'FIRE!', (int(width / 2) - 20, int(height / 2)),
                            cv.FONT_HERSHEY_PLAIN, 3, 255, 3)
    playsound(gunfire_path, block=False)
    cv.imshow('Mutant', img_gray)
    cv.waitKey(2000)
    cv.destroyWindow('Mutant')
    time.sleep(3)

engine.stop()
```

使用一个条件语句来检查武器是否被禁用。当我们从 corridor_5 文件夹中选择当前图像时，将 discharge_weapon 变量设置为 True（见代码清单 9-2）。如果之前的清单在脸部矩形中发现了一只眼睛，就将状态改为 False。

如果武器被禁用，则显示阳性检测图像（如图 9-11）并播放语音。首先，调用 playsound，将 tone_path 字符串传给它，并将 block 参数设置为 False。将 block 设置为 False，就允许 paysound 在 OpenCV 显示图像的同时运行。如果设置 block=True，你将不会看到图像，直到语音音频完成。显示图像两秒，然后销毁图像，并使用 time.sleep() 暂停程序 5 秒。

如果 discharge_weapon 仍然为 True，则输出一条消息给 shell，说明哨兵炮正在开火。使用 OpenCV 的 putText() 方法在图像的中心宣布这一点，然后显示图像（见图 9-12）。

图 9-12　变种人窗口示例

现在播放枪声音频。使用 playsound，将 gunfire_path 字符串传递给它，并将 block 参数设置为 False。注意，如果在调用 playsound 时提供了完整的路径，可以选择删除代码清单 9-1 中的 root_dir 和 gunfire_path 这两行代码。例如，在我的 Windows 计算机上，我会使用以下代码：

```
playsound('C:/Python372/book/mutants/gunfire.wav', block=False)
```

显示窗口 2 秒，然后销毁它。在显示变种人和显示 corridor_5 文件夹中的下一个图像之间暂停 3 秒。当循环完成后，停止 pyttsx3 引擎。

9.2.3 结果

我们的 sentry.py 程序修复了哨兵炮损坏的功能，使它在不需要应答器的情况下也能正常工作。然而，它偏向于保护人的生命，这可能会导致灾难性的后果：如果一个变种人与人类差不多同时进入走廊，变种人可能会躲过防御系统（图 9-13）。

图 9-13　最坏的情况。说 "茄子！"

当人类在走廊上时，假设人类在不巧的时刻没有看摄像头（图 9-14），变种人也可能触发开火机制。

图 9-14 你有活干了!

9.3 从视频流中检测人脸

我们也可以用视频摄像头实时检测人脸。这很容易做到,因此我们未把它作为一个专门的项目。输入代码清单 9-5 中的代码,或者使用数字版的 video_face_detect.py(在 Chapter_9 文件夹中,可以从本书网站上下载)。我们需要使用计算机的摄像头或者通过计算机工作的外部摄像头。

代码清单 9-5 检测视频流中的人脸

video_face_detect.py

```
import cv2 as cv

path = "C:/Python372/Lib/site-packages/cv2/data/"
face_cascade = cv.CascadeClassifier(path + 'haarcascade_frontalface_alt.xml')

❶ cap = cv.VideoCapture(0)

while True:
    _, frame = cap.read()
    face_rects = face_cascade.detectMultiScale(frame, scaleFactor=1.2,
```

```
                                 minNeighbors=3)

    for (x, y, w, h) in face_rects:
        cv.rectangle(frame, (x, y), (x+w, y+h), (0, 255, 0), 2)

    cv.imshow('frame', frame)
❷   if cv.waitKey(1) & 0xFF == ord('q'):
        break

cap.release()
cv.destroyAllWindows()
```

9

　　导入 OpenCV 后，像代码清单 9-1 第❸行中那样设置哈尔级联分类器的路径。我在这里使用 haarcascade_frontalface_alt.xml 文件，因为它比 haarcascade_frontalface_default.xml 文件更精准（更少的误报）。接下来，实例化一个 VideoCapture 类对象，名为 cap，代表 “capture”。将要使用的视频设备的索引传递给构造函数❶。如果只有一个摄像头，如笔记本电脑的内置摄像头，那么这个设备的索引应该是 0。

　　为了保持摄像头和人脸检测过程的运行，我们使用一个 while 循环。在循环中，我们将捕获每个视频帧，并分析它是否有人脸，就像在项目 13 中对静态图像所做的那样。尽管人脸检测算法必须做很多工作，但它的速度足以赶上连续的视频流！

　　要加载帧，调用 cap 对象的 read()方法。它返回一个元组，由布尔型返回码和 NumPy 的 ndarray 对象组成，该对象代表当前帧。当从文件中读取帧时，返回代码用于检查是否已读完帧。因为我们在这里不是从文件中读取，所以将它赋给下划线，表示一个不重要的变量。

　　接下来，复用项目 13 中的代码，找到人脸的矩形，并在帧上绘制该矩形。用 OpenCV 的 imshow()方法显示帧。如果程序检测到人脸，程序就应该在这个帧上绘制一个矩形。

　　要结束循环，就按 Q 键，表示退出（quit）❷。首先调用 OpenCV 的 waitKey()方法，并传给它一个很短的（1ms）的时间跨度。这个方法会在等待按键时暂停程序，但我们不希望中断视频流太长时间。

　　Python 内置的 ord()函数接受一个字符串作为参数，返回传入参数的 Unicode 码值表示，在本例中是一个小写的 q。我们可以在 AsciiTable 官方网站看到一个字符到数字的映射。为了让这个查询与所有的操作系统兼容，这个查询必须包括位运算符 AND（&）与十六进制数字 FF（0xFF），它是整数值 255。使用&0xFF确保只读取该变量的最后 8 位。

　　循环结束后，调用 cap 对象的 release()方法。这将为其他应用程序释放摄像头。销毁显示窗口，完成程序。

　　可以在人脸检测中添加更多的级联来增加它的准确性，就像在项目 13 中做的那样。如果这样做使检测速度太慢，可以尝试缩小视频图像的大小。在调用 cap.read()之后，添加下面的代码：

```
frame = cv.resize(frame, None, fx=0.5, fy=0.5,
                  interpolation=cv.INTER_AREA)
```

　　参数 fx 和 fy 是屏幕的 x 和 y 尺寸的缩放系数。将 fx 和 fy 设置为 0.5 会使窗口的默认尺寸减半。

除非你做了一些疯狂的事情，比如把头稍稍偏向一边，否则程序应该不难追踪你的脸部。只要这样，就会破坏检测并使矩形消失（图 9-15）。

图 9-15　利用视频帧进行人脸检测

哈尔级联分类器被设计用来识别竖直的人脸，包括正面视图和侧面视图，它们做得很好。它们甚至可以处理眼镜和胡须。然而如果你倾斜头，它们可能很快就会失败。

一个低效但简单的处理倾斜的头部的方法就是使用一个循环，在传递图像进行人脸检测之前，稍稍旋转图像。哈尔级联分类器可以处理轻微的倾斜（图 9-16），因此可以在每次传递图像时将图像旋转 5° 左右，这样有很大的机会获得好的结果。

图 9-16　旋转图像有利于人脸检测

人脸检测的哈尔特征方法很受欢迎，因为它足够快，可以在有限的计算资源下实时运行。然而，正如你可能猜想的那样，更精确、更复杂、更耗费资源的技术也是有的。

例如，OpenCV 提供了一个精确而强大的人脸检测器，基于 Caffe 深度学习框架。要了解更多关于这个检测器的信息，请查看教程"Face Detection with OpenCV and Deep Learning"。

另一种选择是使用 OpenCV 的 LBP 级联分类器进行人脸检测。这种技术将人脸分成若干块，然后从中提取局部二进制模式直方图（local binary pattern histogram，LBPH）。事实证明，这种直方图在检测图像中的非约束（unconstrained）人脸（那些不是很好对齐且姿势相似的人脸）方面是有效的。在第 10 章中，我们将研究 LBPH，我们将专注于识别人脸，而不是简单检测人脸。

9.4　小结

在本章中，我们使用了 OpenCV 的哈尔级联分类器来检测人脸；使用了 playsound 来播放音频文件；使用了 pyttsx3 来实现从文本到语音音频。多亏这些有用的库，我们才能够快速编写一个人脸检测程序，该程序还能发出语音警告和指令。

9.5　延伸阅读

Paul Viola 和 Michael Jones 的 *Rapid Object Detection Using a Boosted Cascade of Simple Features*（Conference on Computer Vision and Pattern Recognition，2001）是第一个提供实用的、实时物体检测速度的物体检测框架。它是本章中使用的人脸检测过程的基础。

Adrian Rosebrock 的网站 PyImageSearch 是一个构建图像搜索引擎和寻找大量感兴趣的计算机视觉项目的优秀来源，例如，检测火和烟的程序，在无人机视频流中寻找目标，区分活生生的人脸与印刷的人脸，自动识别车牌，以及做更多的事情。

9.6　实践项目：模糊人脸

你是否看过某个纪录片或新闻报道，其中一个人的脸被模糊化以保持其匿名性，就像图 9-17 一样？好吧，这个酷炫的效果用 OpenCV 很容易做到。只需要从帧中提取人脸矩形，将它模糊化，然后将它写回帧图像上，再加上一个矩形勾勒出人脸（可选）即可。

模糊是在一个称为核（kernel）的局部矩阵内对像素进行平均。把核看作你放置在图像上的一个方框。这个方框里的所有像素都被平均到一个单一的值。盒子越大，被平均的像素就越多，从而使图像看起来越平滑。因此，可以将模糊看成一个低通滤波器，它可以阻挡高频内容，如锐利的边缘。

模糊是本章中你唯一没有做过的步骤。要模糊图像，可使用 OpenCV 的 `blur()` 方法，向它传入一个图像和一个元组，表示核的大小，以像素为单位。

```
blurred_image = cv.blur(image, (20, 20))
```

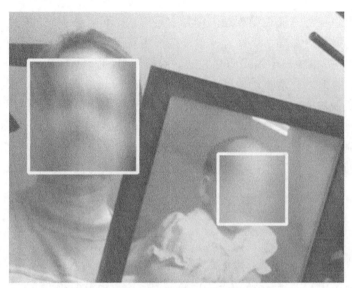

图 9-17   使用 OpenCV 进行人脸模糊的例子

在这个例子中，我们用以某像素为中心的 20 像素×20 像素的正方形中所有像素的平均值来替换 image 中该像素的值。这个操作对图像中的每像素都会重复。

用户可以在附录和 Chapter_9 文件夹中找到一个解决方案：practice_blur.py，也可以从本书网站下载。

9.7   挑战项目：检测猫脸

情况表明，LV-666 星球上有 3 种动物生命形式：人类、变种人和猫。基地的吉祥物 Kitty 先生可以在这里自由走动，可能会在 5 号走廊中游荡。

编辑并调整 sentry.py，让 Kitty 先生可以自由通过走廊。这将是一个挑战，因为猫咪以不服从语音命令而闻名。为了让它至少看一下摄像头，可以在 pyttsx3 的语音命令中加入 "Here kitty，kitty" 或 "Puss，puss，puss"；或者采用更好的方法，即用 playsound 添加金枪鱼罐头被打开的声音！

在与项目 13 中使用的分类器相同的 OpenCV 文件夹中，可以找到猫脸的哈尔分类器。在本书的 Chapter_9 文件夹中，可以找到一个空走廊图像，即 empty_corridor.png。从网上选择几个猫咪图像，或者你个人的收藏，然后把它们贴在空走廊的不同位置。用其他图像中的人类来估计猫咪的合适比例。

## 第 10 章

用人脸识别限制访问

在第 9 章中，你是一名技术人员。在本章中，你还是那个技术人员，只是你的工作变得更难了。你现在的任务是识别人脸，而不仅仅是检测它们。你的指挥官戴明（Demming）上尉发现了那个实验室，里面有制造变种人的异次元传送门，他希望限制进入的人，只有他自己能进入。

与第 9 章一样，你需要快速行动，因此会依靠 Python 和 OpenCV 来提高速度和效率。具体来说，会使用 OpenCV 的局部二进制模式直方图（local binary pattern histogram，LBPH）算法，这是一种最古老和最容易使用的人脸识别算法，用于帮助封锁实验室。如果你之前没有安装和使用过 OpenCV，请查看 1.2.2 节。

10.1 用局部二进制模式直方图识别人脸

LBPH 算法依靠特征向量来识别人脸。第 5 章曾提到过，特征向量本质上是一个按特定顺序排列的数字列表。在 LBPH 算法中，这些数字代表一个人脸的一些特质。例如，假设我们只用几个测量值就能区分人脸，如眼睛的间距、嘴的宽度、鼻子的长度和脸的宽度。这 4 个测量值，按照列出的顺序，用厘米来表示，可以组成(5.1,7.4,5.3,11.8)这样的特征向量。将数据库中的人脸还原成这些向量可以实现快速搜索，并允许我们将它们之间的差异表达为两个向量之间的数值差异，即距离。

当然，在计算上识别人脸所需要的特征不止 4 个，现有的许多算法都是针对不同的特征工作的。这些算法包括 Eigenfaces、LBPH、Fisherfaces、尺度不变特征变换（Scale-Invariant Feature Transform，SIFT）、加速稳健特征（Speeded-Up Robust Features，SURF）及各种神经网络方法。当人脸图像在受控条件下获取时，这些算法的准确率可以很高，大约和人类的判断一样高。

人脸图像的控制条件可能包括每个人脸的正面视图，表情正常、放松，并且为了使所有算法都能使用，需要一致的照明条件和分辨率。脸部应该不被头发和眼镜遮挡，假设算法被训练在这些条件下识别人脸。

10.1.1　人脸识别流程图

在深入了解 LBPH 算法的细节之前，我们先来看看人脸识别的一般工作原理。这个过程包括 3 个主要步骤：采集、训练和预测。

在采集阶段，我们收集用来训练人脸识别器的图像（图 10-1）。对于每个想识别的人脸，我们应该拍摄十几个具有多种表情的图像。

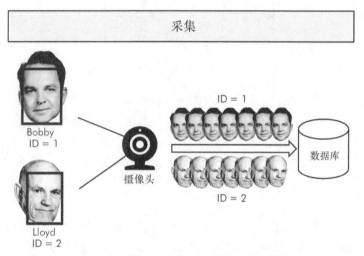

图 10-1　采集人脸图像来训练人脸识别器

采集过程的下一步是检测图像中的人脸，在其周围绘制一个矩形，将图像裁剪成矩形，将裁剪后的图像调整到相同的尺寸（取决于算法），并将其转换为灰度图像。算法通常使用整数来跟踪人脸，因此每个主体都需要一个唯一的 ID。一旦处理完成，人脸就会被存储在一个文件夹中，我们称之为数据库。

下一步是训练人脸识别器（图 10-2）。算法（在我们的例子中是 LBPH）分析每一个训练图像，然后将结果写入一个 YAML（.yml）文件。YAML 是一种人类可读的数据序列化语言，用于数据存储。YAML 最初的意思是"Yet Another Markup Language"，但现在代表"YAML Ain't Markup Language"，以强调它不仅仅是一个文档标记工具。

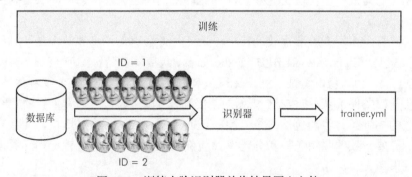

图 10-2　训练人脸识别器并将结果写入文件

训练好人脸识别器后，最后一步是加载一个新的、未经训练的人脸，并预测其身份（图 10-3）。这些未知的人脸是以与训练图像相同的方式准备的，即经过裁剪、调整大小，并被转换为灰度图像。然后，识别器对它们进行分析，将结果与 YAML 文件中的人脸进行比较，并预测哪个人脸最匹配。

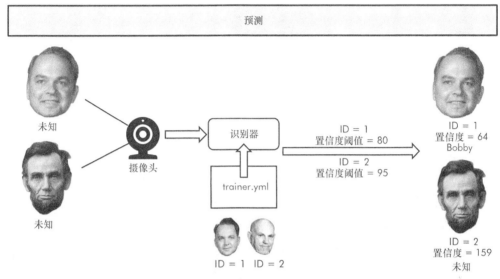

图 10-3　使用训练好的识别器预测未知人脸

注意，识别器会对每个人脸的身份进行预测。如果 YAML 文件中只有一个训练过的人脸，识别器就会给每个人脸分配训练过的人脸的 ID。它还会输出一个置信度（confidence）系数，这实际上是对新的人脸和训练过的人脸之间距离的测量。数字越大，匹配度越差。我们稍后会详细讨论这个问题，但现在你只要知道，我们将使用一个阈值来决定预测的人脸是否正确。如果置信度超过了可接受的阈值，则程序将放弃匹配并将人脸分类为"未知"（图 10-3）。

10.1.2　提取局部二进制模式直方图

我们将使用的 OpenCV 人脸识别器是基于局部二进制模式的。这些纹理描述符最早在 1994 年左右被用于描述和分类表面纹理，如区分混凝土和地毯。由于人脸也是由纹理组成的，因此该技术适用于人脸识别。

在提取直方图之前，首先需要生成二进制模式。LBP 算法通过比较每像素与其相邻值来计算纹理的局部表示。第一个计算步骤是在人脸图像上滑动一个小窗口，采集像素信息。图 10-4 展示了一个示例窗口。

下一步是将像素转换成二进制数，使用中心值（在本例中为 90）作为阈值。我们通过比较 8 个相邻值和阈值来做到这一点。如果一个相邻值等于或高于该阈值，则其被赋值 1；如果一个相邻值低于阈值，则其被赋值 0。接下来，忽略中心值，将二进制值逐行连起来（有些方法采用顺时针旋转的方法将二进制连起来），形成一个新的二进制值（11010111）。最后将这个二进制数转换成十进制数（215），并将其存储在中心像素位置。

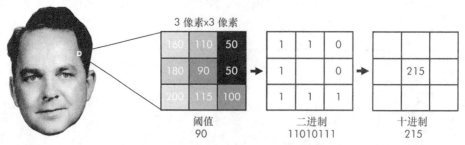

图 10-4　用于采集局部二进制模式的 3 像素×3 像素滑动窗口示例

　　继续滑动窗口，直到所有的像素都被转换为 LBP 值。除了用方形窗口采集相邻的像素，该算法还可以使用一个半径采集相邻的像素，这个过程称为圆形 LBP。

　　现在是时候从上一步产生的 LBP 图像中提取直方图了。为了做到这一点，我们使用网格将 LBP 图像划分为矩形区域（图 10-5）。在每个区域内，我们构建一个 LBP 值的直方图（在图 10-5 中标记为"局部区域直方图"）。

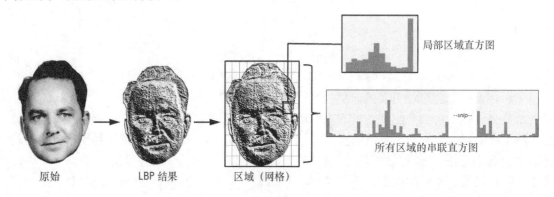

图 10-5　提取 LBP 直方图

　　在构建局部区域直方图后，我们可以按照预先确定的顺序将它们归一化并将其连成一个长的直方图（在图 10-5 中被截断）。因为我们使用的是强度值在 0～255 的灰度图像，所以每个直方图有 256 个位置。如果使用的是 10×10 的网格，如图 10-5 所示，那么最终直方图中有 10×10×256=25600 个位置。假设这个复合直方图包括了识别人脸所需的诊断特征。因此，它们是人脸图像的表征，而人脸识别的关键在于比较这些表征，而不是图像本身。

　　为了预测一个新的、未知的人脸的身份，我们可以提取它的串联直方图，并将其与训练数据库中现有的直方图进行比较。这种比较是对直方图之间距离的测量。这种计算可以使用各种方法，包括欧氏距离、绝对距离、卡方值等。该算法返回具有最接近直方图匹配的训练图像的 ID，以及置信度测量值。然后我们可以对置信度值应用一个阈值，如图 10-3 所示。如果新图像的置信度低于阈值，则假设我们有一个肯定（阳性）匹配。

因为 OpenCV 封装了所有这些步骤，所以 LBPH 算法很容易实现。它在受控环境下也能产生很好的结果，并且不受照明条件变化的影响（图 10-6）。

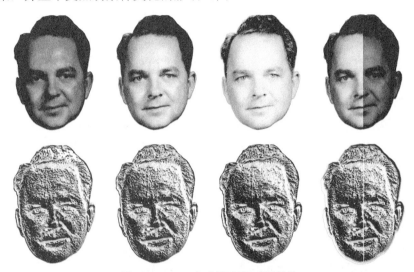

图 10-6　LBP 在光照变化时很健壮

LBPH 算法能够很好地处理光照条件的变化，因为它依赖像素强度之间的比较。即使一个图像中的光照比另一个图像中的光照要亮得多，人脸的相对反射率仍然保持不变，LBPH 也能捕捉到人脸。

10.2　项目 14：限制接触外星制品

你的小队已经赶到了实验室，那里有产生传送门的外星制品。戴明上尉下令立即封锁实验室，只有他一个人可以进入实验室。另一名技术人员将用一台笔记本电脑覆盖当前系统。戴明上尉将通过这台笔记本电脑获得访问权限，使用两层安全机制：输入密码和人脸验证。他注意到你的 OpenCV 技能，命令你处理人脸验证部分。

目标

编写一个 Python 程序，识别戴明上尉的脸。

10.2.1　策略

因为时间很紧张，而且是在恶劣的条件下工作，所以我们想用一个快速、简单且性能良好的工具，如 OpenCV 的 LBPH 人脸识别器。我们知道 LBPH 在受控条件下工作得最好，因此我们用同一个笔记本电脑的摄像头来采集训练图像和试图进入实验室的人脸。

除戴明的脸部照片外，我们还要采集一些不属于戴明上尉的脸，要用这些人脸来确保所有的肯定匹配真的属于上尉。不要担心设置密码，隔离程序与用户，或者入侵当前系统，其他技术人员会处理这些任务，而你只要负责出去打爆变种人。

10.2.2　支持模块和文件

我们将使用 OpenCV 和 NumPy 来完成这个项目中的大部分工作。如果你还没有安装它们，请参考 1.2.2 节。我们还需要 playsound（用于播放声音）和 pyttsx3（用于文本到语音功能）。可以在 9.2.2 节中找到更多关于这些模块的信息，包括安装说明。

代码和支持文件在本书网站的 Chapter_10 文件夹中。下载后保持文件夹结构和文件名不变（图 10-7）。注意，tester 和 trainer 文件夹是稍后创建的，不会包含在下载的文件夹中。

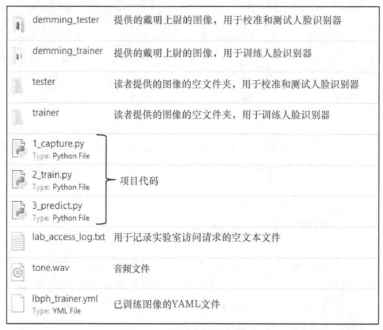

图 10-7　项目 14 的文件结构

demming_trainer 和 demming_tester 文件夹中包含了戴明上尉和其他人的图像，可以在这个项目中使用。目前代码引用了这些文件夹。

如果你想提供自己的图像（例如，用自己的脸来代表戴明上尉的脸），那么你将会使用名为 trainer 和 tester 的文件夹。代码清单 10-1 将为你创建 trainer 文件夹。你需要手动创建 tester 文件夹，并添加一些自己的图片，如稍后所述。当然，你需要编辑代码，使它指向这些新文件夹。

10.2.3　视频采集代码

第一步（由 1_capture.py 的代码运行）是采集训练识别器所需的人脸图像。如果你打算使用 demming_trainer 文件夹中提供的图像，可以跳过这一步。

要使用自己的脸来替代戴明上尉，请使用你的计算机摄像头来记录十几张不同表情和不戴眼镜的脸部照片。如果没有网络摄像头，则可以跳过这一步，用手机自拍，然后保存到名为 trainer 的文件夹中，如图 10-7 所示。

1. 导入模块，设置音频、摄像头、说明和文件路径

代码清单 10-1 导入模块，初始化并设置音频引擎和哈尔级联分类器，初始化摄像头，并提供用户说明。我们需要哈尔级联分类器，因为必须在识别人脸之前检测到它。关于哈尔级联和人脸检测的内容，参见 9.1 节。

代码清单 10-1　导入模块并设置音频和检测器文件、摄像头和说明

1_capture.py, part 1

```
        import os
        import pyttsx3
        import cv2 as cv
        from playsound import playsound

        engine = pyttsx3.init()
❶       engine.setProperty('rate', 145)
        engine.setProperty('volume', 1.0)

        root_dir = os.path.abspath('.')
        tone_path = os.path.join(root_dir, 'tone.wav')

❷       path = "C:/Python372/Lib/site-packages/cv2/data/"
        face_detector = cv.CascadeClassifier(path +
                                'haarcascade_frontalface_default.xml')

        cap = cv.VideoCapture(0)
        if not cap.isOpened():
            print("Could not open video device.")
❸       cap.set(3, 640) # Frame width.
        cap.set(4, 480) # Frame height.

        engine.say("Enter your information when prompted on screen. \
                Then remove glasses and look directly at webcam. \
                Make multiple faces including normal, happy, sad, sleepy. \
                Continue until you hear the tone.")
        engine.runAndWait()

❹       name = input("\nEnter last name: ")
        user_id = input("Enter assigned ID Number: ")
        print("\nCapturing face. Look at the camera now!")
```

导入的内容与第 9 章中用于检测人脸的内容相同。我们将使用操作系统（通过 os 模块）来操作文件路径，使用 pyttsx3 来播放文本到语音的音频指令，使用 cv 来处理图像并运行人脸检测器和识别器，使用 playsound 来播放一个提示音，让用户知道程序何时完成了对图像的采集。

接下来，设置文本到语音引擎。我们将用它来告诉用户如何运行程序。默认的语音取决于你的特定操作系统。该引擎的 `rate` 参数目前已针对 Windows 上的美式 "David" 语音进行了优化❶。如果觉得语音太快或太慢，则你可能需要编辑该参数。如果想改变语音，参见代码清单 9-1 所附的说明。

我们利用一个提示音来提醒用户视频采集过程已经结束。设置 tony.wav 音频文件的路径，像在第 9 章中那样。

现在，提供哈尔级联文件的路径❷，并将该分类器赋给一个名为 **face_detector** 的变量。这里显示的是我的 Windows 操作系统的路径，你的路径可能不同。例如，在 macOS 上，我们可以在 opencv/data/haarcascades 下找到这些文件，也可以在 GitHub 的 opencv 项目中找到它们。

在第 9 章中，我们学习了如何使用计算机的摄像头采集人脸。在这个程序中，我们将使用类似的代码，首先调用 **cv.VideoCapture(0)**。参数 0 指的是活动的摄像头。如果有多个摄像头，则可能需要使用另一个数字，如 1，这可以通过试错来确定。使用条件语句来检查摄像机是否打开，如果摄像头打开了，则分别设置帧的宽度和高度❸。这两个方法中的第一个参数指的是宽度或高度参数在参数列表中的位置。

安全起见，我们会在现场监督该过程的视频采集阶段。尽管如此，可使用 pyttsx3 引擎向用户解释这个过程（这样你就不用记住它了）。为了控制采集条件，以确保稍后的准确识别，用户需要摘掉眼镜和所有面部遮挡物，并采集多种表情。这些表情应该包括他们计划在每次进入实验室时使用的表情。

最后，他们需要按照屏幕上的一些打印说明进行操作。首先，他们要输入自己的姓 ❹。目前不需要担心重复的名字，因为戴明上尉将是唯一的用户。另外，要给用户分配一个唯一的 ID。OpenCV 将使用 **user_id** 变量在训练和预测过程中跟踪所有的人脸。之后，我们会创建一个字典，这样就可以跟踪哪个用户 ID 属于哪个人，假设未来有更多的人被授予访问权限。

只要用户输入他们的 ID 并按下 Enter 键，摄像头就会打开并开始采集图像，因此用另一个 **print()** 调用让他们知道这一点。第 9 章曾提过，哈尔级联人脸检测器对头部方向很敏感。为了使它正常工作，用户必须直视摄像头，并尽可能地保持头部竖直。

2. 采集训练图像

代码清单 10-2 使用摄像头和一个 **while** 循环来采集指定数量的人脸图像。该代码将图像保存到一个文件夹中，并在操作完成时发出提示音。

代码清单 10-2　使用循环采集视频图像

1_capture.py, part 2

```
if not os.path.isdir('trainer'):
    os.mkdir('trainer')
os.chdir('trainer')

frame_count = 0

while True:
    # Capture frame-by-frame for total of 30 frames.
    _, frame = cap.read()
    gray = cv.cvtColor(frame, cv.COLOR_BGR2GRAY)
  ❶ face_rects = face_detector.detectMultiScale(gray, scaleFactor=1.2,
                                                minNeighbors=5)

    for (x, y, w, h) in face_rects:
```

```
        frame_count += 1
        cv.imwrite(str(name) + '.' + str(user_id) + '.'
                    + str(frame_count) + '.jpg', gray[y:y+h, x:x+w])
        cv.rectangle(frame, (x, y), (x + w, y + h), (0, 255, 0), 2)
        cv.imshow('image', frame)
        cv.waitKey(400)
❷   if frame_count >= 30:
        break

print("\nImage collection complete. Exiting...")
playsound(tone_path, block=False)
cap.release()
cv.destroyAllWindows()
```

10

首先检查是否有一个名为 trainer 的目录，如果该目录不存在，就用操作系统模块的 mkdir() 方法建立这个目录。然后将当前工作目录改为这个 trainer 目录。

现在，将变量 frame_count 初始化为 0。只有在检测到人脸时，代码才会采集并保存一个视频帧。为了知道什么时候结束这个程序，需要统计捕获的帧数。

接下来，启动一个 while 循环，循环条件设置为 True。然后调用 cap 对象的 read() 方法。如第 9 章所述，这个方法返回一个元组，由一个布尔返回码和一个 NumPy 的 ndarray 对象组成，代表当前帧。返回码通常用于检查从文件中读取时是否已读完了帧。因为这里不是从文件中读取，所以将它赋给一个下划线，表示一个未使用的变量。

人脸检测和人脸识别都是基于灰度图像工作的，因此将该帧转换为灰度图像，并将得到的数组命名为 gray。然后，调用 detectMultiscale() 方法来检测图像中的人脸❶。可以在代码清单 9-2 的讨论中找到这个方法工作的细节。因为我们是让用户对着笔记本电脑的摄像头来控制条件的，所以可以放心，算法会很好地工作。当然，我们肯定应该检查结果。

前面的方法应该输出人脸周围矩形的坐标。启动一个 for 循环遍历每一个坐标集，并立即将 frame_count 变量加 1。

使用 OpenCV 的 imwrite() 方法将图像保存到 trainer 文件夹中。文件夹使用以下命名逻辑：name.user_id.frame_count.jpg（如 demming.1.9.jpg）。只保存脸部矩形内的图像部分。这将有助于确保你没有训练该算法去识别背景特征。

接下来的两行在原始帧上绘制一个人脸矩形并显示出来。这是为了让用户（戴明上尉）可以检查他的头是否竖直，表情是否合适。waitKey() 方法延迟了采集过程，足以让用户循环查看多个表情。

即使戴明上尉在进行身份验证时总是采用轻松、不动声色的表情，对软件进行一系列表情的训练也会得到更可靠的结果。顺着这个思路，用户在采集阶段稍微左右倾斜头部，也是很有帮助的。

接下来，检查是否已经达到目标帧数，如果达到了，就中断循环❷。需要注意的是，如果没有人在看摄像机，循环就将永远进行下去。只有当级联分类器检测到人脸并返回一个人脸矩形时，它才会计算帧数。

通过打印一条信息并发出提示音，让用户知道摄像头已经关闭。然后释放摄像头，销毁所有图像窗口，结束程序。

此时，trainer 文件夹应该包含 30 个经过紧密裁剪的用户脸部图像。在 10.2.4 节中，我们将使用这些图像（或者 demming_trainer 文件夹中提供的一组图像）来训练 OpenCV 的人脸识别器。

10.2.4　人脸训练器代码

下一步是利用 OpenCV 创建一个基于 LBPH 的人脸识别器，用训练图像对其进行训练，并将结果保存为一个可重复使用的文件。如果你用自己的脸来代表戴明上尉的脸，就要将程序指向 trainer 文件夹；否则，就需要使用 demming_trainer 文件夹（它和包含代码的 2_train.py 文件都在 Chapter_10 文件夹中，可以下载）。

代码清单 10-3 设置了用于人脸检测的哈尔级联的路径，以及之前程序采集的训练图像。OpenCV 使用标签整数而不是名称字符串来跟踪人脸。代码清单 10-3 还初始化了列表来保存标签及其相关图像。然后，它循环遍历训练图像，加载它们，从文件名中提取用户 ID，并检测人脸。最后，它对识别器进行训练，并将结果存入一个文件。

代码清单 10-3　训练并保存 LBPH 人脸识别器

2_train.py

```
        import os
        import numpy as np
        import cv2 as cv

        cascade_path = "C:/Python372/Lib/site-packages/cv2/data/"
        face_detector = cv.CascadeClassifier(cascade_path +
                                    'haarcascade_frontalface_default.xml')
❶       train_path = './demming_trainer' # Use for provided Demming face.
        #train_path = './trainer' # Uncomment to use your face.
        image_paths = [os.path.join(train_path, f) for f in os.listdir(train_path)]
        images, labels = [], []

        for image in image_paths:
            train_image = cv.imread(image, cv.IMREAD_GRAYSCALE)
❷           label = int(os.path.split(image)[-1].split('.')[1])
            name = os.path.split(image)[-1].split('.')[0]
            frame_num = os.path.split(image)[-1].split('.')[2]
❸           faces = face_detector.detectMultiScale(train_image)
            for (x, y, w, h) in faces:)
            images.append(train_image[y:y + h, x:x + w])
            labels.append(label)
            print(f"Preparing training images for {name}.{label}.{frame_num}")
            cv.imshow("Training Image", train_image[y:y + h, x:x + w])
            cv.waitKey(50)

        cv.destroyAllWindows()

❹       recognizer = cv.face.LBPHFaceRecognizer_create()
        recognizer.train(images, np.array(labels))
        recognizer.write('lbph_trainer.yml')
        print("Training complete. Exiting...")
```

我们之前已经看到了导入模块和人脸检测器的代码。虽然我们已经在 1_capture.py 中把训练图像裁剪成了人脸矩形，但重复一下这个过程也无妨。由于 2_train.py 是一个独立的程序，最好不要想当然地做出假设。

接下来，我们必须选择使用哪一组训练图像：你自己在 trainer 文件夹中采集的图像，或者在 demming_trainer 文件夹中的文件❶。注释或删除你不用的那一行。记住，因为没有提供文件夹的完整路径，所以需要从包含它的文件夹中启动程序，这个文件夹应该比 trainer 文件夹和 demming_trainer 文件夹高一级。

使用列表解析创建一个名为 image_paths 的列表。这个列表将保存训练文件夹中每个图像的目录路径和文件名。然后为图像和它们的标签创建空列表。

启动一个 for 循环遍历 image_paths。读取灰度图像，然后从文件名中提取其数字标签，并将其转换为一个整数❷。回忆一下，这个标签对应于在视频帧采集之前通过 1_capture.py 输入的用户 ID。

让我们花点时间来解释这个提取和转换过程中发生的事情。os.path.split()方法接收一个目录路径，并返回一个目录路径和文件名的元组，如下面的代码片段所示：

```
>>> import os
>>> path = 'C:\demming_trainer\demming.1.5.jpg'
>>> os.path.split(path)
('C:\\demming_trainer', 'demming.1.5.jpg')
```

然后我们可以使用索引-1 来选择元组中的最后一项，并按点（.）对它进行分割。这将产生一个包含 4 个数据项（用户名称、用户 ID、帧号和文件扩展名）的列表。

```
>>> os.path.split(path)[-1].split('.')
['demming', '1', '5', 'jpg']
```

为了提取标签值，我们使用索引 1 选择列表中的第二项。

```
>>> os.path.split(path)[-1].split('.')[1]
'1'
```

重复这个过程，提取每个图像的 name 和 frame_num。此时这些都是字符串，这就是为什么我们需要把用户 ID 变成一个整数，以便用作标签。

现在，在每个训练图像上调用人脸检测器❸。这将返回一个 NumPy 的 ndarray，我们称之为 faces。开始循环遍历该数组，它包含了检测到的人脸矩形的坐标。将图像在矩形中的部分附加到之前建立的 images 列表中。同时将图像的用户 ID 追加到 labels 列表中。

在 shell 中输出一条消息，让用户知道发生了什么。然后，作为检查，显示每个训练图像 50ms。如果你看过 Peter Gabriel 在 1986 年为 Sledgehammer 拍摄的流行音乐视频，你就会喜欢这种显示方式。

现在是训练人脸识别器的时候了。就像我们在使用 OpenCV 的人脸检测器时一样，首先要实例化一个识别器对象❹。接下来，调用 train()方法，并将 images 列表和 labels 列表传递给它，我们当场将 labels 变成了一个 NumPy 数组。

我们不希望每次有人验证他们的人脸时都要训练识别器，因此将训练过程的结果写入一个名为 lbph_trainer.yml 的文件中，然后让用户知道程序已经结束。

10.2.5　人脸预测器代码

是时候开始识别人脸了，我们称这个过程为预测，因为这一切归根到底都是概率。
3_predict.py 中的程序先计算出每个人脸的 LBP 直方图。然后，它找到这个直方图和训练集中
所有直方图之间的距离。接下来，它将给新的人脸指定最接近它的训练人脸的标签和名称，但
只有当距离低于我们指定的阈值时，它才会这样做。

1.　导入模块与准备人脸识别器

代码清单 10-4 导入模块，准备一个字典来保存用户 ID 和名称，设置人脸检测器和识别器，
并建立测试数据的路径。测试数据包括戴明上尉的图像，以及其他几个人脸。用一个来自训练
文件夹的戴明上尉的图像来测试结果。如果一切工作正常，该算法就应该得到较低的距离测量
值，从而肯定识别这个图像。

代码清单 10-4　导入模块并准备进行人脸检测和识别

3_predict.py, part 1

```
import os
from datetime import datetime
import cv2 as cv

names = {1: "Demming"}
cascade_path = "C:/Python372/Lib/site-packages/cv2/data/"
face_detector = cv.CascadeClassifier(cascade_path +
                                     'haarcascade_frontalface_default.xml')

❶ recognizer = cv.face.LBPHFaceRecognizer_create()
recognizer.read('lbph_trainer.yml')

#test_path = './tester'
❷ test_path = './demming_tester'
image_paths = [os.path.join(test_path, f) for f in os.listdir(test_path)]
```

在一些熟悉的导入之后，创建一个字典来链接用户 ID 和用户名。虽然目前只有一个条目，
但这个 names 字典可以方便将来添加更多的条目。如果你使用的是你自己的人脸，则你可以随
意更改姓氏，但请将 ID 设置为 1。

接下来，重复设置 face_detector 对象的代码。需要输入自己的 cascade_path（参见
代码清单 10-1）。

像在 2_train.py 代码中那样创建一个识别器对象❶，然后使用 read() 方法加载包含训练信
息的.yml 文件。

我们希望使用文件夹中的人脸图像来测试识别器。如果使用本书提供的戴明图像，则请设
置一个路径到 demming_tester 文件夹❷；否则，使用你之前创建的 tester 文件夹。你可以将自己
的图像添加到这个空白文件夹中。如果你用自己的脸来代表戴明上尉的脸，你就不应该在这里
重复使用那些训练图像，尽管你可以考虑使用一个图像作为控制组。作为替代，可使用
1_capture.py 程序来生成一些新的图像。如果你戴眼镜，文件夹应包含一些戴眼镜和不戴眼镜的
图像。你也可以从 demming_tester 文件夹中加入一些陌生人图像。

2. 识别人脸并更新访问日志

代码清单 10-5 循环遍历测试文件夹中的图像, 检测所有存在的人脸, 将人脸直方图与训练文件中的人脸直方图进行比较, 为人脸命名, 赋一个置信值, 然后将名字和访问时间记录在一个持久的文本文件中。作为这个过程的一部分, 如果该 ID 结果是肯定的, 程序理论上会解锁实验室, 但由于我们没有实验室, 因此会跳过这部分。

代码清单 10-5 识别人脸并更新访问日志

3_predict.py, part 2

```
for image in image_paths:
    predict_image = cv.imread(image, cv.IMREAD_GRAYSCALE)
    faces = face_detector.detectMultiScale(predict_image,
                                           scaleFactor=1.05,
                                           minNeighbors=5)

    for (x, y, w, h) in faces:
        print(f"\nAccess requested at {datetime.now()}.")
❶      face = cv.resize(predict_image[y:y + h, x:x + w], (100, 100))
        predicted_id, dist = recognizer.predict(face)
❷      if predicted_id == 1 and dist <= 95:
            name = names[predicted_id]
            print("{} identified as {} with distance={}"
                  .format(image, name, round(dist, 1)))
❸          print(f"Access granted to {name} at {datetime.now()}.",
                  file=open('lab_access_log.txt', 'a'))
        else:
            name = 'unknown'
            print(f"{image} is {name}.")

        cv.rectangle(predict_image, (x, y), (x + w, y + h), 255, 2)
        cv.putText(predict_image, name, (x + 1, y + h - 5),
                   cv.FONT_HERSHEY_SIMPLEX, 0.5, 255, 1)
        cv.imshow('ID', predict_image)
        cv.waitKey(2000)
        cv.destroyAllWindows()
```

从循环遍历测试文件夹中的图像开始。该文件夹是 demming_tester 文件夹或 tester 文件夹。读取每个图像的灰度值, 并将所得数组赋给变量 predict_image。然后在上面运行人脸检测器。

现在, 像之前一样, 循环遍历人脸矩形。输出一条关于请求访问的消息; 然后利用 OpenCV, 将人脸子数组的大小调整为 100 像素×100 像素❶。这与 demming_trainer 文件夹中的训练图像的尺寸接近。同步图像的大小并不是严格必要的, 但根据我的经验, 这有助于改善结果。如果你用自己的图像来表示戴明上尉, 则你应该检查训练图像和测试图像的尺寸是否相似。

现在是时候预测人脸的身份了。这只要一行代码。只需调用 `recognizer` 对象上的 `predict()` 方法, 并将人脸子数组传递给它。这个方法将返回一个 ID 和一个距离值。

距离值越小, 预测的人脸越有可能被正确识别。可以使用距离值作为阈值: 所有被预测为戴明上尉且得分达到或低于阈值的图像将被肯定识别为戴明上尉。所有其他图像将被赋值为 `'unknown'`。

要应用阈值, 可使用一个 `if` 语句❷。如果你使用自己的训练图像和测试图像, 则你在第一次运行程序时将距离值设置为 1000。查看测试文件夹中所有图像的距离值，包括已知的和未知的。找到一个阈值，低于这个阈值，所有的人脸都会被正确识别为戴明上尉。这就是你未来的判别器。对于 demming_trainer 和 demming_tester 文件夹中的图像，阈值距离应该是 95。

接下来，通过使用 predicted_id 值作为名称字典中的键来获取图像的名称。在 shell 中输出一条消息，说明这个图像已被识别，并包括图像文件名、字典中的名称和距离值。

作为日志，输出一条消息，表明 name（在本例中是戴明上尉）已被授予访问实验室的权限，并包括利用 datetime 模块得到的时间❸。

我们可能希望保留一个人们来来去去的持久性文件。这里有一个很好的技巧：利用 print() 函数将其写入一个文件。打开 lab_access_log.txt 文件，并加入 "append" 参数。这样一来，不用为每个新图像重写该文件，而只需在底部添加一行新的内容。下面是该文件内容的一个例子：

```
Access granted to Demming at 2020-01-20 09:31:17.415802.
Access granted to Demming at 2020-01-20 09:31:19.556307.
Access granted to Demming at 2020-01-20 09:31:21.644038.
Access granted to Demming at 2020-01-20 09:31:23.691760.
--snip--
```

如果条件不满足，则可将 name 设置为 'unknown'，并输出一条信息。然后在人脸周围绘制一个矩形，并使用 OpenCV 的 putText() 方法发布用户的名字。在销毁图像之前，显示图像两秒。

10.2.6 结果

可以在图 10-8 中看到一些来自 demming_tester 文件夹的 20 个图像的示例结果。预测器代码正确识别了戴明上尉的 8 个图像，没有出现错误的肯定识别（假阳性）。

图 10-8 是戴明和不是戴明的情况

为了使 LBPH 算法高度准确，需要在受控条件下使用它。回忆一下，通过强迫用户通过笔记本电脑进入，你控制了他们的姿势、脸部大小、图像分辨率和光线。

10.3 小结

在本章中，我们用 OpenCV 的局部二进制模式直方图算法来识别人脸。我们只用了几行代码，就制作出了一个强大的人脸识别器，它可以轻松地处理可变的光照条件。我们还使用了标准库的 `os.path.split()` 方法来拆分目录路径和文件名，以产生自定义的可变名称。

10.4 延伸阅读

Laura María Sánchez López 撰写的 *Local Binary Patterns Applied to Face Detection and Recognition*（加泰罗尼亚理工大学，2010）是对 LBPH 方法的全面回顾。

AURlabCVsimulator 网站上的 *Look at the LBP Histogram*，包括 Python 代码，让你能够可视化 LBPH 图像。

如果你是 macOS 或 Linux 用户，一定要看看 Adam Geitgey 的 face_recognition 库，这是一个基于深度学习的简单易用且高度准确的人脸识别系统。你可以在 Python 软件基金会的网站上找到安装说明和概述。

Machine Learning Is Fun! Part 4: Modern Face Recognition with Deep Learning（Medium，2016），作者是 Adam Geitgey。这是简短而有趣的概述，介绍了使用 Python、OpenFace 和 dlib 进行现代人脸识别。

Liveness Detection with OpenCV（PyImageSearch，2019），作者是 Adrian Rosebrock。这是一个在线教程，教你如何保护你的人脸识别系统，防止被假脸欺骗，如拿着一张戴明上尉的照片对着摄像头。

世界各地的城市和大学已经开始禁止人脸识别系统。发明家们也参与其中，设计出能迷惑系统并保护你身份的衣服。*These Clothes Use Outlandish Designs to Trick Facial Recognition Software into Thinking You're Not Human*（Business Insider，2020），作者是 Aaron Holmes，以及 *How to Hack Your Face to Dodge the Rise of Facial Recognition Tech*（Wired，2019），作者是 Elise Thomas，回顾了最近一些实用（和不实用）的解决方案。

Adrian Rosebrock 的 *OpenCV Age Detection with Deep Learning*（PyImageSearch，2020），是使用 OpenCV 从照片中预测一个人的年龄的在线教程。

10.5 挑战项目：添加密码和视频采集

我们在项目 14 中编写的 3_predict.py 程序，循环遍历一个文件夹中的照片来进行人脸识别。重写该程序，让它动态识别摄像头视频流中的人脸。人脸矩形和名称应该出现在视频帧中，就像它们出现在文件夹图像上一样。

为了启动该程序，让用户输入一个密码（由你验证）。如果它是正确的，则添加音频指令，告诉用户看摄像头。如果程序确定人脸是戴明上尉，则用音频宣布访问权限已被批准。否则，播放音频信息，说明访问被拒绝。

关于从视频流中识别人脸，如果需要帮助，可参阅附录中的 challenge_video_recognize.py 程序。注意，对于视频帧，可能需要使用比静态照片更高的置信值。

为了能够跟踪谁曾试图进入实验室，可将单个帧保存到与 lab_access_log.txt 文件相同的文件夹中。使用 `datetime.now()` 中的日志结果作为文件名，这样就可以将人脸与访问尝试对应起来。注意，需要重新格式化从 `datetime.now()` 返回的字符串，让它只包含操作系统定义的可接受的文件名字符。

10.6　挑战项目：长得像和双胞胎

使用项目 14 中的代码来比较长得像的名人和双胞胎。用互联网上的图像来训练，看看你是否能骗过 LBPH 算法。一些可以考虑的配对是 Scarlett Johansson 和 Amber Heard、Emma Watson 和 Kiernan Shipka、Liam Hemsworth 和 Karen Khachanov、Rob Lowe 和 Ian Somerhalder、Hilary Duff 和 Victoria Pedretti、Bryce Dallas Howard 和 Jessica Chastain、Will Ferrell 和 Chad Smith。

对于著名的双胞胎，可以看看宇航员双胞胎 Mark Kelly 和 Scott Kelly，以及名人双胞胎 Mary-Kate Olsen 和 Ashley Olsen。

10.7　挑战项目：时间机器

如果你重播旧剧，则会看到著名演员年轻时候（有时非常年轻）的样子。即使人类擅长于脸部识别，我们可能仍然难以识别年轻的 Ian McKellen 或 Patrick Stewart。有时候某个音调的变化或古怪的举止，会将我们引向搜索引擎去查剧组成员，这就是原因。

人脸识别算法在跨时空识别人脸时也容易失败。要想知道 LBPH 算法在这些条件下的表现，可以使用项目 14 中的代码，对自己（或亲属）某个年龄段的脸进行训练，然后用不同年龄段的图像进行测试。

第 11 章

创建交互式僵尸逃离地图

11

2010 年，《行尸走肉》（*The Walking Dead*）在 AMC 电视频道首播。它以僵尸末日的开始为背景，讲述了佐治亚州亚特兰大地区一小群幸存者的故事。这部广受好评的剧集很快成为有线电视史上收视率最高的系列剧，催生了一部名为《行尸之惧》（*Fear the Walking Dead*）的衍生剧，并以《闲话行尸》（*Talking Dead*）栏目开创了一种全新的电视类型：剧集后讨论节目。

在本章中，你将扮演一位思维敏捷的数据科学家，预知文明即将崩溃。你将准备一幅地图，帮助《行尸走肉》的幸存者逃离拥挤的亚特兰大都市区，前往密西西比河以西人烟更稀少的地区。在这个过程中，你将使用 pandas 库来加载、分析和清理数据，使用 bokeh 和 holoviews 模块来绘制地图。

11.1　项目 15：用地区分布图实现人口密度可视化

在《行尸走肉》中，根据科学家们的说法（是的，他们已经研究过了），在僵尸末日中生存的关键是尽可能远离城市。

不幸的是，对于在亚特兰大的《行尸走肉》幸存者，他们离相对安全的美国西部还有很长的路要走。他们需要在众多城镇中穿行，最好是经过人口最少的地区。服务站地图不提供这种人口信息，但美国人口普查提供了。在文明崩溃和互联网失效之前，你可以将人口密度数据下载到笔记本电脑上，然后用 Python 将它整理出来。

展现这类数据的最佳方式是使用地区分布图，这是一种可视化工具，它使用颜色或图案来表示预先定义的地理区域的统计数据。如果幸存者有一个人口密度地区分布图，显示每个县每平方英里（1 英里=1609.344 米）人口数量，他们就能找到离开亚特兰大和穿越美国南部的最短的、理论上最安全的路线。虽然可以从人口普查中得到更高分辨率的数据，但使用其县级数据应该足够了。《行尸走肉》的僵尸群在饥饿时迁徙，很快就会使详细的统计数据过时。

为了确定穿越各县的最佳路线，幸存者可以使用州高速公路地图，如服务站和欢迎中心的地图。这些纸质地图包括县和教区的轮廓，使得很容易将它们的城市和道路网络与一页大小的、打印的地区分布图联系起来。

目标

制作美国本土（相邻的 48 个州）的交互式地图，显示各县的人口密度。

11.1.1 策略

像所有的数据可视化练习一样，这个任务包括以下基本步骤：寻找和清理数据，选择绘图类型和显示数据的工具，为绘图准备数据及绘制数据。

在这个例子中，寻找数据是很容易的，因为美国人口普查的人口数据是可以随时向公众提供的。然而，仍然需要对其进行清理，找到并处理假数据点、空值和格式化问题。理想情况下，还需要验证数据的准确性，这项困难的工作可能是数据科学家经常跳过的。数据至少应该通过理智性检查，这一点可能要等到数据绘制完成后才能进行。例如，纽约市的人口密度应该比蒙大拿州比林斯市的人口密度大。

接下来，我们必须决定如何展现数据。我们将使用地图，但其他选项可能包括条形图或表格。更重要的是选择工具（在本例中，选择 Python 库），我们将使用这些工具来绘制图表。工具的选择将对如何准备数据和最终显示的具体内容产生很大的影响。

几年前，一家快餐公司做了一个广告，客户声称喜欢"品种多，但不要太多"。说到 Python 中的可视化工具，可以说选择太多，区别太小：matplotlib、seaborn、plotly、bokeh、folium、altair、pygal、ggplot、holoviews、cartopy、geoplotlib，以及 pandas 中内置的函数。

这些不同的可视化库有它们的优势和弱点，但由于这个项目需要速度，我们将专注于易于使用的 holoviews 模块，以及用于绘图的 bokeh 后台。这种组合将使我们只需几行代码就能生成一个交互式的地区分布图，而且 bokeh 在其样本数据中包含了美国的州和县的多边形，使用起来很方便。

选择了可视化工具后，我们就必须将数据放在该工具所期望的格式中。我们需要弄清楚如何用另一个文件中的人口数据来填充从一个文件中获得的县级形状。这需要使用 holoviews 的展示馆中的示例代码进行一些逆向工程。之后，我们用 bokeh 绘制地图。

幸运的是，用 Python 进行数据分析几乎总是依赖于 Python 数据分析库（pandas）。这个模块将让我们加载人口普查数据，分析它，并重新格式化它，以便与 holoviews 和 bokeh 一起使用。

11.1.2 Python 数据分析库

开源的 pandas 库是最流行的库，用于在 Python 中提取、处理和操作数据。它包含了一些数据结构，这些数据结构是为处理常见的数据源而设计的，如 SQL 关系数据库和 Excel 电子表格。如果你打算成为一名（任何形式的）数据科学家，那么你肯定会在某个时候遇到 pandas。

pandas 库包含两种主要的数据结构：系列（series）和数据帧（dataframe）。系列是一维的带标签数组，可以容纳任何类型的数据，如整数、浮点数和字符串等。因为 pandas 是基于 NumPy 的，所以一个系列对象基本上就是两个关联的数组（如果你是初始数组的新手，请参考 1.2.3 节对数组的介绍）。一个数组包含了数据点的值（它可以是任何 NumPy 数据类型）。另一个数组包含每个数据点的标签，称为索引（表 11-1）。

表 11-1　一个系列对象

索引	值
0	25
1	432
2	−112
3	99

与 Python 列表项的索引不同，系列中的索引不一定是整数。在表 11-2 中，索引是人名，值是他们的年龄。

表 11-2　一个系列对象（包含有意义的标签）

索引	值
Javier	25
Carol	32
Lora	19
Sarah	29

与列表或 NumPy 数组一样，我们可以对一个序列进行切片，或者通过指定一个索引来选择单个元素。我们可以通过多种方式来操作系列，如过滤、对它进行数学运算，以及将它与其他系列合并。

数据帧（dataframe）是由两个维度组成的更复杂的结构。它具有表格结构，类似于电子表格，有列、行和数据（表 11-3）。我们可以将它看成具有两个索引数组的列的有序集合。

表 11-3　一个数据帧对象

索引	列			
	Country	State	County	Population
0	USA	Alabama	Autauga	54571
1	USA	Alabama	Baldwin	182265
2	USA	Alabama	Barbour	27457
3	USA	Alabama	Bibb	22915

第一个索引是针对行的，工作原理很像系列中的索引数组。第二个索引记录一系列的标签，每个标签代表一个列头。数据帧也类似于字典，列名构成键，每列中的数据系列构成值。这种结构让我们可以轻松地操作数据帧。

介绍 pandas 中的所有功能需要一整本书，用户可以在网上找到大量的资料！在本书中，更多的讨论将放到代码部分，随着我们应用它们，我们将看到具体的例子。

11.1.3　bokeh 和 holoviews 库

bokeh 模块是一个面向现代网络浏览器的开源交互式可视化库，我们可以用它在大型或流式数据集上构建优雅的交互式图形。它使用 HTML 和 JavaScript 来渲染图形，它们是创建交互式网页的主要编程语言。

开源的 holoviews 库旨在使数据分析和可视化变得简单。使用 holoviews，我们不需要直接调用绘图库（如 bokeh 或 matplotlib）来构建一个图，而是先创建一个描述数据的对象，然后图就变成了这个对象的自动可视化表示。

holoviews 示例展示馆中包含了一些使用 bokeh 可视化的地区分布图。稍后，我们将利用这个展示馆中的失业率示例，弄清楚如何以类似的方式来展现我们的人口密度数据。

11.1.4　安装 pandas、bokeh 和 holoviews

如果你完成了第 1 章中的项目，那么你已经安装了 pandas 和 NumPy。如果没有，则参见 1.2.2 节中的说明。

安装 holoviews，以及在 Linux、Windows 或 macOS 上使用该模块的所有推荐包的最新版本，可以选择使用 Anaconda。

```
conda install -c pyviz holoviews bokeh
```

这种安装方法包括默认的 matplotlib 绘图库后端、交互性更强的 bokeh 绘图库后端，以及 Jupyter/IPython Notebook。

可以使用 pip 安装一套类似的包。

```
pip install 'holoviews[recommended]'
```

如果你已经安装了 bokeh，则你还可以通过 pip 获得额外的最小安装选项。可以在 HoloViews 官方网站的 “Installing HoloViews” 页面和 “Installing and Configuring HoloViews” 页面找到这些安装说明。

11.1.5　访问县、州、失业和人口数据

bokeh 库附带了州和县轮廓的数据文件，以及 2009 年美国每个县的失业数据。如前所述，我们将使用失业数据来决定如何格式化人口数据，这些数据来自 2010 年的人口普查。

要下载 bokeh 样本数据，请连接互联网，打开 Python shell，然后输入以下内容。

```
>>> import bokeh
>>> import bokeh.sampledata
>>> bokeh.sampledata.download()
Creating C:\Users\lee_v\.bokeh directory
Creating C:\Users\lee_v\.bokeh\data directory
Using data directory: C:\Users\lee_v\.bokeh\data
```

如你所见，程序会指出数据被放在你的计算机上的哪个位置，这样 bokeh 就能自动找到数据。你的路径会和我的路径不同。有关下载样本数据的更多信息，参见 Bokeh 2.2.3 官方文档的"bokeh.sampledata"页面。

在下载文件的文件夹中寻找 unemployment09.csv 和 US_Counties.csv。这些纯文本文件使用流行的逗号分隔值（comma-separated values，CSV）格式，其中每一行代表一个数据记录，多个字段用逗号分隔。

失业档案对数据科学家走出困境很有启发。如果你打开失业档案，你就会发现没有描述数据的列名（图 11-1），尽管你可以猜测大多数字段代表什么。我们将在后面处理这个问题。

	A	B	C	D	E	F	G	H	I
1	CN010010	1	1	Autauga County, AL	2009	23,288	21,025	2,263	9.7
2	PA011000	1	3	Baldwin County, AL	2009	81,706	74,238	7,468	9.1
3	CN010050	1	5	Barbour County, AL	2009	9,703	8,401	1,302	13.4
4	CN010070	1	7	Bibb County, AL	2009	8,475	7,453	1,022	12.1
5	CN010090	1	9	Blount County, AL	2009	25,306	22,789	2,517	9.9
6	CN010110	1	11	Bullock County, AL	2009	3,527	2,948	579	16.4

图 11-1　unemployment09.csv 的前几行

如果打开美国各县的文件，你就会看到很多列，但至少它们有标题（图 11-2）。我们面临的挑战是将图 11-1 中的失业数据与图 11-2 中的地理数据联系起来，这样就可以在稍后对人口普查数据进行同样的处理。

	A	B	C	D	E	F	G	H	I	J	K	L
1	County Name	State-County	state abbr	State Abbr.	geometry	value	GEO_ID	GEO_ID2	Geographic Name	STATE num	COUNTY num	FIPS formula
2	Autauga	AL-Autauga	al	AL	<Polygon>	126.4	05000US01001	1001	Autauga County, Alabama	1	1	1001
3	Baldwin	AL-Baldwin	al	AL	<Polygon>	486.1	05000US01003	1003	Baldwin County, Alabama	1	3	1003
4	Barbour	AL-Barbour	al	AL	<Polygon>	583.3	05000US01005	1005	Barbour County, Alabama	1	5	1005
5	Bibb	AL-Bibb	al	AL	<Polygon>	569.3	05000US01007	1007	Bibb County, Alabama	1	7	1007
6	Blount	AL-Blount	al	AL	<Polygon>	893	05000US01009	1009	Blount County, Alabama	1	9	1009

图 11-2　US_Counties.csv 的前几行

可以在本书网站的 Chapter_11 文件夹中找到人口数据 census_data_popl_2010.csv。这个文件原名为 DEC_10_SF1_GCTPH1.US05PR_with_ann.csv，来自美国 FactFinder 网站。

如果你看一下人口普查文件的顶部，你就会看到很多列，以及两个标题行（图 11-3）。我们感兴趣的是 M 列，其标题为 *Density per square mile of land area–Population*（每平方英里土地面积的密度——人口）。

此时，我们已经拥有了所有的 Python 库和数据文件，理论上，我们需要生成一个人口密度地区分布图。然而，在编写代码之前，我们需要知道如何将人口数据与地理数据联系起来，以便将正确的县级数据放在正确的县级形状中。

	A	B	C	D	E	F
1	GEO.id	GEO.id2	GEO.display-label	GCT_STUB.target-geo-id	GCT_STUB.target-geo-id2	GCT_STUB.display-label
2	Id	Id2	Geography	Target Geo Id	Target Geo Id2	Geographic area
3	0100000US		United States	0100000US		United States
4	0100000US		United States	0400000US01	1	United States - Alabama
5	0100000US		United States	0500000US01001	1001	United States - Alabama
6	0100000US		United States	0500000US01003	1003	United States - Alabama

	G	H	I	J	K	L	M	N
1	GCT_STUB.display-label	HD01	HD02	SUBHD0301	SUBHD0302	SUBHD0303	SUBHD0401	SUBHD0402
2	Geographic area	Populat	Housin	Area in squa	Area in squa	Area in squa	Density per	Density per
3	United States	3087455	131704	3796742.23	264836.79	3531905.43	87.4	37.3
4	Alabama	477973(	217185	52420.07	1774.74	50645.33	94.4	42.9
5	Autauga County	54571	22135	604.39	9.95	594.44	91.8	37.2
6	Baldwin County	182265	104061	2027.31	437.53	1589.78	114.6	65.5

图 11-3   census_data_popl_2010.csv 的前几行

11.1.6   侵入 holoviews

学会改编现有的代码供自己使用，这是数据科学家的一项宝贵技能。这可能需要一点逆向工程。因为开源软件是免费的，所以有时它的文档很差，因此你必须自己弄清楚它是如何工作的。让我们花点时间，将这项技能应用到当前的问题上。

在前面的章节中，我们利用了 turtle 和 matplotlib 等开源模块提供的展示馆（gallery）示例。holoviews 库也有一个展示馆，它包括 Texas Choropleth Example——一个反映 2009 年得克萨斯州失业率的地区分布图（图 11-4）。

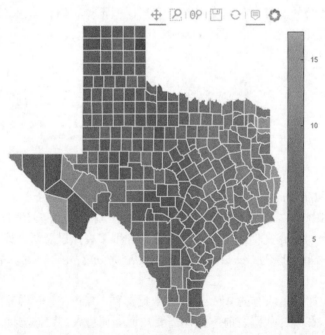

图 11-4   反映 2009 年得克萨斯州失业率的地区分布图（来自 holoviews 展示馆）

代码清单 11-1 包含 holoviews 为这幅地图提供的代码。我们将根据这个例子来构建本项目，但要做到这一点，必须解决两处主要不同：首先，我们计划绘制人口密度图而不是失业率图；其次，我们想绘制的是美国地图，而不仅仅是得克萨斯州的。

代码清单 11-1　用于生成得克萨斯州地区分布图的 holoviews 展示馆示例代码

texas_ choropleth_ example.html

```
    import holoviews as hv
    from holoviews import opts
    hv.extension('bokeh')
❶ from bokeh.sampledata.us_counties import data as counties
    from bokeh.sampledata.unemployment import data as unemployment

    counties = [dict(county, ❷Unemployment=unemployment[cid])
                for cid, county in counties.items()
              ❸ if county["state"] == "tx"]

    choropleth = hv.Polygons(counties, ['lons', 'lats'],
                             [('detailed name', 'County'), 'Unemployment'])

    choropleth.opts(opts.Polygons(logz=True,
                                  tools=['hover'],
                                  xaxis=None, yaxis=None,
                                  show_grid=False,
                                  show_frame=False,
                                  width=500, height=500,
                                  color_index='Unemployment',
                                  colorbar=True, toolbar='above',
                                  line_color='white'))
```

该代码从 bokeh 样本数据导入数据❶。我们需要知道 unemployment 和 counties 变量的格式和内容。失业率稍后使用 unemployment 变量和 cid 的索引或键来访问，cid 可能代表"county ID"❷。根据一个使用 state 代码的条件语句，该程序选择得克萨斯州，而不是整个美国❸。

让我们在 Python shell 中研究一下。

```
    >>> from bokeh.sampledata.unemployment import data as unemployment
❶ >>> type(unemployment)
    <class 'dict'>
❷ >>> first_2 = {k: unemployment[k] for k in list(unemployment)[:2]}
    >>> for k in first_2:
            print(f"{k} : {first_2[k]}")
❸ (1, 1) : 9.7
    (1, 3) : 9.1
    >>>
    >>> for k in first_2:
            for item in k:
                print(f"{item}: {type(item)}")
❹ 1: <class 'int'>
    1: <class 'int'>
    1: <class 'int'>
    3: <class 'int'>
```

首先，使用展示馆示例中的语法导入 bokeh 样本数据。接下来，使用内置函数 type() 检查 unemployment 变量的数据类型❶。我们会看到它是一个字典。

现在，利用字典解析来制作一个新的字典（由 unemployment 的前两行组成）❷。输出结果，我们会看到键是元组，值是数字，大概是失业率的百分比❸。检查键中数字的数据类型。它们是整数而不是字符串❹。

将❸处的输出与图 11-1 中 CSV 文件中的前两行进行比较。键元组中的第一个数字大概是州代码，来自 B 列；元组中的第二个数字大概是县代码，来自 C 列。失业率显然存储在 I 列。

现在将 unemployment 的内容与图 11-2（表示县数据）进行比较。STATE num（J 列）和 COUNTY num（K 列）显然保存了键元组的组成部分。

到目前为止，一切都很好，但如果查看图 11-3 中的人口数据文件，你找不到一个州或县的代码来直接构成元组。然而，E 列中有一些数字与县数据最后一列中的数字相匹配，在图 11-2 中标为 FIPS formula。这些 FIPS 数字似乎与州和县的代码有关。

原来，联邦信息处理系列（Federal Information Processing Series，FIPS）代码基本上就是一个县的邮政编码。FIPS 代码是由美国国家标准与技术研究所（National Institute of Standards and Technology）分配给每个县的 5 位数字代码。前两位数字代表该县的州，最后 3 位数字代表该县（表 11-4）。

表 11-4　用 FIPS 代码识别美国的县

美国的县	州代码	县代码 Code	FIPS
Baldwin County, AL	01	003	1003
Johnson County, IA	19	103	19103

恭喜你，现在知道如何将美国人口普查数据与 bokeh 样本数据中的县级形状联系起来了。现在是时候编写最后的代码了！

11.1.7　地区分布图代码

choropleth.py 程序包括清理数据和绘制地区分布图的代码。可以在本书网站的 Chapter_11 文件夹中找到这些代码和人口数据的副本。

1．导入模块和数据，构建数据帧

代码清单 11-2 导入模块和 bokeh 的县级样本数据，包括所有美国县级多边形的坐标。它还加载并构建了一个数据帧对象来表示人口数据。然后程序开始清理和准备数据，以便与县数据一起使用。

代码清单 11-2　导入模块和数据，构建数据帧，重命名列

choropleth.py, part 1

```
from os.path import abspath
import webbrowser
import pandas as pd
import holoviews as hv
from holoviews import opts
❶ hv.extension('bokeh')
from bokeh.sampledata.us_counties import data as counties
```

```
❷ df = pd.read_csv('census_data_popl_2010.csv', encoding="ISO-8859-1")

  df = pd.DataFrame(df,
                    columns=
                    ['Target Geo Id2',
                    'Geographic area.1',
                    'Density per square mile of land area - Population'])

  df.rename(columns =
            {'Target Geo Id2':'fips',
             'Geographic area.1': 'County',
             'Density per square mile of land area - Population':'Density'},
            inplace = True)

  print(f"\nInitial popl data:\n {df.head()}")
  print(f"Shape of df = {df.shape}\n")
```

11

首先从操作系统库中导入 abspath。在创建了地区分布图 HTML 文件后，我们会用该模块来找到它的绝对路径。然后导入 webbrowser 模块，这样就可以启动 HTML 文件。我们需要它，因为 holoviews 库是为了与 Jupyter Notebook 一起工作而设计的，如果没有一些帮助，它不会自动显示地图。

接下来，导入 pandas，并重复代码清单 11-1 中展示馆示例中的 holoviews 导入。注意，必须指定 bokeh 作为 holoviews 的扩展，即后端（backend）❶。这是因为 holoviews 可以和其他绘图库一起工作，如 matplotlib，并且需要知道使用哪一个。

我们用导入的方式引入了地理数据。现在用 pandas 加载人口数据。本模块包括一组输入/输出 API 函数，以方便读写数据。这些读写器解决了主要的格式，如逗号分隔的值（read_csv、to_csv）、Excel（read_excel、to_excel）、结构化查询语言（read_sql，to_sql），超文本标记语言（read_html、to_html）等。在这个项目中，我们将使用 CSV 格式。

在大多数情况下，可以在不指定字符编码的情况下读取 CSV 文件。

```
df = pd.read_csv('census_data_popl_2010.csv')
```

然而，在这种情况下，我们会得到以下错误：

```
UnicodeDecodeError: 'utf-8' codec can't decode byte 0xf1 in position 31:
invalid continuation byte
```

这是因为文件包含了用 Latin-1 编码的字符，也就是 ISO-8859-1，而不是默认的 UTF-8 编码。添加编码参数可以解决这个问题❷。

现在，通过调用 DataFrame() 构造函数，将人口数据文件变成一个表格式数据帧。因为我们不需要原始文件中的所有列，所以将希望保留的列名传给构造函数。这些分别代表图 11-3 中的 E、G 和 M 列，即 FIPS 代码、县名（不含州名）和人口密度。

接下来，使用 rename() 数据帧方法使列标签更短、更有意义。称它们为 fips、County 和 Density。

使用 head() 方法输出数据帧的前几行，并使用其 shape 属性输出数据帧的形状，从而完成该列表。默认情况下，head() 方法会输出前 5 行。如果想看到更多的行，则可以将数字作为参数传递给它，如 head(20)。可以在 shell 中看到以下输出：

```
Initial popl data:
        fips         County  Density
0       NaN   United States     87.4
1       1.0         Alabama     94.4
2    1001.0  Autauga County     91.8
3    1003.0  Baldwin County    114.6
4    1005.0  Barbour County     31.0
Shape of df = (3274, 3)
```

注意，前两行（第 0 行和第 1 行）是没有用的。事实上，我们从这个输出中可以了解到，每一个州都会有一行记录它的名字，我们希望删除它。我们还可以从 shape 属性中看到，该数据帧中有 3274 行。

2. 删除不相干的州名行，准备州和县代码

代码清单 11-3 删除所有 FIPS 代码小于或等于 100 的行。这些是标题行，表明新的州从哪里开始。然后，它为州和县代码创建新的列，这是从现有的 FIPS 代码列中导出的。我们稍后将利用这些数据，从 bokeh 样本数据中选择适当的县轮廓。

代码清单 11-3　删除不相干的行，准备州和县代码

choropleth.py, part 2

```
        df = df[df['fips'] > 100]
        print(f"Popl data with non-county rows removed:\n {df.head()}")
        print(f"Shape of df = {df.shape}\n")

❶      df['state_id'] = (df['fips'] // 1000).astype('int64')
        df['cid'] = (df['fips'] % 1000).astype('int64')
        print(f"Popl data with new ID columns:\n {df.head()}")
        print(f"Shape of df = {df.shape}\n")
        print("df info:")
❷      print(df.info())

        print("\nPopl data at row 500:")
❸      print(df.loc[500])
```

为了在县级多边形中显示人口密度数据，需要把它变成一个字典，其中键是州代码和县代码的元组，值是密度数据。然而，正如你之前所看到的，人口数据并不包括州和县代码的单独列，它只有 FIPS 代码。因此，我们需要把州和县的部分拆分出来。

首先，去掉所有非县的行。如果看一下之前的 shell 输出（或者图 11-3 中的第 3 行和第 4 行），你就会发现这些行不包括 4 位或 5 位的 FIPS 代码。因此，我们可以利用 fips 列制作一个新的数据帧（仍然命名为 df），只保留 fips 值大于 100 的行。要检查这样做是否有效，重复上一个列表的输出，如下所示：

```
 Popl data with non-county rows removed:
        fips         County  Density
2    1001.0  Autauga County     91.8
3    1003.0  Baldwin County    114.6
4    1005.0  Barbour County     31.0
5    1007.0     Bibb County     36.8
6    1009.0   Blount County     88.9
Shape of df = (3221, 3)
```

数据帧顶部的两个"不好的"行现在已经消失了，而且根据 shape 属性，我们总共失去了 53 行。这些行代表 50 个州、美国、哥伦比亚特区（District of Columbia，DC）和波多黎各的标题行。注意，DC 的 FIPS 代码为 11001，而波多黎各使用 72 的州代码与其 78 个城市的 3 位数县代码相匹配。我们将保留 DC，但稍后会删除波多黎各。

接下来，创建州和县代码的列。将第一个新列命名为 state_id❶。使用 floor 除法（//）除以 1000，返回去除小数点后的数字的商。因为 FIPS 代码的最后 3 个数字是保留给县代码的，所以就只剩下州代码了。

虽然 // 返回一个整数，但新的数据帧列默认使用浮点型数据类型。然而，我们对 bokeh 样本数据的分析表明，它在键元组中为这些代码使用了整数。使用 pandas 的 astype() 方法，向它传入 'int64'，将该列转换为整型数据类型。

现在，为县代码创建一个新的列。将它命名为 cid，这样就能和 holoviews 地区分布图例子中使用的术语一致。因为我们要找 FIPS 代码的最后 3 位数字，所以使用取模运算符（%）。这将返回第一个参数除以第二个参数的余数。将此列转换为整数数据类型，就像上一行一样。

再次输出，只是这次调用数据帧上的 info() 方法❷。这个方法返回数据帧的简明摘要，包括数据类型和内存使用情况。

```
Popl data with new ID columns:
     fips         County  Density  state_id  cid
2  1001.0  Autauga County     91.8         1    1
3  1003.0  Baldwin County    114.6         1    3
4  1005.0  Barbour County     31.0         1    5
5  1007.0     Bibb County     36.8         1    7
6  1009.0   Blount County     88.9         1    9
Shape of df = (3221, 5)

df info:
<class 'pandas.core.frame.DataFrame'>
Int64Index: 3221 entries, 2 to 3273
Data columns (total 5 columns):
fips        3221 non-null float64
County      3221 non-null object
Density     3221 non-null float64
state_id    3221 non-null int64
cid         3221 non-null int64
dtypes: float64(2), int64(2), object(1)
memory usage: 151.0+ KB
None
```

从栏目和信息汇总中可以看出，state_id 和 cid 数字都是整数值。

前 5 行的州代码都是个位数，但州代码也有可能是两位数。请花点时间检查后面几行的州代码。通过调用数据帧上的 loc() 方法，并将一个较高的行号传给它，可以做到这一点❸。这将让你检查两位数的州代码。

```
Popl data at row 500:
fips               13207
County      Monroe County
Density             66.8
state_id              13
cid                  207
Name: 500, dtype: object
```

fips、state_id 和 cid 看起来都很合理。这样就完成了数据准备。下一步是把这些数据变成一个字典，让 holoviews 可以用来制作地区分布图。

3. 为显示数据做准备

代码清单 11-4 将州和县的 ID 及人口密度数据转换为单独的列表。然后将它们重新组合成一个字典，与 holoviews 展示馆示例中使用的失业率字典格式相同。它还列出了要从地图中排除的州和地区，并列出了绘制地区分布图所需的数据。

代码清单 11-4　为绘制人口数据做准备

choropleth.py, part 3

```
state_ids = df.state_id.tolist()
cids = df.cid.tolist()
den = df.Density.tolist()

tuple_list = tuple(zip(state_ids, cids))
popl_dens_dict = dict(zip(tuple_list, den))

EXCLUDED = ('ak', 'hi', 'pr', 'gu', 'vi', 'mp', 'as')

counties = [dict(county, Density=popl_dens_dict[cid])
            for cid, county in counties.items()
            if county["state"] not in EXCLUDED]
```

之前，我们看了 holoviews 展示馆示例中的 unemployment 变量，发现它是一个字典。州和县代码的图元组作为键，失业率作为值，如下所示：

```
(1, 1) : 9.7
(1, 3) : 9.1
--snip--
```

要为人口数据创建一个类似的字典，首先使用 pandas 的 tolist()方法为数据帧的 state_id、cid 和 Density 列创建单独的列表。然后，使用内置的 zip()函数将州和县代码列表合并为元组对。将这个新的 tuple_list（tuple_list 这个名字有误导性，从技术上来说，它是一个 tuple_tuple）与密度列表合并，创建最终的字典 popl_dens_ dict。数据准备工作就这样结束了。

《行尸走肉》的幸存者能走出亚特兰大就很幸运了，让我们忘记他们到达阿拉斯加的事情。创建一个元组，命名为 EXCLUDED，该元组中的数据包含 bokeh 县数据中的州和地区，但它们不是相接的美国的一部分。它们包括阿拉斯加、夏威夷、波多黎各、关岛、美属维尔京群岛、北马里亚纳群岛和美属萨摩亚。为了减少打字，我们可以使用县数据集中提供的缩写作为一列（图 11-2）。

接下来，就像在 holoviews 例子中一样，制作一个字典，并将它放在一个名为 counties 的列表中。这里是添加人口密度数据的地方。使用 cid 县标识号将其链接到正确的县。使用一个条件来应用 EXCLUDE 元组。

输出这个列表中的第一个索引，会得到下面（截断）的结果。

```
[{'name': 'Autauga', 'detailed name': 'Autauga County, Alabama', 'state':
'al', 'lats': [32.4757, 32.46599, 32.45054, 32.44245, 32.43993, 32.42573,
32.42417, --snip-- -86.41231, -86.41234, -86.4122, -86.41212, -86.41197,
-86.41197, -86.41187], 'Density': 91.8}]
```

Density 键值对现在取代了 holoviews 展示馆示例中使用的失业率对。接下来，绘制地图！

4. 绘制地区分布图

代码清单 11-5 创建了地区分布图，将它保存为.html 文件，并用 webbrowser 打开。

代码清单 11-5　创建和绘制地区分布图

choropleth.py, part 4

```
        choropleth = hv.Polygons(counties,
                                 ['lons', 'lats'],
                                 [('detailed name', 'County'), 'Density'])

❶   choropleth.opts(opts.Polygons(logz=True,
                      tools=['hover'],
                      xaxis=None, yaxis=None,
                      show_grid=False, show_frame=False,
                      width=1100, height=700,
                      colorbar=True, toolbar='above',
                      color_index='Density', cmap='Greys', line_color=None,
                      title='2010 Population Density per Square Mile of Land Area'
                      ))

❷   hv.save(choropleth, 'choropleth.html', backend='bokeh')
    url = abspath('choropleth.html')
    webbrowser.open(url)
```

根据 holoviews 文档，Polygons() 类在二维空间中创建一个连续的填充区域，作为多边形几何体的列表。命名一个变量 choropleth，并向 Polygons() 传入 counties 变量和字典键，包括用于绘制县级多边形的 lons 和 lats。同时传给它县名和人口密度键。当你在地图上移动光标时，holoviews 悬停工具将使用元组 ('detailed name','County') 来显示完整的县名，如 County: Claiborne County, Mississippi（图 11-5）。

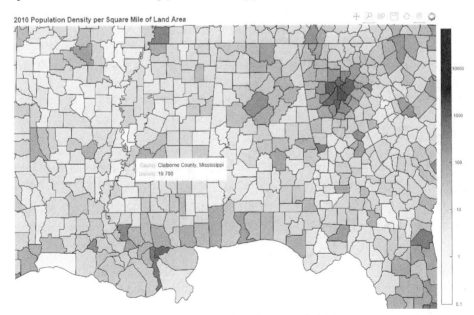

图 11-5　启用悬停功能的地区分布图

接下来，设置地图的选项❶。首先，将 `logz` 参数设置为 `True`，从而允许使用对数色条。

holoviews 窗口将附带一组默认工具，如平移、缩放、保存、刷新等（图 11-5 的右上角）。使用 `tools` 参数可以将悬停功能添加到这个列表中。这样我们就可以查询地图，同时得到县名和人口密度的详细信息。

我们不是在做一个带有注释的 x 轴（横轴）和 y 轴（纵轴）的标准图，因此将这些设置为 `None`。同样，不要在地图周围显示网格或框架。

设置地图的宽度和高度，单位为像素。你可能需要根据你的显示器来调整地图的宽度和高度。接下来将 `colorbar` 设置为 `True`，并将工具栏置于显示器的顶部。

因为我们想根据人口密度给县着色，所以将 `color_index` 参数设置为 `Density`，它代表 `popl_dens_dict` 中的值。对于填充颜色，将 `cmap` 参数设置为 `Greys`。如果想使用更亮的颜色，可以在 HoloViews 官方网站的 "Colormaps" 页面找到可用的颜色映射列表（一定要选择名称中带有 "bokeh" 的颜色）。通过为县轮廓选择一种线条颜色来完成配色方案。对于灰度地图，不错的选择是 `None`、`'white'` 或 `'black'`。

通过添加标题来完成选项。现在，我们已经准备好绘制地区分布图。

为了将地图保存在当前目录下，我们使用 holoviews 的 `save()` 方法，并将 `choropleth` 变量、一个以.html 为扩展名的文件名，以及正在使用的绘图后台的名称传递给它❷。如前所述，holoviews 是为 Jupyter Notebook 设计的。如果想让地图在浏览器上自动弹出，先将保存的地图的完整路径赋给一个 `url` 变量。然后使用 `webbrowser` 模块打开 `url` 并显示地图。

可以使用地图顶部的工具栏进行平移、缩放（使用方框或套索）、保存、刷新或悬停。如图 11-5 所示，悬停工具将帮助我们找到人口最少的县，在这些地方，地图的浓淡处理使其差异难以在视觉上区分。

> 提示　Box Zoom 工具允许快速查看矩形区域，但可能会拉伸或挤压地图轴。要在缩放时保持地图的纵横比，请使用 Wheel Zoom 和 Pan 工具的组合。

11.1.8　计划逃离

奇索斯山脉（Chisos Mountains）是大本德国家公园（Big Bend National Park）内一座已经死掉的超级火山，它可能是地球上最适合度过僵尸末日的地方之一。遥远的堡垒般的外观（图 11-6），山脉比周围的沙漠平原高出 4000 英尺（1 英尺 = 0.3048 米），最高海拔达到近 8000 英尺。山的中心是一个天然的盆地，有公园的设施，包括一个旅馆、小木屋、商店和餐厅。该地区有丰富的鱼类和野味，沙漠泉水提供淡水，格兰德河岸适合耕种。

有了地区分布图，我们就可以迅速规划出一条路线，前往这个遥远的天然堡垒。然而，首先，我们要逃离亚特兰大。离开大都会区的最短路线是一条挤在阿拉巴马州（Alabama）伯明翰（Birmingham）和蒙哥马利（Montgomery）两个城市之间的狭窄通道（图 11-7）。我们可以绕过下一个大城市，即密西西比州的杰克逊（Jackson），往北或往南走。然而，要选择最佳路线，需要把目光放得更远。

 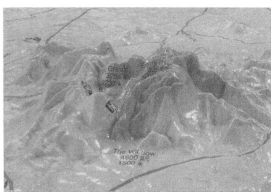

图 11-6　得克萨斯州西部的奇索斯山脉（左）及其三维浮雕图（右）

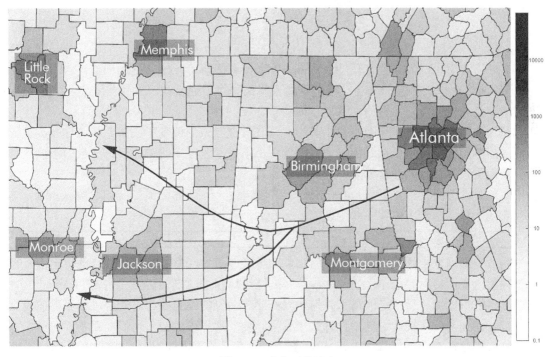

图 11-7　逃离亚特兰大

绕过杰克逊的南向路线较短，但迫使幸存者通过高度发达的 I-35 走廊，南面是圣安东尼奥（San Antonio），北面是达拉斯-沃恩堡（Dallas-Fort Worth，DFW）（图 11-8）。这就在得克萨斯州希尔（Hill）县形成了一个潜在的危险关口（在图 11-8 中被圈出）。

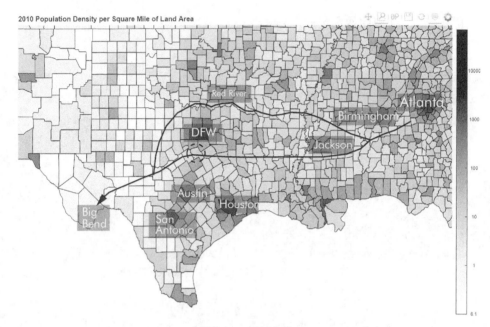

图 11-8　西行之路

另外，从北面穿过俄克拉何马（Oklahoma）和得克萨斯（Texas）之间的红河谷（Red River Valley）的路线会更长，但更安全，特别是如果我们利用了通航河流的优势。一旦到了沃恩堡以西，幸存者就可以过河，转而南下，从而获救。

如果 holoviews 提供了一个滑块工具，允许我们交互式地改变颜色条，那么这种类型的规划将更加简单。例如，可以通过简单地在图例中上下拖动光标来过滤掉或改变县的浓淡处理。这将使我们更容易找到通过最低人口县的连接路线。

不幸的是，滑块工具并不是 holowviews 窗口选项之一。不过，既然我们了解 pandas，这就难不住我们。只需在输出位置 500 信息的那一行后，添加以下代码片段：

```
df.loc[df.Density >= 65, ['Density']] = 1000
```

这将改变数据帧中的人口密度值，将那些大于或等于 65 的值设置为 1000 的恒定值。再次运行该程序，我们将得到图 11-9 所示地图。有了新的值，圣安东尼奥—奥斯汀（Austin）—达拉斯的障碍变得更加明显，形成得克萨斯州东部北部边界的红河谷相对安全，这也更加明显。

你可能想知道，电视剧中的幸存者去了哪里？他们哪里也没去！他们前四季都在亚特兰大附近度过，先是在石山（Stone Mountain）露营，然后躲在虚构的伍德伯里（Woodbury）镇附近的监狱里（图 11-10）。

石山距离亚特兰大市中心不到 20 英里（1 英里=1609.344 米），位于迪卡尔布（Dekalb）县，每平方英里有 2586 人。伍德伯里（原型是锡诺亚（Senoia）镇）离亚特兰大市中心只有 35 英里，在考维塔县（Coweta）（每平方英里有 289 人）和费耶特（Fayette）县（每平方英里有 549人）的交界处。难怪这些人有这么多麻烦。如果这群人里有一个数据科学家就好了。

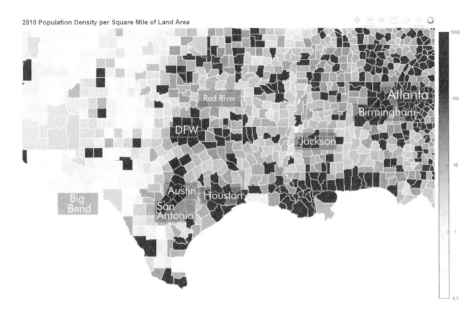

图 11-9　每平方英里超过 65 人的县（黑色阴影部分）

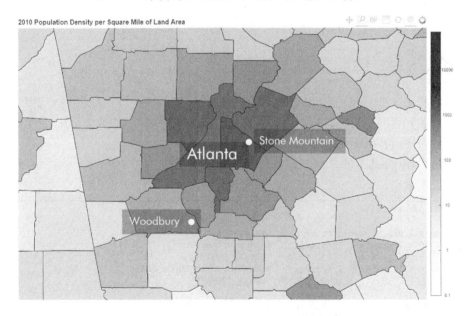

图 11-10　石山和虚构的伍德伯里镇的位置

11.2　小结

在本章中，我们开始使用 Python 数据分析库 pandas 及 bokeh 和 holoviews 可视化模块。在这个过程中，我们做了一些实际的数据处理，以清理和链接不同来源的数据。

11.3　延伸阅读

If the Zombie Apocalypse Happens, Scientists Say You Should Run for the Hills（Business Insider，2017），由 Kevin Loria 所著，描述了标准疾病模型在理论上的僵尸爆发中对感染率的应用。

Lisa Charlotte Rost 撰写的 *What to Consider When Creating Choropleth Maps*（Chartable，2018），提供了制作地区分布图的有用指南。

Larry Weru 撰写的 *Muddy America: Color Balancing the Election Map—Infographic*（STEM Lounge，2019），以标志性的红蓝美国选举地图为例，展示了增加地区分布图有用细节的方法。

Jake VanderPlas 所著的 *Python Data Science Handbook: Essential Tools for Working with Data*（O'Reilly Media，2016）是重要的 Python 数据科学工具（包括 pandas）的全面参考。

Wilson Clothier 所著的 *Beneath the Window: Early Ranch Life in the Big Bend Country*（Iron Mountain Press, 2003）是一本引人入胜的回忆录，讲述了 20 世纪初在得克萨斯州大本德县的一个广阔的牧场上成长的故事，当时这里还没有成为国家公园。它提供了对末日幸存者在条件恶劣的地方如何谋生的洞见。

Game Theory: Real Tips for SURVIVING a Zombie Apocalypse（*7 Days to Die*）（The Game Theorists，2016）是一个关于世界上逃离僵尸末日的最佳地点的视频。与《行尸走肉》不同，该视频假设僵尸病毒可以通过蚊子和蜱虫传播，它在选择地点时也考虑到了这一点，我们在网上就能看到。

11.4　挑战项目：绘制美国人口变化图

美国政府将于 2021 年公布 2020 年人口普查的人口数据。不过，目前，我们可以获得 2019 年的不太准确的普查间人口估计数。使用其中之一，以及来自项目 15 的 2010 年数据，生成一个新的地区分布图，按县记录人口在该时间段的变化。

提示：可以在 pandas 数据帧中减去列来生成差异数据，如下面的简单示例所示。2020 年的人口值是虚拟数据。

```
>>> import pandas as pd
>>>
>>> # Generate example population data by county:
>>> pop_2010 = {'county': ['Autauga', 'Baldwin', 'Barbour', 'Bibb'],
                'popl': [54571, 182265, 27457, 22915]}
>>> pop_2020 = {'county': ['Autauga', 'Baldwin', 'Barbour', 'Bibb'],
                'popl': [52910, 258321, 29073, 29881]}
>>>
>>> df_2010 = pd.DataFrame(pop_2010)
>>> df_2020 = pd.DataFrame(pop_2020)
>>> df_diff = df_2020.copy() # Copy the 2020 dataframe to a new df
>>> df_diff['diff'] = df_diff['popl'].sub(df_2010['popl']) # Subtract popl columns
>>> print(df_diff.loc[:4, ['county', 'diff']])
    county   diff
0  Autauga   -1661
1  Baldwin   76056
2  Barbour    1616
3     Bibb    6966
```

## 第 12 章

我们生活在计算机模拟中吗

2003 年，哲学家尼克·博斯特罗姆（Nick Bostrom）假设，我们生活在一个由我们高度发展的后代（可能是超人类）运行的计算机模拟中。今天，许多科学家和大思想家，包括尼尔·德格拉斯·泰森（Neil DeGrasse Tyson）和埃隆·马斯克（Elon Musk），相信这种模拟假说（simulation hypothesis）很有可能是真的。它当然可以解释为什么数学能如此优雅地描述自然，为什么观察者似乎会影响量子事件，以及为什么我们在宇宙中似乎是孤独的。

更奇怪的是，你可能是这个模拟中唯一真实的东西。也许你是一个大桶里的大脑，把自己沉浸在历史模拟中。为了计算效率，模拟可能只渲染那些你当前与之互动的事物。当你进屋关上门时，外面的世界可能会像冰箱的灯一样关闭。你怎么会真的知道是这样还是那样？

科学家们认真对待这个假设，举行辩论并发表论文，讨论我们如何设计某种测试来证明它。在本章中，我们将尝试使用物理学家提出的方法来回答这个问题：我们将建立一个简单的模拟世界，然后分析它，寻找可能泄露该模拟的线索。为了做到这一点，我们将逆向进行这个项目，先写代码，再提出解决问题的策略。你会发现，即使是最简单的模型，也能对我们存在的本质提供深刻的见解。

12.1 项目 16：生命、宇宙和耶尔特的池塘

模拟现实的能力并不只是一个遥远的梦想。物理学家利用世界上最强大的超级计算机完成了这一壮举，在几个飞米（1 飞米=10^{-15} 米）的尺度上模拟了亚原子粒子行为。虽然这种模拟只代表了宇宙的一小部分，但它与我们所理解的现实是无法区分的。

然而，别担心，要解决这个问题，你不需要超级计算机或物理学学位。你需要的只是 turtle 模块——一个专为孩子们设计的绘图程序。在第 6 章中，我们用 turtle 模拟了阿波罗 8 号任务。在这里，我们将用它来理解计算机模型的一个基本特征。然后，我们将应用这些知识来设计一个基本策略（它与物理学家计划应用于模拟假说的策略相同）。

目标
找出计算机模拟中可能被模拟者发现的特征。

12.1.1　池塘模拟代码

pond_sim.py 代码创建了一个基于 turtle 的模拟池塘，其中包括一个泥岛、一根漂浮的原木和一只名叫耶尔特的鳄龟。耶尔特会游到原木上，游回来，然后再游出去。你可以从本书网站下载该代码。

turtle 模块随 Python 一起发布，我们不需要安装任何东西。关于该模块的概述，参见 6.2.1 节。

1. 导入 turtle，设置画面，绘制岛屿

代码清单 12-1 导入 turtle，设置一个 screen 对象作为池塘，并绘制一个泥岛，供耶尔特俯瞰它的领地。

代码清单 12-1　导入 turtle 模块，并绘制池塘和泥岛

pond_sim.py, part 1

```
import turtle

pond = turtle.Screen()
pond.setup(600, 400)
pond.bgcolor('light blue')
pond.title("Yertle's Pond")

mud = turtle.Turtle('circle')
mud.shapesize(stretch_wid=5, stretch_len=5, outline=None)
mud.pencolor('tan')
mud.fillcolor('tan')
```

导入 turtle 模块后，将一个 screen 对象赋给变量 pond。使用 turtle 的 setup() 方法来设置屏幕大小，单位为像素，然后将背景颜色定为浅蓝色。可以在多个网站上找到乌龟颜色及其名称的表格，如 Trinket 官方网站的 "Colors" 页面。为屏幕提供一个标题，完成池塘的制作。

接下来，制作一个圆形的泥岛，让耶尔特在上面晒太阳。使用 Turtle() 类实例化一个名为 mud 的 turtle 对象。虽然 turtle 自带了一个绘制圆的方法，但这里更简单，只需要向构造函数传入 'circle' 参数，就能生成一个圆形的 turtle 对象。不过这个圆圈的形状太小了，不足以构成一个岛，因此使用 shapesize() 方法将它放大。设置它的轮廓线和填充色为棕黄色，完成这个岛。

2. 绘制原木、结孔和耶尔特

代码清单 12-2 绘制带有结孔的原木和乌龟耶尔特，完成该程序。然后，程序移动耶尔特，使它可以离开它的小岛去查看原木。

代码清单 12-2　绘制一根原木和一只乌龟，然后移动乌龟

pond_sim.py, part 2

```
SIDE = 80
ANGLE = 90
log = turtle.Turtle()
log.hideturtle()
log.pencolor('peru')
```

```
    log.fillcolor('peru')
    log.speed(0)
❶  log.penup()
    log.setpos(215, -30)
    log.lt(45)
    log.begin_fill()
❷  for _ in range(2):
        log.fd(SIDE)
        log.lt(ANGLE)
        log.fd(SIDE / 4)
        log.lt(ANGLE)
    log.end_fill()

    knot = turtle.Turtle()
    knot.hideturtle()
    knot.speed(0)
    knot.penup()
    knot.setpos(245, 5)
    knot.begin_fill()
    knot.circle(5)
    knot.end_fill()

    yertle = turtle.Turtle('turtle')
    yertle.color('green')
    yertle.speed(1) # Slowest.
    yertle.fd(200)
    yertle.lt(180)
    yertle.fd(200)
❸  yertle.rt(176)
    yertle.fd(200)
```

12

　　我们将绘制一个矩形来表示原木，因此先赋值两个常量——SIDE 和 ANGLE。第一个常量代表原木的长度，以像素为单位；第二个常量是角度，以度为单位，通过这个常量，我们将在矩形的每个角落让乌龟转向。

　　默认情况下，所有的乌龟最初都会出现在屏幕的中心，坐标为(0, 0)。因为我们要把原木放在一边，所以在实例化 log 对象后，使用 hideturtle() 方法使其不可见。这样我们就不必看着它飞过屏幕到达它的最终位置。

　　给原木涂上棕色，使用 peru 作为原木的颜色。然后将对象的速度设置为最快（奇怪的是，设置为 0）。这样我们就不用看着它在屏幕上慢慢绘制了。而且，用 penup() 方法提起画笔❶，就不会看到它从屏幕中心到边缘的路径。

　　用 setpos() 方法（用于设置位置）将原木放在屏幕右边缘附近。然后将对象向左转 45°，并调用 begin_fill() 方法。

　　我们可以通过使用 for 循环绘制矩形来节省几行代码❷。我们会循环两次，每次循环都会绘制矩形的两条边。将边长除以 4，使原木的宽度为 20 像素。在循环之后，调用 end_fill() 将原木染成棕色。

　　通过添加一个结孔来赋予原木一些特征，用一个 knot 乌龟来表示。为了绘制结孔，调用 circle() 方法，并传入 5，表示半径为 5 像素。注意，不需要指定填充颜色，因为黑色是默认的。

　　最后，结束程序，绘制耶尔特——所有它可见之地的国王。耶尔特是一只老乌龟，将它的绘图速度设置为最慢的 1，让它游出去检查原木，然后转身游回来。耶尔特是一只老乌龟，它忘记了它刚才做了什么。所以，让它游回来——只是这一次，把它的航线角度调整一下，让它不再往正东方向游❸。运行程序，应该得到图 12-1 所示的结果。

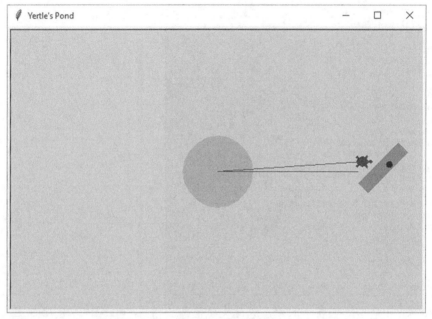

图 12-1　完成模拟的截图

仔细观察这个图。尽管这个模拟很简单，但它包含了强大的洞见，让我们知道：我们是否像耶尔特一样，住在计算机模拟中。

12.1.2　池塘模拟的影响

由于计算资源有限，所有的计算机模拟都需要某种类型的框架来"悬挂"它们的现实模型。无论它被称为网格、格子、网格、矩阵或其他什么东西，它都提供了一种方法，既可以在二维或三维空间中分布物体，又可以给它们分配一个属性，如质量、温度、颜色或其他东西。

turtle 模块使用显示器中的像素作为它的坐标系统，并用于存储属性。像素的位置定义了形状，如原木的轮廓，而像素的颜色属性有助于区分不同形状。

像素形成一种正交（orthogonal）图案，这意味着像素的行和列以直角相交。虽然单像素是正方形的，而且太小了，不容易看清，但我们可以使用 turtle 模块的 dot() 方法来生成一个摹本，就像下面的片段一样：

```
>>> import turtle
>>>
>>> t = turtle.Turtle()
>>> t.hideturtle()
>>> t.penup()
>>>
```

```
>>> def dotfunc(x, y):
        t.setpos(x, y)
        for _ in range(10):
                t.dot()
                t.fd(10)

>>> for i in range(0, 100, 10):
        dotfunc(0, -i)
```

这就产生了图 12-2 中的图案。

图 12-2   代表正方形像素中心的黑点的正交网格

在 turtle 的世界里，像素是真正的原子：不可分割。一条线不能短于 1 像素。运动只能以整数像素的形式进行（尽管我们可以输入浮点数而不会出现错误）。最小可能的对象的尺寸是 1 像素。

这意味着模拟的网格决定了我们可以观察到的最小特征。既然我们可以观察到难以置信的小亚原子粒子，那么假设我们是一个模拟，我们的网格一定是非常精细的。这导致许多科学家严重怀疑模拟猜想，因为这需要惊人的计算机内存。不过，谁知道我们的遥远后裔（或外星人）有什么能力呢？

除了对物体的尺寸设置限制，模拟网格还可能会在宇宙的结构上强加一个首选的方向，或者说各向异性（anisotropy）。各向异性是一种材料的方向性依赖性，如木材沿着它的纹理更容易裂开，而不是横穿纹理。如果仔细观察耶尔特在乌龟模拟中的路径（图 12-3），可以看到各向异性的证据。它上面微微倾斜的路径有曲折，而下面东西向的路径则完全是直线。

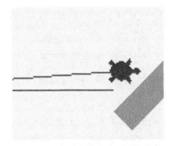

图 12-3   倾斜路径与直线路径

在正交网格上绘制一条非正交线并不好看。但其中涉及的不仅仅是美学上的问题。沿 x 或 y 方向移动只需要整数加减法（图 12-4 左图）。角度移动需要用三角学来计算 x 和 y 方向的部分移动（图 12-4 右图）。

因为对计算机来说，数学计算等于做功，所以我们可以推测，角度移动需要更多的能量。通过图 12-4 中两个计算的时间，我们可以得到这种能量差异的相对测量。

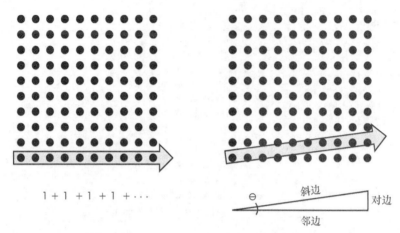

图 12-4　沿行或列的移动（左）比跨行或列的移动（右）所需的算术更简单

12.1.3　测量穿越格子的成本

为了测量在像素网格上沿对角线绘制线和沿像素网格绘制线的时间差，我们需要绘制两条长度相等的线。但请记住，turtle 只用整数工作。我们需要找到一个角度，其对应的三角形的所有边（图 12-4 中的对边、邻边和斜边）都是整数。这样，我们就会知道斜线和直线的长度是一样的。

要找到这些角，我们可以使用毕达哥拉斯三倍式，即一组正整数 a、b 和 c，它们符合直角三角形规则 $a^2 + b^2 = c^2$。最著名的三元组是 3-4-5，但我们想要一条更长的线，以确保绘图函数的运行时间不低于计算机时钟的测量精度。幸运的是，我们可以在网上找到其他更大的三元组。三元组 62-960-962 是一个很好的选择，因为它很长，但仍能适合 turtle 屏幕。

绘制线比较代码

为了比较绘制一条斜线和绘制一条直线的成本，代码清单 12-3 用 turtle 来绘制这两条线。第一条线与 x 轴平行（即东西向），第二条线与 x 轴成一个小角度。我们可以用三角法算出这个角的正确度数，在这个例子中，它是 3.695220532°。代码清单使用 for 循环多次绘制这些线条，并使用内置的 time 模块记录绘制每条线所需的时间。最后比较使用这些绘制时间的平均值。

我们需要使用平均数，因为中央处理单元（central processing unit，CPU）在不断地运行多个进程。操作系统在幕后调度这些进程，在运行一个进程的同时延迟另一个进程，直到输入/输出等资源变得可用。因此，很难记录某个函数的绝对运行时间。计算多次运行的平均时间可以弥补这一点。

可以从本书网站上下载代码 line_compare.py。

代码清单 12-3　绘制一条直线和一条斜线，并记录每次绘制的运行时间

line_compare.py

```
from time import perf_counter
import statistics
import turtle

turtle.setup(1200, 600)
screen = turtle.Screen()

ANGLES = (0, 3.695220532) # In degrees.
NUM_RUNS = 20
SPEED = 0
for angle in ANGLES:
  ❶ times = []
    for _ in range(NUM_RUNS):
        line = turtle.Turtle()
        line.speed(SPEED)
        line.hideturtle()
        line.penup()
        line.lt(angle)
        line.setpos(-470, 0)
        line.pendown()
        line.showturtle()
      ❷ start_time = perf_counter()
        line.fd(962)
        end_time = perf_counter()
        times.append(end_time - start_time)

    line_ave = statistics.mean(times)
    print("Angle {} degrees: average time for {} runs at speed {} = {:.5f}"
          .format(angle, NUM_RUNS, SPEED, line_ave))
```

首先从 time 模块中导入 perf_counter（performance counter 的简写）。这个函数以秒为单位返回时间的浮点数。它给出了比 `time.clock()` 更加精确的答案，`time.clock()` 在 Python 3.8 中被它替换了。

接下来，导入 statistics 模块，帮助计算许多模拟运行的平均值。然后导入 turtle 并设置 turtle 的 `screen`。你可以针对你的显示器定制屏幕，但记住，要能看到 962 像素长的线。

现在，为模拟赋一些关键值。将直线和对角线的角度放在元组 ANGLES 中，然后赋值变量来记录运行 for 循环的次数和绘制线的速度。

开始在 ANGES 元组中循环遍历角度。在设置 turtle 对象之前，创建一个空列表来存放时间测量值❶，就像之前所做的那样。按 angle 的值让 turtle 对象向左转，然后用 `setpos()` 将它移动到屏幕的最左侧。

将乌龟向前移动 962 像素，将这条命令夹在两次 `perf_counter()` 调用之间，为移动计时❷。用结束时间减去开始时间，将结果追加到 times 列表中。

最后用 `statistics.mean()` 函数找出每条线的平均执行时间。输出结果保留 5 位小数。程序运行后，turtle 屏幕应该像图 12-5 一样。

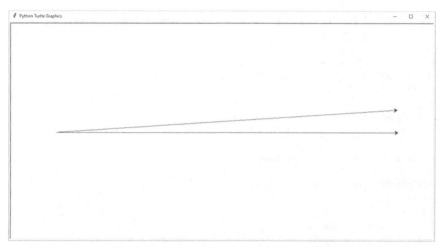

图 12-5   line_compare.py 完成的 turtle 屏幕

因为我们用的是毕达哥拉斯三元组，所以斜线真正结束在 1 像素上，它不只是对齐到最近的像素。因此，可以确信直线和斜线具有相同的长度，对于时间测量，我们正在进行公平的比较。

12.1.4　结果

如果将每条线绘制 500 次，然后比较结果，我们应该会发现，绘制斜线的时间大约是绘制直线的时间的 2.4 倍。

```
Angle 0 degrees: average time for 500 runs at speed 0 = 0.06492
Angle 3.695220532 degrees: average time for 500 runs at speed 0 = 0.15691
```

你的时间可能会略有不同，因为它们受到计算机上同时运行的其他程序的影响。如前所述，CPU 调度将管理所有这些进程，使你的系统快速、高效和公平。

如果重复运行 1000 次，应该会得到类似的结果。（如果你决定这样做，最好给自己弄一杯咖啡和一些好的馅饼。）绘制斜线将花费大约 2.7 倍的时间。

```
Angle 0 degrees: average time for 1000 runs at speed 0 = 0.10911
Angle 3.695220532 degrees: average time for 1000 runs at speed 0 = 0.29681
```

我们一直在用很高的绘制速度运行一个短函数。如果担心 turtle 会以牺牲精度为代价来优化速度，可以降低速度，然后重新运行程序。当绘制速度设置为正常（speed=6）时，绘制斜线大约需要 2.6 倍的时间，接近最快速度下的结果。

```
Angle 0 degrees: average time for 500 runs at speed 6 = 1.12522
Angle 3.695220532 degrees: average time for 500 runs at speed 6 = 2.90180
```

很明显，跨像素网格移动比沿像素网格移动需要更多的工作。

12.1.5　策略

这个项目的目标是找出一种方法，让被模拟的生物（也许是我们），找到模拟的证据。此时，我们至少知道两件事。第一，如果我们生活在模拟中，网格是非常小的，因为我们可以观察到亚原子粒子。第二，如果这些小粒子以一定的角度穿过模拟的网格，我们应该期望找到计算阻力（可转化为可测量的东西）。这种阻力可能看起来像能量的损失、粒子的散射、速度的降低，或者类似的东西。

2012 年，来自波恩大学的物理学家西拉斯·R.比恩（Silas R. Beane）、华盛顿大学的佐赫雷·达武迪（Zohreh Davoudi）和马丁·J.萨维奇（Martin J. Savage）发表了一篇论文，正论证了这一点。根据作者的说法，如果将看似连续的物理定律叠加在离散的网格上，网格间距就可能会对物理过程造成限制。

他们提出通过观测超高能宇宙射线（ultra-high energy cosmic rays，UHECRs）来研究这个问题。UHECRs 是宇宙中速度最快的粒子，它们的能量越高，就会受到越小的特征影响。然而，这些粒子的能量是有限度的。这个极限被称为 GZK 截止点，并在 2007 年被实验证实，它与模拟网格可能造成的那种边界是一致的。这样的边界也应该导致 UHECRs 优先沿着网格的轴线旅行，并散射试图跨网格的粒子。

毫不奇怪，这种方法有许多潜在的障碍。UHECRs 是罕见的，异常行为可能并不明显。如果网格的间距明显小于 10^{-12} 飞米，我们可能无法检测到它。至少在我们的理解中，可能根本没有网格，因为其中使用的技术可能远远超过我们自己的技术。而且，正如哲学家普雷斯顿·格林（Preston Greene）在 2019 年指出的那样，整个项目可能存在道德障碍。如果我们生活在一个模拟中，发现真相可能会引发它的终结！

12.2 小结

从编码的角度来看，构建耶尔特的模拟世界很简单。然而，编码的很大一部分是解决问题，你所做的少量工作有重大影响。不，我们没有实现宇宙射线的飞跃，但我们开始了正确的探讨。计算机模拟需要一个网格，它会在宇宙中留下可观察到的特征，这个基本前提是一个超越琐碎细节的想法。

在《哈利波特与死亡圣器》（*Harry Potter and the Deathly Hallows*）一书中，哈利问魔法师邓布利多："最后告诉我一件事。这是真的吗？还是这一切都发生在我的脑子里？"邓布利多回答说："当然是在你脑子里发生的，哈利，但到底为什么意味着这不是真的呢？"

即使我们的世界并不是位于"现实的基本层面"，像 Nick Bostrom 所假设的那样，你仍然可以为自己解决这种问题的能力而感到高兴。就像笛卡儿可能会说（如果他今天还活着的话）："我编码，故我在。"继续前进！

12.3 延伸阅读

Are We Living in a Simulated Universe? Here's What Scientists Say（NBC 新闻，2019），作者是 Dan Falk，对模拟假说进行了概述。

Neil deGrasse Tyson Says 'It's Very Likely' the Universe Is a Simulation（ExtremeTech，2016），

作者是 Graham Templeton。这篇文章内嵌了天体物理学家 Neil deGrasse Tyson 主持的 Isaac Asimov 纪念辩论会的视频，讨论了我们生活在模拟中的可能性。

Are We Living in a Computer Simulation? Let's Not Find Out（《纽约时报》，2019），作者是 Preston Greene，提出了反对调查模拟假说的哲学论点。

We Are Not Living in a Simulation. Probably.（Fast Company，2018），由 Glenn McDonald 所著，他认为宇宙太大、太详细，无法用计算方式模拟。

12.4　继续前进

生命中永远没有足够的时间去做所有我们想做的事情，对写书来说也是如此。接下来的挑战项目代表了尚未写完的章节的灵感。我没有时间完成这些（在某些情况下，甚至没有时间开始），但你可能会有更好的运气。一如既往，本书不提供挑战项目的解决方案——你并不需要它们。

这是真实的世界，亲爱的读者，你已经准备好了。

12.5　挑战项目：寻找安全空间

1970 年的获奖小说《环形世界》（*Ringworld*）向世人介绍了皮尔森的木偶人，这是一种有意识的、高度发达的外星食草动物。作为群居动物，木偶人极为胆小谨慎。当他们意识到银河系的核心已经爆炸，辐射线将在两万年后到达他们时，他们立即开始逃离银河系！

在这个项目中，你是 29 世纪外交团队的一员，被指派给木偶人大使。你的工作是在美国本土选择一个州，让他们觉得安全，适合作为木偶人大使馆。你需要筛选每个州的自然灾害，如地震、火山、龙卷风和飓风，并向大使提交一份总结结果的地图。不要担心你要用的数据是几百年前的，只要假装它是公元 2850 年的数据就可以了。

可以在 USGS Earthquake Hazards Program 网站中找到 CSV 格式的地震数据，用点来绘制 6.0 级以上地震的震中。

你可以将龙卷风数据按每年每个州的平均数量发布（可在美国国家海洋和大气管理局网站中搜索 US.Tornadoes）。使用地区分布图格式，像我们在第 11 章中所做的那样。

可以在美国地质调查局国家火山威胁评估（*U.S. Geological Survey National Volcanic Threat Assessment*）2018 年更新版的表 2 中找到危险火山的列表。在地图上以点的形式表示这些火山，但要给它们分配一个与地震数据不同的颜色或形状。另外，忽略黄石公园的降灰量。假设负责管理这座超级火山的专家能够预测到火山爆发的时间，以便大使能够安全地逃离这个星球。

要查找飓风轨迹，请访问美国国家海洋和大气管理局网站，搜索 "Historical Hurricane Tracks"（历史飓风轨迹）。下载并在地图上发布 4 级及以上的风暴片段。

试着像木偶人一样思考，用最终的综合地图为大使馆选择一个候选州。

12.6　挑战项目：太阳来了

2018 年，在博通大师奖（Broadcom Masters）全国中学生科学、技术、工程和数学（nationwide science, technology, engineering, and mathematics，STEM）竞赛中，来自加州伍德赛德的 13 岁的乔治亚·哈钦森（Georgia Hutchinson）赢得了 25000 美元的奖金。她的参赛作品"Designing a Data-Driven Dual-Axis Solar Tracker"（设计一个数据驱动的双轴太阳跟踪器），将通过免除昂贵的光传感器，使太阳能电池板更便宜、更高效。

这个新的太阳跟踪器基于这样一个前提：我们已经知道了任何时刻、地球上任何给定点的太阳方位。它使用来自国家海洋和大气管理局的公开数据来持续确定太阳的方位，并倾斜太阳能电池板，以获得最大的发电量。

编写一个 Python 程序，根据你选择的位置来计算太阳的方位。作为起步，请在网上查看"Position of the Sun"（太阳的方位）。

12.7　挑战项目：通过狗的眼睛看

利用你的计算机视觉知识，编写一个 Python 程序，获取图像并模拟狗所看到的东西。作为起步，可查看文章"Are Dogs Color Blind? Side-by-Side Views"和 Dog VISION 网站。

12.8　挑战项目：自定义单词搜索

孩子，你的奶奶喜欢玩单词搜索（word search）吗？为了她的生日，请使用 Python 来设计和输出她的自定义单词搜索，使用姓氏、古老的电视节目（如 Matlock 和 Columbo），或者她的处方药的常见名称。允许水平、垂直和对角线输出单词。

12.9　挑战项目：简化庆典幻灯片

你的配偶、兄弟姐妹、父母、最好的朋友，或其他的某人有一个庆祝晚宴，而你负责制作幻灯片。你有大量的照片存储在云端，许多都突出了主宾，但这些照片的文件名只列出了拍照的日期和时间，没有提供有关内容的线索。看来你要花上整个周六的时间来筛选它们。

但是，等等，我们不是在这本书中学习了人脸识别吗？你真正需要做的就是找几个训练图像，然后编写一点程序。

首先，在你的个人数码照片收藏中挑选一个人代表主宾。接下来，写一个 Python 程序，在你的文件夹中搜索，找到包含这个人的照片，并将照片复制到一个特殊的文件夹，供你查看。训练时，一定要包括人脸轮廓及正面视图，在检测人脸时要使用轮廓哈尔级联。

12.10　挑战项目：编织一张纠结的网

用 Python 和 turtle 模块来模拟蜘蛛织网。关于织网的一些指导，参见 Brisbane Insects 官方

网站的 "Web Building Spiders" 页面和 A Recursive Process 网站的 "Spider Webs: Creepy or Cool"
页面。

12.11　挑战项目：走，去山上告诉它

"离得州休斯顿最近的山是什么？" 这个看似简单的问题（有人在 Quora 网站上问）并不
容易回答。首先，你需要考虑墨西哥的山以及美国的山。另外，对于山的定义并没有被普遍
接受。

为了使这个问题更容易解决，请使用联合国环境规划署对 "山地" 的定义之一。找到海拔
至少 2500 米的突出物，并将它视为山。计算它们与休斯敦中心的距离，找出最近的山。

附录 实践项目解决方案

本附录包含每章"实践项目"的解决方案。数字版可在本书网站下载。

第2章 用计量文体学来确定作者的身份

用分散图分析《巴斯克维尔的猎犬》

practice_hound_dispersion.py

```python
"""Use NLP (nltk) to make dispersion plot."""
import nltk
import file_loader

corpus = file_loader.text_to_string('hound.txt')
tokens = nltk.word_tokenize(corpus)
tokens = nltk.Text(tokens) # NLTK wrapper for automatic text analysis.
dispersion = tokens.dispersion_plot(['Holmes',
                                     'Watson',
                                     'Mortimer',
                                     'Henry',
                                     'Barrymore',
                                     'Stapleton',
                                     'Selden',
                                     'hound'])
```

标点符号热图

practice_heatmap_semicolon.py

```python
"""Make a heatmap of punctuation."""
import math
from string import punctuation
import nltk
import numpy as np
import matplotlib.pyplot as plt
```

```python
from matplotlib.colors import ListedColormap
import seaborn as sns

# Install seaborn using: pip install seaborn.

PUNCT_SET = set(punctuation)

def main():
    # Load text files into dictionary by author.
    strings_by_author = dict()
    strings_by_author['doyle'] = text_to_string('hound.txt')
    strings_by_author['wells'] = text_to_string('war.txt')
    strings_by_author['unknown'] = text_to_string('lost.txt')

    # Tokenize text strings preserving only punctuation marks.
    punct_by_author = make_punct_dict(strings_by_author)

    # Convert punctuation marks to numerical values and plot heatmaps.
    plt.ion()
    for author in punct_by_author:
        heat = convert_punct_to_number(punct_by_author, author)
        arr = np.array((heat[:6561])) # trim to largest size for square array
        arr_reshaped = arr.reshape(int(math.sqrt(len(arr))),
                                   int(math.sqrt(len(arr))))
        fig, ax = plt.subplots(figsize=(7, 7))
        sns.heatmap(arr_reshaped,
                    cmap=ListedColormap(['blue', 'yellow']),
                    square=True,
                    ax=ax)
        ax.set_title('Heatmap Semicolons {}'.format(author))
    plt.show()

def text_to_string(filename):
    """Read a text file and return a string."""
    with open(filename) as infile:
        return infile.read()

def make_punct_dict(strings_by_author):
    """Return dictionary of tokenized punctuation by corpus by author."""
    punct_by_author = dict()
    for author in strings_by_author:
        tokens = nltk.word_tokenize(strings_by_author[author])
        punct_by_author[author] = ([token for token in tokens
                                    if token in PUNCT_SET])
        print("Number punctuation marks in {} = {}"
              .format(author, len(punct_by_author[author])))
    return punct_by_author

def convert_punct_to_number(punct_by_author, author):
    """Return list of punctuation marks converted to numerical values."""
    heat_vals = []
    for char in punct_by_author[author]:
        if char == ';':
            value = 1
        else:
            value = 2
        heat_vals.append(value)
    return heat_vals

if __name__ == '__main__':
    main()
```

第4章 使用书籍密码发送超级秘密消息

对字符绘图

practice_barchart.py

```python
"""Plot barchart of characters in text file."""
import sys
import os
import operator
from collections import Counter
import matplotlib.pyplot as plt

def load_file(infile):
    """Read and return text file as string of lowercase characters."""
    with open(infile) as f:
        text = f.read().lower()
    return text

def main():
    infile = 'lost.txt'
    if not os.path.exists(infile):
        print("File {} not found. Terminating.".format(infile),
              file=sys.stderr)
        sys.exit(1)

    text = load_file(infile)

    # Make bar chart of characters in text and their frequency.
    char_freq = Counter(text)
    char_freq_sorted = sorted(char_freq.items(),
                              key=operator.itemgetter(1), reverse=True)
    x, y = zip(*char_freq_sorted) # * unpacks iterable.
    fig, ax = plt.subplots()
    ax.bar(x, y)
    fig.show()

if __name__ == '__main__':
    main()
```

发送秘密

practice_WWII_words.py

```python
"""Book code using the novel The Lost World

For words not in book, spell-out with first letter of words.
Flag 'first letter mode' by bracketing between alternating
'a a' and 'the the'.

credit: Eric T. Mortenson
"""
import sys
import os
import random
import string
from collections import defaultdict, Counter
```

```python
def main():
    message = input("Enter plaintext or ciphertext: ")
    process = input("Enter 'encrypt' or 'decrypt': ")
    shift = int(input("Shift value (1-365) = "))
    infile = input("Enter filename with extension: ")

    if not os.path.exists(infile):
        print("File {} not found. Terminating.".format(infile), file=sys.stderr)
        sys.exit(1)
    word_list = load_file(infile)
    word_dict = make_dict(word_list, shift)
    letter_dict = make_letter_dict(word_list)

    if process == 'encrypt':
        ciphertext = encrypt(message, word_dict, letter_dict)
        count = Counter(ciphertext)
        encryptedWordList = []
        for number in ciphertext:
            encryptedWordList.append(word_list[number - shift])

        print("\nencrypted word list = \n {} \n"
              .format(' '.join(encryptedWordList)))
        print("encrypted ciphertext = \n {}\n".format(ciphertext))

        # Check the encryption by decrypting the ciphertext.
        print("decrypted plaintext = ")
        singleFirstCheck = False
        for cnt, i in enumerate(ciphertext):
            if word_list[ciphertext[cnt]-shift] == 'a' and \
                word_list[ciphertext[cnt+1]-shift] == 'a':
                continue
            if word_list[ciphertext[cnt]-shift] == 'a' and \
                word_list[ciphertext[cnt-1]-shift] == 'a':
                singleFirstCheck = True
                continue
            if singleFirstCheck == True and cnt<len(ciphertext)-1 and \
                word_list[ciphertext[cnt]-shift] == 'the' and \
                        word_list[ciphertext[cnt+1]-shift] == 'the':
                continue
            if singleFirstCheck == True and \
                word_list[ciphertext[cnt]-shift] == 'the' and \
                        word_list[ciphertext[cnt-1]-shift] == 'the':
                singleFirstCheck = False
                print(' ', end='', flush=True)
                continue
            if singleFirstCheck == True:
                print(word_list[i - shift][0], end = '', flush=True)
            if singleFirstCheck == False:
                print(word_list[i - shift], end=' ', flush=True)

    elif process == 'decrypt':
        plaintext = decrypt(message, word_list, shift)
        print("\ndecrypted plaintext = \n {}".format(plaintext))

def load_file(infile):
    """Read and return text file as a list of lowercase words."""
    with open(infile, encoding='utf-8') as file:
        words = [word.lower() for line in file for word in line.split()]
        words_no_punct = ["".join(char for char in word if char not in \
                                string.punctuation) for word in words]
    return words_no_punct
```

```
def make_dict(word_list, shift):
    """Return dictionary of characters as keys and shifted indexes as values."""
    word_dict = defaultdict(list)
    for index, word in enumerate(word_list):
        word_dict[word].append(index + shift)
    return word_dict

def make_letter_dict(word_list):
    firstLetterDict = defaultdict(list)
    for word in word_list:
        if len(word) > 0:
            if word[0].isalpha():
                firstLetterDict[word[0]].append(word)
    return firstLetterDict

def encrypt(message, word_dict, letter_dict):
    """Return list of indexes representing characters in a message."""
    encrypted = []
    # remove punctuation from message words
    messageWords = message.lower().split()
    messageWordsNoPunct = ["".join(char for char in word if char not in \
                                  string.punctuation) for word in messageWords]
    for word in messageWordsNoPunct:
        if len(word_dict[word]) > 1:
            index = random.choice(word_dict[word])
        elif len(word_dict[word]) == 1: # Random.choice fails if only 1 choice.
            index = word_dict[word][0]
        elif len(word_dict[word]) == 0: # Word not in word_dict.
            encrypted.append(random.choice(word_dict['a']))
            encrypted.append(random.choice(word_dict['a']))

            for letter in word:
                if letter not in letter_dict.keys():
                    print('\nLetter {} not in letter-to-word dictionary.'
                          .format(letter), file=sys.stderr)
                    continue
                if len(letter_dict[letter])>1:
                    newWord =random.choice(letter_dict[letter])
                else:
                    newWord = letter_dict[letter][0]
                if len(word_dict[newWord])>1:
                    index = random.choice(word_dict[newWord])
                else:
                    index = word_dict[newWord][0]
                encrypted.append(index)

            encrypted.append(random.choice(word_dict['the']))
            encrypted.append(random.choice(word_dict['the']))
            continue
        encrypted.append(index)
    return encrypted

def decrypt(message, word_list, shift):
    """Decrypt ciphertext string and return plaintext word string.

    This shows how plaintext looks before extracting first letters.
    """
    plaintextList = []
    indexes = [s.replace(',', '').replace('[', '').replace(']', '')
               for s in message.split()]
    for count, i in enumerate(indexes):
```

```
            plaintextList.append(word_list[int(i) - shift])
        return ' '.join(plaintextList)

    def check_for_fail(ciphertext):
        """Return True if ciphertext contains any duplicate keys."""
        check = [k for k, v in Counter(ciphertext).items() if v > 1]
        if len(check) > 0:
            print(check)
            return True


    if __name__ == '__main__':
        main()
```

第 5 章　发现冥王星

绘制轨道路径

---

practice_orbital_path.py
```python
    import os
    from pathlib import Path
    import cv2 as cv

    PAD = 5 # Ignore pixels this distance from edge

    def find_transient(image, diff_image, pad):
        """Takes image, difference image, and pad value in pixels and returns
            boolean and location of maxVal in difference image excluding an edge
            rind. Draws circle around maxVal on image."""
        transient = False
        height, width = diff_image.shape
        cv.rectangle(image, (PAD, PAD), (width - PAD, height - PAD), 255, 1)
        minVal, maxVal, minLoc, maxLoc = cv.minMaxLoc(diff_image)
        if pad < maxLoc[0] < width - pad and pad < maxLoc[1] < height - pad:
            cv.circle(image, maxLoc, 10, 255, 0)
            transient = True
        return transient, maxLoc

    def main():
        night1_files = sorted(os.listdir('night_1_registered_transients'))
        night2_files = sorted(os.listdir('night_2'))
        path1 = Path.cwd() / 'night_1_registered_transients'
        path2 = Path.cwd() / 'night_2'
        path3 = Path.cwd() / 'night_1_2_transients'

        # Images should all be the same size and similar exposures.
        for i, _ in enumerate(night1_files[:-1]): # Leave off negative image
            img1 = cv.imread(str(path1 / night1_files[i]), cv.IMREAD_GRAYSCALE)
            img2 = cv.imread(str(path2 / night2_files[i]), cv.IMREAD_GRAYSCALE)

            # Get absolute difference between images.
            diff_imgs1_2 = cv.absdiff(img1, img2)
            cv.imshow('Difference', diff_imgs1_2)
            cv.waitKey(2000)

            # Copy difference image and find and circle brightest pixel.
            temp = diff_imgs1_2.copy()
            transient1, transient_loc1 = find_transient(img1, temp, PAD)
```

```
        # Draw black circle on temporary image to obliterate brightest spot.
        cv.circle(temp, transient_loc1, 10, 0, -1)

        # Get location of new brightest pixel and circle it on input image.
        transient2, transient_loc2 = find_transient(img1, temp, PAD)

        if transient1 or transient2:
            print('\nTRANSIENT DETECTED between {} and {}\n'
                  .format(night1_files[i], night2_files[i]))
            font = cv.FONT_HERSHEY_COMPLEX_SMALL
            cv.putText(img1, night1_files[i], (10, 25),
                       font, 1, (255, 255, 255), 1, cv.LINE_AA)
            cv.putText(img1, night2_files[i], (10, 55),
                       font, 1, (255, 255, 255), 1, cv.LINE_AA)
            if transient1 and transient2:
                cv.line(img1, transient_loc1, transient_loc2, (255, 255, 255),
                        1, lineType=cv.LINE_AA)

            blended = cv.addWeighted(img1, 1, diff_imgs1_2, 1, 0)
            cv.imshow('Surveyed', blended)
            cv.waitKey(2500) # Keeps window open 2.5 seconds.

            out_filename = '{}_DECTECTED.png'.format(night1_files[i][:-4])
            cv.imwrite(str(path3 / out_filename), blended) # Will overwrite!

        else:
            print('\nNo transient detected between {} and {}\n'
                  .format(night1_files[i], night2_files[i]))

if __name__ == '__main__':
    main()
```

区别是什么

这个实践项目使用了两个程序：practice_montage_aligner.py 和 practice_montage_difference_finder.py。这两个程序应按顺序运行。

practice_montage_aligner.py

practice_montage_aligner.py

```
import numpy as np
import cv2 as cv

MIN_NUM_KEYPOINT_MATCHES = 150

img1 = cv.imread('montage_left.JPG', cv.IMREAD_COLOR) # queryImage
img2 = cv.imread('montage_right.JPG', cv.IMREAD_COLOR) # trainImage

img1 = cv.cvtColor(img1, cv.COLOR_BGR2GRAY) # Convert to grayscale.
img2 = cv.cvtColor(img2, cv.COLOR_BGR2GRAY)

orb = cv.ORB_create(nfeatures=700)

# Find the keypoints and descriptions with ORB.
kp1, desc1 = orb.detectAndCompute(img1, None)
kp2, desc2 = orb.detectAndCompute(img2, None)

# Find keypoint matches using Brute Force Matcher.
```

```
bf = cv.BFMatcher(cv.NORM_HAMMING, crossCheck=True)
matches = bf.match(desc1, desc2, None)

# Sort matches in ascending order of distance.
matches = sorted(matches, key=lambda x: x.distance)

# Draw best matches.
img3 = cv.drawMatches(img1, kp1, img2, kp2,
                      matches[:MIN_NUM_KEYPOINT_MATCHES],
                      None)

cv.namedWindow('Matches', cv.WINDOW_NORMAL)
img3_resize = cv.resize(img3, (699, 700))
cv.imshow('Matches', img3_resize)
cv.waitKey(7000) # Keeps window open 7 seconds.
cv.destroyWindow('Matches')

# Keep only best matches.
best_matches = matches[:MIN_NUM_KEYPOINT_MATCHES]

if len(best_matches) >= MIN_NUM_KEYPOINT_MATCHES:
    src_pts = np.zeros((len(best_matches), 2), dtype=np.float32)
    dst_pts = np.zeros((len(best_matches), 2), dtype=np.float32)

    for i, match in enumerate(best_matches):
        src_pts[i, :] = kp1[match.queryIdx].pt
        dst_pts[i, :] = kp2[match.trainIdx].pt

    M, mask = cv.findHomography(src_pts, dst_pts, cv.RANSAC)

    # Get dimensions of image 2.
    height, width = img2.shape
    img1_warped = cv.warpPerspective(img1, M, (width, height))

    cv.imwrite('montage_left_registered.JPG', img1_warped)
    cv.imwrite('montage_right_gray.JPG', img2)

else:
    print("\n{}\n".format('WARNING: Number of keypoint matches < 10!'))
```

practice_montage_difference_finder.py

practice_montage_difference_finder.py

```
import cv2 as cv

filename1 = 'montage_left.JPG'
filename2 = 'montage_right_gray.JPG'

img1 = cv.imread(filename1, cv.IMREAD_GRAYSCALE)
img2 = cv.imread(filename2, cv.IMREAD_GRAYSCALE)

# Absolute difference between image 2 & 3:
diff_imgs1_2 = cv.absdiff(img1, img2)

cv.namedWindow('Difference', cv.WINDOW_NORMAL)
diff_imgs1_2_resize = cv.resize(diff_imgs1_2, (699, 700))
cv.imshow('Difference', diff_imgs1_2_resize)

crop_diff = diff_imgs1_2[10:2795, 10:2445] # x, y, w, h = 10, 10, 2790, 2440

# Blur to remove extraneous noise.
```

```
blurred = cv.GaussianBlur(crop_diff, (5, 5), 0)

(minVal, maxVal, minLoc, maxLoc2) = cv.minMaxLoc(blurred)
cv.circle(img2, maxLoc2, 100, 0, 3)
x, y = int(img2.shape[1]/4), int(img2.shape[0]/4)
img2_resize = cv.resize(img2, (x, y))
cv.imshow('Change', img2_resize)
```

第 6 章 模拟阿波罗 8 号的自由返回轨迹

模拟搜索模式

practice_search_pattern.py

```
import time
import random
import turtle

SA_X = 600 # Search area width.
SA_Y = 480 # Search area height.
TRACK_SPACING = 40 # Distance between search tracks.

# Setup screen.
screen = turtle.Screen()
screen.setup(width=SA_X, height=SA_Y)
turtle.resizemode('user')
screen.title("Search Pattern")
rand_x = random.randint(0, int(SA_X / 2)) * random.choice([-1, 1])
rand_y = random.randint(0, int(SA_Y / 2)) * random.choice([-1, 1])

# Set up turtle images.
seaman_image = 'seaman.gif'
screen.addshape(seaman_image)
copter_image_left = 'helicopter_left.gif'
copter_image_right = 'helicopter_right.gif'
screen.addshape(copter_image_left)
screen.addshape(copter_image_right)

# Instantiate seaman turtle.
seaman = turtle.Turtle(seaman_image)
seaman.hideturtle()
seaman.penup()
seaman.setpos(rand_x, rand_y)
seaman.showturtle()

# Instantiate copter turtle.
turtle.shape(copter_image_right)
turtle.hideturtle()
turtle.pencolor('black')
turtle.penup()
turtle.setpos(-(int(SA_X / 2) - TRACK_SPACING), int(SA_Y / 2) - TRACK_SPACING)
turtle.showturtle()
turtle.pendown()

# Run search pattern and announce discovery of seaman.
for i in range(int(SA_Y / TRACK_SPACING)):
    turtle.fd(SA_X - TRACK_SPACING * 2)
    turtle.rt(90)
    turtle.fd(TRACK_SPACING / 2)
```

```
turtle.rt(90)
turtle.shape(copter_image_left)
turtle.fd(SA_X - TRACK_SPACING * 2)
turtle.lt(90)
turtle.fd(TRACK_SPACING / 2)
turtle.lt(90)
turtle.shape(copter_image_right)
if turtle.ycor() - seaman.ycor() <= 10:
    turtle.write(" Seaman found!",
                    align='left',
                    font=("Arial", 15, 'normal', 'bold', 'italic'))
    time.sleep(3)

    break
```

让 CSM 启动

practice_grav_assist_stationary.py

```
"""gravity_assist_stationary.py

Moon approaches stationary ship, which is swung around and flung away.

Credit: Eric T. Mortenson
"""
from turtle import Shape, Screen, Turtle, Vec2D as Vec
import turtle
import math

# User input:
G = 8 # Gravitational constant used for the simulation.
NUM_LOOPS = 4100 # Number of time steps in simulation.
Ro_X = 0 # Ship starting position x coordinate.
Ro_Y = -50 # Ship starting position y coordinate.
Vo_X = 0 # Ship velocity x component.
Vo_Y = 0 # Ship velocity y component.

MOON_MASS = 1_250_000

class GravSys():
    """Runs a gravity simulation on n-bodies."""

    def __init__(self):
        self.bodies = []
        self.t = 0
        self.dt = 0.001

    def sim_loop(self):
        """Loop bodies in a list through time steps."""
        for _ in range(NUM_LOOPS):
            self.t += self.dt
            for body in self.bodies:
                body.step()


class Body(Turtle):
    """Celestial object that orbits and projects gravity field."""
    def __init__(self, mass, start_loc, vel, gravsys, shape):
        super().__init__(shape=shape)
        self.gravsys = gravsys
```

```
            self.penup()
            self.mass=mass
            self.setpos(start_loc)
            self.vel = vel
            gravsys.bodies.append(self)
            self.pendown() # uncomment to draw path behind object


        def acc(self):
            """Calculate combined force on body and return vector components."""
            a = Vec(0,0)
            for body in self.gravsys.bodies:
                if body != self:
                    r = body.pos() - self.pos()
                    a += (G * body.mass / abs(r)**3) * r # units dist/time^2
            return a


        def step(self):
            """Calculate position, orientation, and velocity of a body."""
            dt = self.gravsys.dt
            a = self.acc()
            self.vel = self.vel + dt * a
            xOld, yOld = self.pos() # for orienting ship
            self.setpos(self.pos() + dt * self.vel)
            xNew, yNew = self.pos() # for orienting ship
            if self.gravsys.bodies.index(self) == 1: # the CSM
                dir_radians = math.atan2(yNew-yOld,xNew-xOld) # for orienting ship
                dir_degrees = dir_radians * 180 / math.pi # for orienting ship
                self.setheading(dir_degrees+90) # for orienting ship


def main():
    # Setup screen
    screen = Screen()
    screen.setup(width=1.0, height=1.0) # for fullscreen
    screen.bgcolor('black')
    screen.title("Gravity Assist Example")

    # Instantiate gravitational system
    gravsys = GravSys()

    # Instantiate Planet
    image_moon = 'moon_27x27.gif'
    screen.register_shape(image_moon)
    moon = Body(MOON_MASS, (500, 0), Vec(-500, 0), gravsys, image_moon)
    moon.pencolor('gray')

    # Build command-service-module (csm) shape
    csm = Shape('compound')
    cm = ((0, 30), (0, -30), (30, 0))
    csm.addcomponent(cm, 'red', 'red')
    sm = ((-60,30), (0, 30), (0, -30), (-60, -30))
    csm.addcomponent(sm, 'red', 'black')
    nozzle = ((-55, 0), (-90, 20), (-90, -20))
    csm.addcomponent(nozzle, 'red', 'red')
    screen.register_shape('csm', csm)

    # Instantiate Apollo 8 CSM turtle
    ship = Body(1, (Ro_X, Ro_Y), Vec(Vo_X, Vo_Y), gravsys, "csm")
    ship.shapesize(0.2)
    ship.color('red') # path color
```

```
        ship.getscreen().tracer(1, 0)
        ship.setheading(90)

        gravsys.sim_loop()

    if __name__=='__main__':
        main()
```

让 CSM 停下来

practice_grav_assist_intersecting.py

```
"""gravity_assist_intersecting.py

Moon and ship cross orbits and moon slows and turns ship.

Credit: Eric T. Mortenson
"""
from turtle import Shape, Screen, Turtle, Vec2D as Vec
import turtle
import math
import sys

# User input:
G = 8 # Gravitational constant used for the simulation.
NUM_LOOPS = 7000 # Number of time steps in simulation.
Ro_X = -152.18 # Ship starting position x coordinate.
Ro_Y = 329.87 # Ship starting position y coordinate.
Vo_X = 423.10 # Ship translunar injection velocity x component.
Vo_Y = -512.26 # Ship translunar injection velocity y component.

MOON_MASS = 1_250_000


class GravSys():
    """Runs a gravity simulation on n-bodies."""

    def __init__(self):
        self.bodies = []
        self.t = 0
        self.dt = 0.001

    def sim_loop(self):
        """Loop bodies in a list through time steps."""
        for index in range(NUM_LOOPS): # stops simulation after while
            self.t += self.dt
            for body in self.bodies:
                body.step()


class Body(Turtle):
    """Celestial object that orbits and projects gravity field."""
    def __init__(self, mass, start_loc, vel, gravsys, shape):
        super().__init__(shape=shape)
        self.gravsys = gravsys
        self.penup()
        self.mass=mass
        self.setpos(start_loc)
        self.vel = vel
        gravsys.bodies.append(self)
```

```
            self.pendown() # uncomment to draw path behind object
        def acc(self):
            """Calculate combined force on body and return vector components."""
            a = Vec(0,0)
            for body in self.gravsys.bodies:
                if body != self:
                    r = body.pos() - self.pos()
                    a += (G * body.mass / abs(r)**3) * r # units dist/time^2
            return a

        def step(self):
            """Calculate position, orientation, and velocity of a body."""
            dt = self.gravsys.dt
            a = self.acc()
            self.vel = self.vel + dt * a
            xOld, yOld = self.pos() # for orienting ship
            self.setpos(self.pos() + dt * self.vel)
            xNew, yNew = self.pos() # for orienting ship
            if self.gravsys.bodies.index(self) == 1: # the CSM
                dir_radians = math.atan2(yNew-yOld,xNew-xOld) # for orienting ship
                dir_degrees = dir_radians * 180 / math.pi # for orienting ship
                self.setheading(dir_degrees+90) # for orienting ship


def main():
    # Setup screen
    screen = Screen()
    screen.setup(width=1.0, height=1.0) # for fullscreen
    screen.bgcolor('black')
    screen.title("Gravity Assist Example")

    # Instantiate gravitational system
    gravsys = GravSys()

    # Instantiate Planet
    image_moon = 'moon_27x27.gif'
    screen.register_shape(image_moon)
    moon = Body(MOON_MASS, (-250, 0), Vec(500, 0), gravsys, image_moon)
    moon.pencolor('gray')

    # Build command-service-module (csm) shape
    csm = Shape('compound')
    cm = ((0, 30), (0, -30), (30, 0))
    csm.addcomponent(cm, 'red', 'red')
    sm = ((-60,30), (0, 30), (0, -30), (-60, -30))
    csm.addcomponent(sm, 'red', 'black')
    nozzle = ((-55, 0), (-90, 20), (-90, -20))
    csm.addcomponent(nozzle, 'red', 'red')
    screen.register_shape('csm', csm)

    # Instantiate Apollo 8 CSM turtle
    ship = Body(1, (Ro_X, Ro_Y), Vec(Vo_X, Vo_Y), gravsys, "csm")
    ship.shapesize(0.2)
    ship.color('red') # path color
    ship.getscreen().tracer(1, 0)
    ship.setheading(90)
    gravsys.sim_loop()

if __name__=='__main__':
    main()
```

第 7 章   选择火星着陆点

确认绘画成为图像的一部分

practice_confirm_drawing_part_of_image.py

```python
"""Test that drawings become part of an image in OpenCV."""
import numpy as np
import cv2 as cv

IMG = cv.imread('mola_1024x501.png', cv.IMREAD_GRAYSCALE)

ul_x, ul_y = 0, 167
lr_x, lr_y = 32, 183
rect_img = IMG[ul_y : lr_y, ul_x : lr_x]

def run_stats(image):
    """Run stats on a numpy array made from an image."""
    print('mean = {}'.format(np.mean(image)))
    print('std = {}'.format(np.std(image)))
    print('ptp = {}'.format(np.ptp(image)))
    print()
    cv.imshow('img', IMG)
    cv.waitKey(1000)

# Stats with no drawing on screen:
print("No drawing")
run_stats(rect_img)

# Stats with white rectangle outline:
print("White outlined rectangle")
cv.rectangle(IMG, (ul_x, ul_y), (lr_x, lr_y), (255, 0, 0), 1)
run_stats(rect_img)

# Stats with rectangle filled with white:
print("White-filled rectangle")
cv.rectangle(IMG, (ul_x, ul_y), (lr_x, lr_y), (255, 0, 0), -1)
run_stats(rect_img)
```

提取高程剖面图

practice_profile_olympus.py

```python
"""West-East elevation profile through Olympus Mons."""
from PIL import Image, ImageDraw
from matplotlib import pyplot as plt

# Load image and get x and z values along horiz profile parallel to y _coord.
y_coord = 202
im = Image.open('mola_1024x512_200mp.jpg').convert('L')
width, height = im.size
x_vals = [x for x in range(width)]
z_vals = [im.getpixel((x, y_coord)) for x in x_vals]

# Draw profile on MOLA image.
draw = ImageDraw.Draw(im)
draw.line((0, y_coord, width, y_coord), fill=255, width=3)
draw.text((100, 165), 'Olympus Mons', fill=255)
```

```
im.show()
# Make profile plot.
fig, ax = plt.subplots(figsize=(9, 4))
axes = plt.gca()
axes.set_ylim(0, 400)
ax.plot(x_vals, z_vals, color='black')
ax.set(xlabel='x-coordinate',
       ylabel='Intensity (height)',
       title="Mars Elevation Profile (y = 202)")
ratio = 0.15 # Reduces vertical exaggeration in profile.
xleft, xright = ax.get_xlim()
ybase, ytop = ax.get_ylim()
ax.set_aspect(abs((xright-xleft)/(ybase-ytop)) * ratio)
plt.text(0, 310, 'WEST', fontsize=10)
plt.text(980, 310, 'EAST', fontsize=10)
plt.text(100, 280, 'Olympus Mons', fontsize=8)
##ax.grid()
plt.show()
```

3D 绘图

practice_3d_plotting.py

```
"""Plot Mars MOLA map image in 3D. Credit Eric T. Mortenson."""
import numpy as np
import cv2 as cv
import matplotlib.pyplot as plt
from mpl_toolkits import mplot3d

IMG_GRAY = cv.imread('mola_1024x512_200mp.jpg', cv.IMREAD_GRAYSCALE)

x = np.linspace(1023, 0, 1024)
y = np.linspace(0, 511, 512)

X, Y = np.meshgrid(x, y)
Z = IMG_GRAY[0:512, 0:1024]

fig = plt.figure()
ax = plt.axes(projection='3d')
ax.contour3D(X, Y, Z, 150, cmap='gist_earth') # 150=number of contours
ax.auto_scale_xyz([1023, 0], [0, 511], [0, 500])
plt.show()
```

混合地图

这个实践项目使用了两个程序，即 practice_geo_map_step_1of2.py 和 practice_geo_map_step_2of2.py，必须依次运行。

practice_geo_map_step_1of2.py

practice_geo_map_step_1of2.py

```
"""Threshold a grayscale image using pixel values and save to file."""
import cv2 as cv

IMG_GEO = cv.imread('Mars_Global_Geology_Mariner9_1024.jpg',
                    cv.IMREAD_GRAYSCALE)
```

```
cv.imshow('map', IMG_GEO)
cv.waitKey(1000)
img_copy = IMG_GEO.copy()
lower_limit = 170 # Lowest grayscale value for volcanic deposits
upper_limit = 185 # Highest grayscale value for volcanic deposits

# Using 1024 x 512 image
for x in range(1024):
    for y in range(512):
        if lower_limit <= img_copy[y, x] <= upper_limit:
            img_copy[y, x] = 1 # Set to 255 to visualize results.
        else:
            img_copy[y, x] = 0

cv.imwrite('geo_thresh.jpg', img_copy)
cv.imshow('thresh', img_copy)
cv.waitKey(0)
```

practice_geo_map_step_2of2.py

practice_geo_map_step_2of2.py

```
"""Select Martian landing sites based on surface smoothness and geology."""
import tkinter as tk
from PIL import Image, ImageTk
import numpy as np
import cv2 as cv

# CONSTANTS: User Input:
IMG_GRAY = cv.imread('mola_1024x512_200mp.jpg', cv.IMREAD_GRAYSCALE)
IMG_GEO = cv.imread('geo_thresh.jpg', cv.IMREAD_GRAYSCALE)
IMG_COLOR = cv.imread('mola_color_1024x506.png')
RECT_WIDTH_KM = 670 # Site rectangle width in kilometers.
RECT_HT_KM = 335 # Site rectangle height in kilometers.
MIN_ELEV_LIMIT = 60 # Intensity values (0-255).
MAX_ELEV_LIMIT = 255
NUM_CANDIDATES = 20 # Number of candidate landing sites to display.

#-------------------------------------------------------------------------

# CONSTANTS: Derived and fixed:
IMG_GRAY_GEO = IMG_GRAY * IMG_GEO
IMG_HT, IMG_WIDTH = IMG_GRAY.shape
MARS_CIRCUM = 21344 # Circumference in kilometers.
PIXELS_PER_KM = IMG_WIDTH / MARS_CIRCUM
RECT_WIDTH = int(PIXELS_PER_KM * RECT_WIDTH_KM)
RECT_HT = int(PIXELS_PER_KM * RECT_HT_KM)
LAT_30_N = int(IMG_HT / 3)
LAT_30_S = LAT_30_N * 2
STEP_X = int(RECT_WIDTH / 2) # Dividing by 4 yields more rect choices
STEP_Y = int(RECT_HT / 2) # Dividing by 4 yields more rect choices

# Create tkinter screen and drawing canvas
screen = tk.Tk()
canvas = tk.Canvas(screen, width=IMG_WIDTH, height=IMG_HT + 130)


class Search():
    """Read image and identify landing sites based on input criteria."""

    def __init__(self, name):
        self.name = name
```

```
        self.rect_coords = {}
        self.rect_means = {}
        self.rect_ptps = {}
        self.rect_stds = {}
        self.ptp_filtered = []
        self.std_filtered = []
        self.high_graded_rects = []


    def run_rect_stats(self):
        """Define rectangular search areas and calculate internal stats."""
        ul_x, ul_y = 0, LAT_30_N
        lr_x, lr_y = RECT_WIDTH, LAT_30_N + RECT_HT
        rect_num = 1

        while True:
            rect_img = IMG_GRAY_GEO[ul_y : lr_y, ul_x : lr_x]
            self.rect_coords[rect_num] = [ul_x, ul_y, lr_x, lr_y]
            if MAX_ELEV_LIMIT >= np.mean(rect_img) >= MIN_ELEV_LIMIT:
                self.rect_means[rect_num] = np.mean(rect_img)
                self.rect_ptps[rect_num] = np.ptp(rect_img)
                self.rect_stds[rect_num] = np.std(rect_img)
            rect_num += 1

            # Move the rectangle.
            ul_x += STEP_X
            lr_x = ul_x + RECT_WIDTH
            if lr_x > IMG_WIDTH:
                ul_x = 0
                ul_y += STEP_Y
                lr_x = RECT_WIDTH
                lr_y += STEP_Y
            if lr_y > LAT_30_S + STEP_Y:
                break

    def draw_qc_rects(self):
        """Draw overlapping search rectangles on image as a check."""
        img_copy = IMG_GRAY_GEO.copy()
        rects_sorted = sorted(self.rect_coords.items(), key=lambda x: x[0])
        print("\nRect Number and Corner Coordinates (ul_x, ul_y, lr_x, lr_y):")
        for k, v in rects_sorted:
            print("rect: {}, coords: {}".format(k, v))
            cv.rectangle(img_copy,
                         (self.rect_coords[k][0], self.rect_coords[k][1]),
                         (self.rect_coords[k][2], self.rect_coords[k][3]),
                         (255, 0, 0), 1)
        cv.imshow('QC Rects {}'.format(self.name), img_copy)
        cv.waitKey(3000)
        cv.destroyAllWindows()

    def sort_stats(self):
        """Sort dictionaries by values and create lists of top N keys."""
        ptp_sorted = (sorted(self.rect_ptps.items(), key=lambda x: x[1]))
        self.ptp_filtered = [x[0] for x in ptp_sorted[:NUM_CANDIDATES]]
        std_sorted = (sorted(self.rect_stds.items(), key=lambda x: x[1]))
        self.std_filtered = [x[0] for x in std_sorted[:NUM_CANDIDATES]]

        # Make list of rects where filtered std & ptp coincide.
        for rect in self.std_filtered:
            if rect in self.ptp_filtered:
                self.high_graded_rects.append(rect)
```

```python
    def draw_filtered_rects(self, image, filtered_rect_list):
        """Draw rectangles in list on image and return image."""
        img_copy = image.copy()
        for k in filtered_rect_list:
            cv.rectangle(img_copy,
                         (self.rect_coords[k][0], self.rect_coords[k][1]),
                         (self.rect_coords[k][2], self.rect_coords[k][3]),
                         (255, 0, 0), 1)

            cv.putText(img_copy, str(k),
                       (self.rect_coords[k][0] + 1, self.rect_coords[k][3]- 1),
                       cv.FONT_HERSHEY_PLAIN, 0.65, (255, 0, 0), 1)

            # Draw latitude limits.
            cv.putText(img_copy, '30 N', (10, LAT_30_N - 7),
                       cv.FONT_HERSHEY_PLAIN, 1, 255)
            cv.line(img_copy, (0, LAT_30_N), (IMG_WIDTH, LAT_30_N),
                    (255, 0, 0), 1)
            cv.line(img_copy, (0, LAT_30_S), (IMG_WIDTH, LAT_30_S),
                    (255, 0, 0), 1)
            cv.putText(img_copy, '30 S', (10, LAT_30_S + 16),
                       cv.FONT_HERSHEY_PLAIN, 1, 255)

        return img_copy

    def make_final_display(self):
        """Use Tk to show map of final rects & printout of their statistics."""
        screen.title('Sites by MOLA Gray STD & PTP {} Rect'.format(self.name))
        # Draw the high-graded rects on the colored elevation map.
        img_color_rects = self.draw_filtered_rects(IMG_COLOR,
                                                   self.high_graded_rects)

        # Convert image from CV BGR to RGB for use with Tkinter.
        img_converted = cv.cvtColor(img_color_rects, cv.COLOR_BGR2RGB)
        img_converted = ImageTk.PhotoImage(Image.fromarray(img_converted))
        canvas.create_image(0, 0, image=img_converted, anchor=tk.NW)
        # Add stats for each rectangle at bottom of canvas.
        txt_x = 5
        txt_y = IMG_HT + 15
        for k in self.high_graded_rects:
            canvas.create_text(txt_x, txt_y, anchor='w', font=None,
                               text=
                               "rect={} mean elev={:.1f} std={:.2f} ptp={}"
                               .format(k, self.rect_means[k],
                                       self.rect_stds[k],
                                       self.rect_ptps[k]))
            txt_y += 15
            if txt_y >= int(canvas.cget('height')) - 10:
                txt_x += 300
                txt_y = IMG_HT + 15
        canvas.pack()
        screen.mainloop()

def main():
    app = Search('670x335 km')
    app.run_rect_stats()
    app.draw_qc_rects()
    app.sort_stats()
    ptp_img = app.draw_filtered_rects(IMG_GRAY_GEO, app.ptp_filtered)
    std_img = app.draw_filtered_rects(IMG_GRAY_GEO, app.std_filtered)

    # Display filtered rects on grayscale map.
    cv.imshow('Sorted by ptp for {} rect'.format(app.name), ptp_img)
```

```
        cv.waitKey(3000)
        cv.imshow('Sorted by std for {} rect'.format(app.name), std_img)
        cv.waitKey(3000)

        app.make_final_display() # includes call to mainloop()

if __name__ == '__main__':
    main()
```

第8章 探测遥远的系外行星

探测外星巨型建筑

practice_tabbys_star.py

```
"""Simulate transit of alien array and plot light curve."""
import numpy as np
import cv2 as cv
import matplotlib.pyplot as plt

IMG_HT = 400
IMG_WIDTH = 500
BLACK_IMG = np.zeros((IMG_HT, IMG_WIDTH), dtype='uint8')
STAR_RADIUS = 165
EXO_START_X = -250
EXO_START_Y = 150
EXO_DX = 3
NUM_FRAMES = 500

def main():
    intensity_samples = record_transit(EXO_START_X, EXO_START_Y)
    rel_brightness = calc_rel_brightness(intensity_samples)
    plot_light_curve(rel_brightness)

def record_transit(exo_x, exo_y):
    """Draw array transiting star and return list of intensity changes."""
    intensity_samples = []
    for _ in range(NUM_FRAMES):
        temp_img = BLACK_IMG.copy()
        # Draw star:
        cv.circle(temp_img, (int(IMG_WIDTH / 2), int(IMG_HT / 2)),
                STAR_RADIUS, 255, -1)
        # Draw alien array:
        cv.rectangle(temp_img, (exo_x, exo_y),
                    (exo_x + 20, exo_y + 140), 0, -1)
        cv.rectangle(temp_img, (exo_x - 360, exo_y),
                    (exo_x + 10, exo_y + 140), 0, 5)
        cv.rectangle(temp_img, (exo_x - 380, exo_y),
                    (exo_x - 310, exo_y + 140), 0, -1)
        intensity = temp_img.mean()
        cv.putText(temp_img, 'Mean Intensity = {}'.format(intensity), (5, 390),
                cv.FONT_HERSHEY_PLAIN, 1, 255)
        cv.imshow('Transit', temp_img)
        cv.waitKey(10)
        intensity_samples.append(intensity)
        exo_x += EXO_DX
    return intensity_samples

def calc_rel_brightness(intensity_samples):
```

```
        """Return list of relative brightness from list of intensity values."""
        rel_brightness = []
        max_brightness = max(intensity_samples)
        for intensity in intensity_samples:
            rel_brightness.append(intensity / max_brightness)
        return rel_brightness

    def plot_light_curve(rel_brightness):
        """Plot changes in relative brightness vs. time."""
        plt.plot(rel_brightness, color='red', linestyle='dashed',
                linewidth=2)
        plt.title('Relative Brightness vs. Time')
        plt.xlim(-150, 500)
        plt.show()

    if __name__ == '__main__':
        main()
```

探测小行星凌星

practice_asteroids.py

```
    """Simulate transit of asteroids and plot light curve."""
    import random
    import numpy as np
    import cv2 as cv
    import matplotlib.pyplot as plt

    STAR_RADIUS = 165
    BLACK_IMG = np.zeros((400, 500, 1), dtype="uint8")
    NUM_ASTEROIDS = 15
    NUM_LOOPS = 170


    class Asteroid():
        """Draws a circle on an image that represents an asteroid."""

        def __init__(self, number):
            self.radius = random.choice((1, 1, 1, 1, 1, 1, 1, 1, 1, 1, 2, 2, 2, 3))
            self.x = random.randint(-30, 60)
            self.y = random.randint(220, 230)
            self.dx = 3

        def move_asteroid(self, image):
            """Draw and move asteroid object."""
            cv.circle(image, (self.x, self.y), self.radius, 0, -1)
            self.x += self.dx


    def record_transit(start_image):
        """Simulate transit of asteroids over star and return intensity list."""
        asteroid_list = []
        intensity_samples = []

        for i in range(NUM_ASTEROIDS):
            asteroid_list.append(Asteroid(i))

        for _ in range(NUM_LOOPS):
            temp_img = start_image.copy()
            # Draw star.
```

```
            cv.circle(temp_img, (250, 200), STAR_RADIUS, 255, -1)
            for ast in asteroid_list:
                ast.move_asteroid(temp_img)
            intensity = temp_img.mean()
            cv.putText(temp_img, 'Mean Intensity = {}'.format(intensity),
                       (5, 390), cv.FONT_HERSHEY_PLAIN, 1, 255)
            cv.imshow('Transit', temp_img)
            intensity_samples.append(intensity)
            cv.waitKey(50)
        cv.destroyAllWindows()
        return intensity_samples

    def calc_rel_brightness(image):
        """Calculate and return list of relative brightness samples."""
        rel_brightness = record_transit(image)
        max_brightness = max(rel_brightness)
        for i, j in enumerate(rel_brightness):
            rel_brightness[i] = j / max_brightness
        return rel_brightness

    def plot_light_curve(rel_brightness):
        "Plot light curve from relative brightness list."""
        plt.plot(rel_brightness, color='red', linestyle='dashed',
                 linewidth=2, label='Relative Brightness')
        plt.legend(loc='upper center')
        plt.title('Relative Brightness vs. Time')
        plt.show()

    relative_brightness = calc_rel_brightness(BLACK_IMG)
    plot_light_curve(relative_brightness)
```

考虑临边昏暗

practice_limb_darkening.py

```
    """Simulate transit of exoplanet, plot light curve, estimate planet radius."""
    import cv2 as cv
    import matplotlib.pyplot as plt


    IMG_HT = 400
    IMG_WIDTH = 500
    BLACK_IMG = cv.imread('limb_darkening.png', cv.IMREAD_GRAYSCALE)
    EXO_RADIUS = 7
    EXO_START_X = 40
    EXO_START_Y = 230
    EXO_DX = 3
    NUM_FRAMES = 145

    def main():
        intensity_samples = record_transit(EXO_START_X, EXO_START_Y)
        relative_brightness = calc_rel_brightness(intensity_samples)
        plot_light_curve(relative_brightness)

    def record_transit(exo_x, exo_y):
        """Draw planet transiting star and return list of intensity changes."""
        intensity_samples = []
        for _ in range(NUM_FRAMES):
            temp_img = BLACK_IMG.copy()
            # Draw exoplanet:
            cv.circle(temp_img, (exo_x, exo_y), EXO_RADIUS, 0, -1)
```

```
            intensity = temp_img.mean()
            cv.putText(temp_img, 'Mean Intensity = {}'.format(intensity), (5, 390),
                       cv.FONT_HERSHEY_PLAIN, 1, 255)
            cv.imshow('Transit', temp_img)
            cv.waitKey(30)
            intensity_samples.append(intensity)
            exo_x += EXO_DX
        return intensity_samples

    def calc_rel_brightness(intensity_samples):
        """Return list of relative brightness from list of intensity values."""
        rel_brightness = []
        max_brightness = max(intensity_samples)
        for intensity in intensity_samples:
            rel_brightness.append(intensity / max_brightness)
        return rel_brightness

    def plot_light_curve(rel_brightness):
        """Plot changes in relative brightness vs. time."""
        plt.plot(rel_brightness, color='red', linestyle='dashed',
                 linewidth=2, label='Relative Brightness')
        plt.legend(loc='upper center')
        plt.title('Relative Brightness vs. Time')
##      plt.ylim(0.995, 1.001)
        plt.show()

    if __name__ == '__main__':
        main()
```

探测外星舰队

practice_alien_armada.py

```
    """Simulate transit of alien armada with light curve."""
    import random
    import numpy as np
    import cv2 as cv
    import matplotlib.pyplot as plt

    STAR_RADIUS = 165
    BLACK_IMG = np.zeros((400, 500, 1), dtype="uint8")
    NUM_SHIPS = 5
    NUM_LOOPS = 300 # Number of simulation frames to run

    class Ship():
        """Draws and moves a ship object on an image."""

        def __init__(self, number):
            self.number = number
            self.shape = random.choice(['>>>|==H[X)',
                                        '>>|==H[XX}=))-',
                                        '>>|==H[XX]=(-'])
            self.size = random.choice([0.7, 0.8, 1])
            self.x = random.randint(-180, -80)
            self.y = random.randint(80, 350)
            self.dx = random.randint(2, 4)

        def move_ship(self, image):
            """Draws and moves ship object."""
            font = cv.FONT_HERSHEY_PLAIN
```

```
                cv.putText(img=image,
                           text=self.shape,
                           org=(self.x, self.y),
                           fontFace=font,
                           fontScale=self.size,
                           color=0,
                           thickness=5)
                self.x += self.dx


        def record_transit(start_image):
            """Runs simulation and returns list of intensity measurements per frame."""
            ship_list = []
            intensity_samples = []

            for i in range(NUM_SHIPS):
                ship_list.append(Ship(i))

            for _ in range(NUM_LOOPS):
                temp_img = start_image.copy()
                cv.circle(temp_img, (250, 200), STAR_RADIUS, 255, -1) # The star.
                for ship in ship_list:
                    ship.move_ship(temp_img)
                intensity = temp_img.mean()
                cv.putText(temp_img, 'Mean Intensity = {}'.format(intensity),
                           (5, 390), cv.FONT_HERSHEY_PLAIN, 1, 255)
                cv.imshow('Transit', temp_img)
                intensity_samples.append(intensity)
                cv.waitKey(50)
            cv.destroyAllWindows()
            return intensity_samples

        def calc_rel_brightness(image):
            """Return list of relative brightness measurments for planetary transit."""
            rel_brightness = record_transit(image)
            max_brightness = max(rel_brightness)
            for i, j in enumerate(rel_brightness):
                rel_brightness[i] = j / max_brightness
            return rel_brightness

        def plot_light_curve(rel_brightness):
            """Plots curve of relative brightness vs. time."""
            plt.plot(rel_brightness, color='red', linestyle='dashed',
                     linewidth=2, label='Relative Brightness')
            plt.legend(loc='upper center')
            plt.title('Relative Brightness vs. Time')
            plt.show()

    relative_brightness = calc_rel_brightness(BLACK_IMG)
    plot_light_curve(relative_brightness)
```

探测有月亮的行星

practice_planet_moon.py

```python
"""Moon animation credit Eric T. Mortenson."""
import math
import numpy as np
import cv2 as cv
import matplotlib.pyplot as plt
```

```python
IMG_HT = 500
IMG_WIDTH = 500
BLACK_IMG = np.zeros((IMG_HT, IMG_WIDTH, 1), dtype='uint8')
STAR_RADIUS = 200
EXO_RADIUS = 20
EXO_START_X = 20
EXO_START_Y = 250
MOON_RADIUS = 5
NUM_DAYS = 200 # number days in year

def main():
    intensity_samples = record_transit(EXO_START_X, EXO_START_Y)
    relative_brightness = calc_rel_brightness(intensity_samples)
    print('\nestimated exoplanet radius = {:.2f}\n'
            .format(STAR_RADIUS * math.sqrt(max(relative_brightness)
                                        -min(relative_brightness))))
    plot_light_curve(relative_brightness)

def record_transit(exo_x, exo_y):
    """Draw planet transiting star and return list of intensity changes."""
    intensity_samples = []
    for dt in range(NUM_DAYS):
        temp_img = BLACK_IMG.copy()
        # Draw star:
        cv.circle(temp_img, (int(IMG_WIDTH / 2), int(IMG_HT/2)),
                    STAR_RADIUS, 255, -1)
        # Draw exoplanet
        cv.circle(temp_img, (int(exo_x), int(exo_y)), EXO_RADIUS, 0, -1)
        # Draw moon
        if dt != 0:
            cv.circle(temp_img, (int(moon_x), int(moon_y)), MOON_RADIUS, 0, -1)
        intensity = temp_img.mean()
        cv.putText(temp_img, 'Mean Intensity = {}'.format(intensity), (5, 10),
                    cv.FONT_HERSHEY_PLAIN, 1, 255)
        cv.imshow('Transit', temp_img)
        cv.waitKey(10)
        intensity_samples.append(intensity)
        exo_x = IMG_WIDTH / 2 - (IMG_WIDTH / 2 - 20) * \
                math.cos(2 * math.pi * dt / (NUM_DAYS)*(1 / 2))
        moon_x = exo_x + \
                3 * EXO_RADIUS * math.sin(2 * math.pi * dt / NUM_DAYS *(5))
        moon_y = IMG_HT / 2 - \
                0.25 * EXO_RADIUS * \
                math.sin(2 * math.pi * dt / NUM_DAYS * (5))
    cv.destroyAllWindows()

    return intensity_samples

def calc_rel_brightness(intensity_samples):
    """Return list of relative brightness from list of intensity values."""
    rel_brightness = []
    max_brightness = max(intensity_samples)
    for intensity in intensity_samples:
        rel_brightness.append(intensity / max_brightness)
    return rel_brightness

def plot_light_curve(rel_brightness):
    """Plot changes in relative brightness vs. time."""
    plt.plot(rel_brightness, color='red', linestyle='dashed',
            linewidth=2, label='Relative Brightness')
    plt.legend(loc='upper center')
    plt.title('Relative Brightness vs. Time')
```

```
    plt.show()

if __name__ == '__main__':
    main()
```

附图 1 总结了 practice_planet_moon.py 程序的输出。

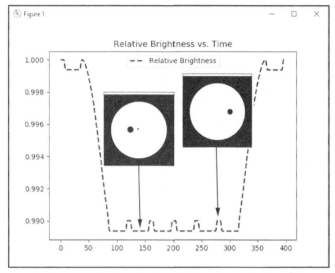

附图 1　卫星在行星后面经过的行星和卫星的光照曲线

测量系外行星的日长

practice_length_of_day.py

```
"""Read-in images, calculate mean intensity, plot relative intensity vs time."""
import os
from statistics import mean
import cv2 as cv
import numpy as np
import matplotlib.pyplot as plt
from scipy import signal # See Chap. 1 to install scipy.

# Switch to the folder containing images.
os.chdir('br549_pixelated')
images = sorted(os.listdir())
intensity_samples = []

# Convert images to grayscale and make a list of mean intensity values.
for image in images:
    img = cv.imread(image, cv.IMREAD_GRAYSCALE)
    intensity = img.mean()
    intensity_samples.append(intensity)

# Generate a list of relative intensity values.
rel_intensity = intensity_samples[:]
max_intensity = max(rel_intensity)
for i, j in enumerate(rel_intensity):
    rel_intensity[i] = j / max_intensity
```

```
# Plot relative intensity values vs frame number (time proxy).
plt.plot(rel_intensity, color='red', marker='o', linestyle='solid',
         linewidth=2, markersize=0, label='Relative Intensity')
plt.legend(loc='upper center')
plt.title('Exoplanet BR549 Relative Intensity vs. Time')
plt.ylim(0.8, 1.1)
plt.xticks(np.arange(0, 50, 5))
plt.grid()
print("\nManually close plot window after examining to continue program.")
plt.show()

# Find period / length of day.
# Estimate peak height and separation (distance) limits from plot.
# height and distance parameters represent >= limits.
peaks = signal.find_peaks(rel_intensity, height=0.95, distance=5)
print(f"peaks = {peaks}")
print("Period = {}".format(mean(np.diff(peaks[0]))))
```

第 9 章　识别朋友或敌人

模糊人脸

practice_blur.py

```
import cv2 as cv

path = "C:/Python372/Lib/site-packages/cv2/data/"
face_cascade = cv.CascadeClassifier(path + 'haarcascade_frontalface_alt.xml')

cap = cv.VideoCapture(0)

while True:
    _, frame = cap.read()
    face_rects = face_cascade.detectMultiScale(frame, scaleFactor=1.2,
                                               minNeighbors=3)
    for (x, y, w, h) in face_rects:
        face = cv.blur(frame[y:y + h, x:x + w], (25, 25))
        frame[y:y + h, x: x + w] = face
        cv.rectangle(frame, (x,y), (x+w, y+h), (0, 255, 0), 2)

    cv.imshow('frame', frame)
    if cv.waitKey(1) & 0xFF == ord('q'):
        break

cap.release()
cv.destroyAllWindows()
```

第 10 章　用人脸识别限制访问

挑战项目：添加密码和视频采集

下面的代码片段解决了挑战项目中与从视频流中识别人脸有关的部分。

challenge_video_recognize.py

```
"""Recognize Capt. Demming's face in video frame."""
```

```python
import cv2 as cv

names = {1: "Demming"}

# Set up path to OpenCV's Haar Cascades
path = "C:/Python372/Lib/site-packages/cv2/data/"
detector = cv.CascadeClassifier(path + 'haarcascade_frontalface_default.xml')

# Set up face recognizer and load trained data.
recognizer = cv.face.LBPHFaceRecognizer_create()
recognizer.read('lbph_trainer.yml')

# Prepare webcam.
cap = cv.VideoCapture(0)
if not cap.isOpened():
    print("Could not open video device.")
##cap.set(3, 320) # Frame width.
##cap.set(4, 240) # Frame height.

while True:
    _, frame = cap.read()
    gray = cv.cvtColor(frame, cv.COLOR_BGR2GRAY)
    face_rects = detector.detectMultiScale(gray,
                                           scaleFactor=1.2,
                                           minNeighbors=5)
    for (x, y, w, h) in face_rects:
        # Resize input so it's closer to training image size.
        gray_resize = cv.resize(gray[y:y + h, x:x + w],
                                (100, 100),
                                cv.INTER_LINEAR)
        predicted_id, dist = recognizer.predict(gray_resize)
        if predicted_id == 1 and dist <= 110:
            name = names[predicted_id]
        else:
            name = 'unknown'
        cv.rectangle(frame, (x, y), (x + w, y + h), (255, 255, 0), 2)
        cv.putText(frame, name, (x + 1, y + h -5),
                   cv.FONT_HERSHEY_SIMPLEX, 0.5, (255, 255, 0), 1)
        cv.imshow('frame', frame)

    if cv.waitKey(1) & 0xFF == ord('q'):
        break

cap.release()
cv.destroyAllWindows()
```